看圖學 Python+Excel
辦公室自動化程式設計

陳會安 編著

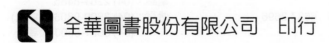
全華圖書股份有限公司　印行

國家圖書館出版品預行編目(CIP)資料

看圖學 Python+Excel 辦公室自動化程式設計/陳會安編著.
　--初版.-- 新北市 : 全華圖書股份有限公司, 2022.12
　　面；　　公分
　ISBN 978-626-328-369-5(平裝)

　1.CST: Python(電腦程式語言) 2.CST: EXCEL(電腦程式)
　3.CST: 辦公室自動化

312.32P97　　　　　　　　　　　　　　111019430

看圖學 Python+Excel 辦公室自動化程式設計

作者／陳會安

發行人／陳本源

執行編輯／陳奕君

封面設計／盧怡瑄

出版者／全華圖書股份有限公司

郵政帳號／0100836-1 號

印刷者／宏懋打字印刷股份有限公司

圖書編號／06512

初版一刷／2022 年 12 月

定價／新台幣 480 元

ISBN／978-626-328-369-5 (平裝)

ISBN／978-626-328-368-8 (PDF)

全華圖書／www.chwa.com.tw

全華網路書店 Open Tech／www.opentech.com.tw

若您對本書有任何問題，歡迎來信指導 book@chwa.com.tw

臺北總公司(北區營業處)
地址：23671 新北市土城區忠義路 21 號
電話：(02) 2262-5666
傳真：(02) 6637-3695、6637-3696

南區營業處
地址：80769 高雄市三民區應安街 12 號
電話：(07) 381-1377
傳真：(07) 862-5562

中區營業處
地址：40256 臺中市南區樹義一巷 26 號
電話：(04) 2261-8485
傳真：(04) 3600-9806(高中職)
　　　(04) 3601-8600(大專)

序

Python語言是Guido Van Rossum開發的一種通用用途（General Purpose）的程式語言，這是擁有優雅語法和高可讀性程式碼的程式語言，可以讓我們開發GUI視窗程式、Web應用程式、系統管理工作、財務分析、大數據資料分析和人工智慧等各種不同的應用程式。

辦公室自動化（Office Automation）是使用電腦的資訊科技，將辦公室的相關事務都使用電子化方式來進行處理，可以大量減少人工作業來達成自動化處理，其主要目標是有效整合相關資源來簡化辦公室的一些日常且繁瑣的例行工作。

本書是一本學習Python程式設計的入門教材，也是一本入門Python+Excel辦公室自動化程式設計的基礎教材，可以讓初學者輕鬆建立日常所需的自動化操作。在規劃上，本書可以作為大學、科技大學和技術學院的計算機概論、程式語言、程式設計、Python程式設計或Python+Excel辦公室自動化入門課程的教課書，適用3學分一個學期或2學分二個學期課程的上課教材。

Python是目前辦公室自動化的首選程式語言，在本書主要是說明Excel自動化的資料分析、資料整合和資料視覺化，除了Excel外，還輔以Word文件、PowerPoint簡報與PDF檔案自動化，可以完美整合相關應用程式來自動化處理辦公室、工作上和生活上的各種日常事務。

在內容上，本書是從基礎Python語言開始，不只完整說明你需要具備的Python程式設計能力，更詳細說明常用辦公室自動化的相關套件，在辦公室自動化部分是從第10章的檔案與目錄處理的自動化開始，進入圖檔影像處理自動化，在第11章說明自動化取得網路Open Data/Web API的CSV和JSON資料後，第12章正式進入Python+Excel自動化，詳細說明使用Python套件處理Excel活頁簿、工作表和儲存格，並且如何將外部資料的CSV檔案、JSON檔案和HTML表格匯入Excel工作表。

然後在第13章說明Python+Excel資料分析、整合和樞紐分析表，詳細說明多Excel檔案的資料彙整、資料統計和樞紐分析表的建立，最後整合Excel VBA來自動化進行Excel網路爬蟲和Excel資料分析。第14章是資料視覺化各種圖表的自動化繪製。

在第15章是Word文件和PowerPoint簡報自動化，第16章說明PDF檔案處理自動化和Word模版文件後，使用Excel工作表的圖表和表格資料來自動產生各種所需的報告，最後自動輸出成PDF檔。

不只如此，為了方便初學者學習基礎結構化程式設計，本書使用大量圖例和流程圖來詳細說明程式設計的觀念和語法，在流程圖部分是使用fChart流程圖直譯器，此工具不只可以繪製流程圖，更可以使用動畫執行流程圖來驗證程式邏輯的正確性，讓讀者學習使用電腦的思考模式來撰寫Python程式碼，完整訓練和提昇你的邏輯思考、抽象推理與問題解決能力。

編著本書雖力求完美，但學識與經驗不足，謬誤難免，尚祈讀者不吝指正。

陳會安於台北 hueyan@ms2.hinet.net

2022.10.31

▌範例檔說明

為了方便讀者學習Python+Excel辦公室自動化程式設計，筆者已經將本書的Python範例程式和相關檔案都收錄在書附範例檔，如下表所示：

檔案與資料夾	說明
ch01~ch16資料夾	本書各章 Python範例程式、測試圖檔、CSV、Excel、PDF和 Word等相關檔案
本書各章 pip安裝的套件清單 .txt	本書各章 pip安裝套件的 Python版本和命令列指令
下載本書客製化 Python套件的超連結 .txt	2個超連結可以分別從 Google或 MEGA雲端硬碟下載本書客製化的 Python套件

在fChart流程圖教學工具的官方網站，可以下載配合本書使用的WinPython客製化Python套件（請在上方選【Python套件】標籤頁，可以看到本書書名和列出Python套件的下載超連結，請任選一個下載），如下所示：

- https://fchart.github.io/

因為Anaconda整合散發套件和Python套件的改版十分頻繁，為了方便讀者練習和學校上課教學所需（避免版本不相容問題），本書提供整合fChart的客製化WinPython套件的可攜式Python開發環境，只需下載執行和解壓縮後，就可以建立執行本書Python程式和Thonny整合開發環境。

在客製化WinPython套件已經安裝好Thonny和IDLE和執行本書Python程式所需的套件，為了方便啟動相關工具，更提供工作列的「fChart主選單」可以快速啟動相關工具。

▌版權聲明

本書範例檔案提供的共享軟體或公共軟體，其著作權皆屬原開發廠商或著作人，請於安裝後詳細閱讀各工具的授權和使用說明。在本書範例檔內含的軟體和媒體檔都為隨書贈送，僅提供本書讀者練習之用，與各軟體和媒體檔的著作權和其它利益無涉，如果使用過程中因軟體所造成的任何損失，與本書作者和出版商無關。

目錄

01 Python語言與運算思維基礎

02 寫出和認識Python程式

03 變數、運算式與運算子

04 條件判斷

05 重複執行程式碼

06 函數

07 字串與容器型態

12 自動化Excel活頁簿編輯操作

13 自動化Excel資料統計與VBA

14 自動化Excel圖表繪製與資料視覺化

15 自動化處理Word文件與PowerPoint簡報

16 整合應用：Excel+Word模版自動產生PDF報表

CHAPTER **1**

Python語言與運算思維基礎

本章內容

1-1　程式與程式邏輯

　　電腦（Computer）是一種硬體（Hardware），在硬體執行的程式（Programs）是軟體（Software），我們需要透過程式的軟體來指示電腦做什麼事，例如：打卡、按讚和回應 LINE 等。

1-1-1　認識程式與程式設計

　　從太陽升起的一天開始，手機鬧鐘響起叫你起床，順手查看 LINE 或在 Facebook 按讚，上課前交作業寄送電子郵件、打一篇文章，或休閒時玩玩遊戲，想想看，你有哪一天沒有做這些事。

　　這些事就是在執行程式（Programs）或稱為電腦程式（Computer Programs），不要懷疑，程式早以融入你的生活，而且在日常生活中，大部分人早已經無法離開程式。

　　基本上，電腦程式可以描述電腦如何完成指定工作，其內容是完成指定工作的步驟，撰寫程式就是寫下這些步驟，如同作曲寫下的曲譜、設計房屋的藍圖或烹調食物的食譜。例如：描述烘焙蛋糕過程的食譜（Recipe），可以告訴我們如何製作蛋糕，如下圖所示：

　　事實上，我們可以將程式視為一個資料轉換器，當使用者從電腦鍵盤或滑鼠輸入資料後，執行程式就是在進行資料處理，可以將輸入資料轉換成輸出結果的資訊，如下圖所示：

　　上述輸出結果可能是顯示在螢幕或從印表機印出，電腦只是依照程式的指令將輸入資料進行轉換，以產生所需的輸出結果。對比烘焙蛋糕，我們依序執行食譜描述的烘焙步驟，就可以一步一步混合、攪拌和揉合水、蛋和麵粉等成份後，放入烤箱來製作出蛋糕。

　　而程式就是電腦的食譜，可以下達指令告訴電腦如何打卡、按讚、回應 LINE、收發電子郵件、打一篇文章或玩遊戲。程式設計（Programming）的主要工作，就是在建立電腦可以執行的程式，在本書是建立電腦上執行的 Python 程式，如下圖所示：

　　請注意！為了讓電腦能夠看懂程式，程式需要依據程式語言的規則、結構和語法，以指定文字或符號來撰寫程式，例如：使用 Python 語言撰寫的程式稱為 Python 程式碼（Python Code）或稱為「原始碼」（Source Code）。

1-1-2　程式邏輯的基礎

　　我們使用程式語言的目的是撰寫程式碼來建立程式，所以需要使用電腦的程式邏輯（Program Logic）來撰寫程式碼，如此電腦才能執行程式碼來解決我們的問題，因為電腦才是真正的「目標執行者」（Target Executer），負責執行你寫的程式；並不是你的大腦在執行程式。

　　讀者可能會問撰寫程式碼執行程式設計（Programming）很困難嗎？事實上，如果你能夠一步一步詳細列出活動流程、導引問路人到達目的地、走迷宮、使用自動購票機買票或從地圖上找出最短路徑，就表示你一定可以撰寫程式碼。

　　請注意！電腦一點都不聰明，不要被名稱誤導，因為電腦真正的名稱應該是「計算機」（Computer），一台計算能力非常好的計算機，並沒有思考能力，更不會舉一反三，所以，我們需要告訴電腦非常詳細的步驟和操作，絕對不能有模稜兩可的內容，而這就是電腦的程式邏輯。

　　例如：開車從高速公路北上到台北市大安森林公園，然後分別使用人類的邏輯和電腦的程式邏輯來寫出其步驟。

人類的邏輯：目標執行者是人類

因為目標執行者是人類，對於人類來說，只需檢視地圖，即可輕鬆寫下開車從高速公路北上到台北市大安森林公園的步驟，如下所示：

Step 1 中山高速公路向北開。

Step 2 下圓山交流道（建國高架橋）。

Step 3 下建國高架橋（仁愛路）。

Step 4 直行建國南路，在紅綠燈右轉仁愛路。

Step 5 左轉新生南路。

上述步驟告訴人類的話（使用人類的邏輯），這些資訊已經足以讓我們開車到達目的地。

電腦的程式邏輯：目標執行者是電腦

對於目標執行者電腦來說，如果將上述步驟人類邏輯的步驟告訴電腦，電腦一定完全沒有頭緒，不知道如何開車到達目的地，因為電腦一點都不聰明，這些步驟的描述太不明確，我們需要提供更多資訊給電腦（請改用程式邏輯來思考），才能讓電腦開車到達目的地，如下所示：

▷ 從哪裡開始開車（起點）？中山高速公路需向北開幾公里到達圓山交流道？

▷ 如何分辨已經到了圓山交流道？如何從交流道下來？

▷ 在建國高架橋上開幾公里可以到達仁愛路出口？如何下去？

▷ 直行建國南路幾公里可以看到紅綠燈？左轉或右轉？

▷ 開多少公里可以看到新生南路？如何左轉？接著需要如何開？如何停車？

所以，撰寫程式碼時需要告訴電腦非常詳細的動作和步驟順序，如同教導一位小孩做一件他從來沒有做過的事，例如：綁鞋帶、去超商買東西或使用自動販賣機。因為程式設計是在解決問題，你需要將解決問題的詳細步驟一一寫下來，包含動作和順序（即設計演算法），然後轉換成程式碼，以本書為例就是撰寫 Python 程式碼。

1-2　認識 Python、運算思維和 Thonny

我們學習程式設計的目的是訓練你的運算思維，在本書是使用 Thonny 整合開發環境來學習 Python 人工智慧程式設計。

1-2-1　談談運算思維與演算法

如同建設公司興建大樓有建築師繪製的藍圖，廚師烹調有食譜，設計師進行服裝設計有設計圖，程式設計也一樣有藍圖，那就是演算法。運算思維最重要的部分就是演算法。

◯ 運算思維

對於身處資訊世代的我們來說，運算思維（Computational Thinking）被認為這一世代必備的核心技能，不論你是否是資訊相關科系的學生或從事此行業，運算思維都可以讓你以更實務的思維來看這個世界。基本上，運算思維可以分成五大領域，如下所示：

▷ 抽象化（Abstraction）：思考不同層次的問題解決步驟。

▷ 演算法（Algorithms）：將解決問題的工作思考成一序列可行且有限的步驟。

▷ 分割問題（Decomposition）：了解在處理大型問題時，我們需要將大型問題分割成小問題的集合，然後個個擊破來一一解決。

▷ 樣式識別（Pattern Recognition）：察覺新問題是否和之前已解決問題之間擁有關係，可以讓我們直接使用已知或現成的解決方法來解決問題。

▷ 歸納（Generalization）：了解已解決的問題可能是用來解決其他或更大範圍問題的關鍵。

◯ 演算法

演算法（Algorithms）簡單的說就是一張食譜（Recipe），提供一組一步接著一步（Step-by-step）的詳細過程，包含動作和順序，可以將食材烹調成美味的食物，例如：在第 1-1-1 節說明的蛋糕製作，製作蛋糕的食譜就是一個演算法，如下圖所示：

$$\boxed{\text{演算法}} = \boxed{\text{一張食譜}} = \boxed{\text{一組指令步驟}}$$

電腦科學的演算法是用來描述解決問題的過程，也就是完成一個任務所需的具體步驟和方法，這個步驟是有限的；可行的，而且沒有模稜兩可的情況。

⬤ 使用流程圖描述演算法

演算法可以使用文字描述或圖形化方式來描述，圖形化方式就是流程圖（Flow Chart），流程圖是使用標準圖示符號來描述執行過程，以各種不同形狀的圖示表示不同的操作，箭頭線標示流程執行的方向，當畫出流程圖的執行過程後，就可以轉換撰寫成特定語言的程式碼，例如：Python 語言，如下圖所示：

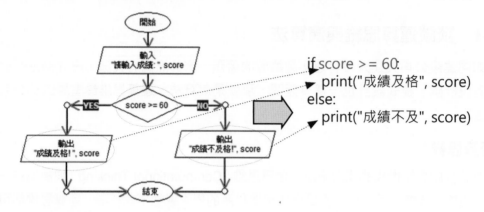

1-2-2　認識 Python 語言

Python 語言是 Guido Van Rossum 開發的一種通用用途（General Purpose）的程式語言，這是擁有優雅語法和高可讀性程式碼的程式語言，可以讓我們開發 GUI 視窗程式、Web 應用程式、系統管理工作、財務分析、大數據資料分析和人工智慧等各種不同的應用程式。

Python 語言兩個版本：Python 2 和 Python 3，在本書說明的是 Python 3 語言，其特點如下所示：

▷ Python 是一種直譯語言（Interpreted Language）：Python 程式是使用直譯器（Interpreters）來執行，直譯器並不會輸出可執行檔案，而是一個指令一個動作，一行一行原始程式碼轉換成機器語言後，馬上執行程式碼，如下圖所示：

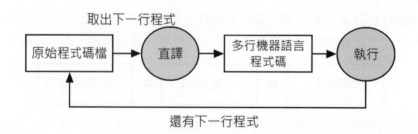

▷ Python 是動態型態（Dynamically Typed）語言：Python 變數並不需要預先宣告資料型態，Python 直譯器會依據變數值來自動判斷資料型態。當 Python 程式碼將變數 a 指定成整數 1，變數的資料型態是整數；變數 b 指定成字串，資料型態就是字串，如下所示：

```
a = 1
b = "Hello World!"
```

▷ Python 是強型態（Strongly Typed）語言：Python 並不會自動轉換變數的資料型態，當 Python 程式碼是字串加上整數，因為 Python 不會自動型態轉換，我們需要自行使用 **str()** 函數轉換成同一型態的字串，否則就會產生錯誤，如下所示：

```
"計算結果 = " + 100         # 錯誤寫法
"計算結果 = " + str(100)    # 正確寫法
```

1-2-3　Thonny 整合開發環境

雖然使用純文字編輯器，例如：記事本，就可以輸入 Python 程式碼，但是對於初學者來說，建議使用「IDE」（Integrated Development Environment）整合開發環境來學習 Python 程式設計，「開發環境」（Development Environment）是一種工具程式，可以用來建立、編譯／直譯和除錯指定程式語言所建立的程式碼。

目前高階程式語言大都有提供整合開發環境，可以在同一工具來編輯、編譯／直譯和執行特定語言的程式。Thonny 是愛沙尼亞 Tartu 大學開發，一套完全針對「初學者」開發的免費 Python 整合開發環境，其主要特點如下所示：

▷ Thonny 支援 Python 和 MicroPython 語言。

▷ Thonny 支援自動程式碼完成和括號提示，可以幫助初學者輸入正確的 Python 程式碼。

▷ Thonny 使用即時高亮度提示程式碼錯誤，並且提供協助說明和程式碼除錯，可以讓我們一步一步執行程式碼來進行程式除錯。

1-3 下載與安裝 Thonny

Thonny 跨平台支援 Windows、MacOS 和 Linux 作業系統，可以在 Thonny 官方網站免費下載最新版本（Thonny 本身就是使用 Python 開發）。

方法一：在官網自行下載和安裝 Thonny

Thonny 可以在官方網站免費下載，其 URL 網址如下所示：

▷ https://thonny.org/

請點選【 Windows 】超連結下載最新版 Thonny 安裝程式，就可以在 Windows 電腦執行下載的安裝程式來安裝 Thonny。請注意！讀者需參閱第 9 章的說明自行安裝本書各章節所需的 Python 套件。

方法二：下載安裝本書客製化 WinPython 可攜式套件

為了方便老師教學和讀者自學 Python 人工智慧程式設計，本書提供一套客製化 WinPython 套件的 Python 開發環境，已經安裝好 Thonny 和本書各章節使用的套件，只需解壓縮，就可以馬上建立可執行本書 Python 範例程式的開發環境。

請參閱書附範例檔的說明來下載客製化 WinPython 套件的 Python 開發環境，此套件是一個 7-Zip 格式的自解壓縮檔，下載檔名是：fChartThonny6_3.10Excel.exe。

當成功下載套件後，請執行 7-Zip 自解壓縮檔，在【 Extract to: 】欄位輸入解壓縮的硬碟，例如：「C:\」或「D:\」等，按【 Extract 】鈕，就可以解壓縮安裝 WinPython 套件的 Python 開發環境，如下圖所示：

當成功解壓縮後，預設建立名為「\fChartThonny6_3.10Excel」目錄。請開啟「\fChartThonny6_3.10Excel」目 錄 捲 動 至 最 後，雙 擊【startfChartMenu.exe】執 行 fChart 主選單，如下圖所示：

可以看到訊息視窗顯示已經成功在工作列啟動主選單，請按【確定】鈕。

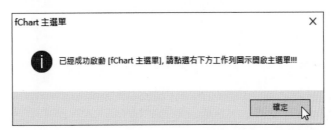

然後，在右下方 Windows 工作列可以看到 fChart 圖示，點選圖示，可以看到一個主選單來啟動 fChart 和 Python 相關工具，請執行【Thonny Python IDE】命令來啟動 Thonny 開發工具，如下圖所示：

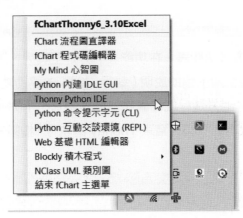

1-4 使用 Thonny 建立第一個 Python 程式

在完成 Thonny 安裝後，我們就可以啟動 Thonny 來撰寫第 1 個 Python 程式，或在互動環境來輸入和執行 Python 程式碼。

1-4-1 建立第一個 Python 程式

現在，我們準備從啟動 Thonny 開始，一步一步建立你的第 1 個 Python 程式，其步驟如下所示：

Step 1 請在 fChart 主選單執行【Thonny Python IDE】命令（自行安裝請執行「開始 →Thonny→Thonny」命令或桌面【Thonny】捷徑），即可啟動 Thonny 開發環境看到簡潔的開發介面。

上述開發介面的上方是功能表，在功能表下方是工具列，工具列下方分成三部分，在右邊是「協助功能」視窗顯示協助說明（執行「檢視 ➜ 協助功能」命令切換顯示），在左邊分成上/下兩部分，上方是程式碼編輯器的標籤頁；下方是「互動環境 (Shell)」視窗，可以看到 Python 版本 3.10.5，結束 Thonny 請執行「檔案 ➜ 結束」命令。

Step 2 在編輯器的【未命名】標籤輸入第一個 Python 程式，如果沒有看到此標籤，請執行「檔案 ➜ 開新檔案」命令新增 Python 程式檔案，我們準備建立的 Python 程式只有 1 行程式碼，如下所示：

```python
print("第1個Python程式")
```

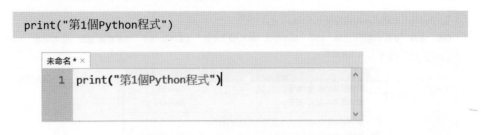

───● **說明** ●───────────────────────────────

請注意！如果 Python 程式碼有輸入中文字串內容，當輸入完中文字後，如果無法成功輸入「"」符號時，請記得從中文切換成英數模式後，即可成功輸入「"」符號。

───

Step 3 執行「檔案 ➜ 儲存檔案」命令或按工具列的【儲存檔案】鈕，可以看到「另存新檔」對話方塊，請切換至「\PythonExcel\ch01」目錄，輸入【ch1-4】，按【存檔】鈕儲存成 ch1-4.py 程式。

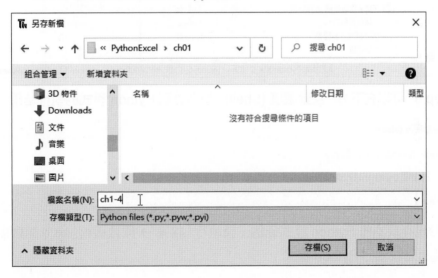

Step 4 可以看到標籤名稱已經改成檔案名稱，然後執行「執行 ➜ 執行目前程式」命令，或按工具列綠色箭頭圖示的【執行目前程式】鈕（也可按 F5 鍵）來執行 Python 程式。

Step 5 可以在下方「互動環境 (Shell)」視窗看到 Python 程式的執行結果。

```
互動環境 (Shell) ×
>>> %Run ch1-4.py
   第1個Python程式
>>>
```

對於現存或本書 Python 程式範例，請執行「檔案 ➜ 開啟舊檔」命令開啟檔案後，就可以馬上測試執行 Python 程式。

1-4-2 使用 Python 互動環境

在 Thonny 開發介面下方的「互動環境 (Shell)」視窗就是 REPL 交談模式，REPL（Read-Eval-Print Loop）是循環「讀取 - 評估 - 輸出」的互動程式開發環境，可以直接在「>>>」提示文字後輸入 Python 程式碼來馬上執行程式碼，例如：輸入 **5+10**，按 Enter 鍵，馬上可以看到執行結果 15，如下圖所示：

```
互動環境 (Shell) ×
>>> %Run ch1-4.py
  第1個Python程式
>>> 5+10
15
>>> |
```

同樣的，我們可以定義變數 **num = 10** 後，輸入 **print()** 函數來顯示變數 num 的值，如下圖所示：

```
互動環境 (Shell) ×
>>> %Run ch1-4.py
  第1個Python程式
>>> 5+10
15
>>> num = 10
>>> print(num)
  10
>>> |
```

　　如果是輸入程式區塊，例如：if 條件敘述，請在輸入 **if num >= 10:** 後（最後輸入「:」冒號），按 Enter 鍵，就會換行且自動縮排 4 個空白字元，我們需要按二次 Enter 鍵來執行程式碼，可以看到執行結果，如下圖所示：

```
互動環境 (Shell) ×
>>> 5+10
15
>>> num = 10
>>> print(num)
  10
>>> if num >= 10:
        print("數字是10")

  數字是10
>>> |
```

1-5 Thonny 基本使用與程式除錯

這一節將說明如何更改 Thonny 主題，編輯器字型和尺寸，如何看懂語法錯誤、使用協助說明，和除錯功能等基本使用。

1-5-1 更改 Thonny 選項

當啟動 Thonny 後，請執行「工具 → 選項」命令，可以看到「Thonny 選項」對話方塊，請切換標籤來設定所需的選項。

◎ 切換 Thonny 介面的語言

在【一般】標籤可以切換 Thonny 介面的語言，預設是【繁體中文 -TW】，如下圖所示：

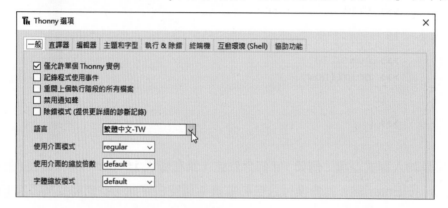

◎ 更改 Thonny 佈景主題和字型尺寸

選【主題和字型】標籤，可以更改 Thonny 外觀的主題和編輯器的字型與尺寸，如右圖所示：

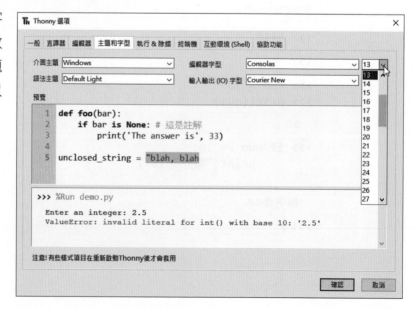

在上述標籤頁的上方可以設定介面 / 語法主題和字型尺寸，在右方的下拉式選單調整編輯器和輸出的字型與尺寸，在下方顯示 Thonny 介面外觀的預覽結果。

1-5-2　使用 Thonny 進行程式除錯

Thonny 提供強大的程式除錯功能，不只可以提供即時語法錯誤標示與協助說明，更可以使用除錯器來一步一步進行程式碼除錯。

📍 語法錯誤與協助說明

語法錯誤（Syntax Error）是指輸入的程式碼不符合 Python 語法規則，例如：請執行「檔案 → 開啟舊檔」命令開啟 Python 程式：ch1-5-2error.py，此程式的 2 行程式碼有語法錯誤，在第 1 行程式碼忘了最後的雙引號，Thonny 使用即時高亮度綠色來標示此語法錯誤；第 2 行少了右括號，Thonny 是使用灰色來標示，如下圖所示：

```
ch1-5-2error.py ×
1  print("Hello World!)
2  print(int(100)
```

當按 F5 鍵執行上述語法錯誤的程式碼後，在右邊「協助功能」視窗顯示語法錯誤的協助說明：SyntaxError: unterminated string literal (detected at line 1).（即在第 1 行的字串少了最後的雙引號），如果沒有看到此視窗，請執行「檢視 → 協助功能」命令來切換顯示此視窗，如下圖所示：

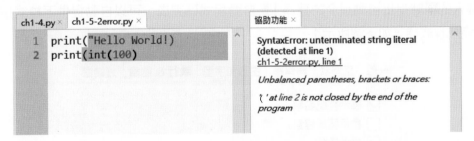

在下方「互動環境 (Shell)」視窗是使用紅色字來標示 Python 程式碼的語法錯誤，如下圖所示：

```
>>> %Run ch1-5-2error.py
  Traceback (most recent call last):
    File "D:\PythonExcel\ch01\ch1-5-2error.py", line 1
    print("Hello World!)
                        ^
SyntaxError: unterminated string literal (detected at line 1)
```

上述錯誤訊息的第 2 行指出錯誤是在第 1 行（line 1），使用「^」符號標示此行程式碼錯誤的所在，在最下方是錯誤說明，以此例是語法錯誤（Syntax Error）。

請在第 1 行字串最後加上雙引號後，再按 F5 鍵執行 Python 程式，可以看到「協助功能」視窗顯示第 2 行少了右括號，如下圖所示：

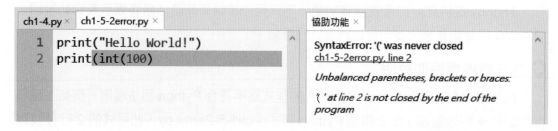

在下方「互動環境 (Shell)」視窗是使用紅色字顯示 Python 程式碼的語法錯誤是位在第 2 行的最後，如下圖所示：

```
>>> %Run ch1-5-2error.py
Traceback (most recent call last):
  File "D:\PythonExcel\ch01\ch1-5-2error.py", line 2
    print(int(100)
                  ^
SyntaxError: '(' was never closed
```

◆ 自動程式碼完成和函式參數列提示說明

選【編輯器】標籤，勾選【在鍵入 '(' 後自動顯示參數資訊】是函式參數列提示說明；【在鍵入的同時提出自動補全的建議】是自動程式碼完成，可以自動提供下拉式選單來選擇完成程式碼，如下圖所示：

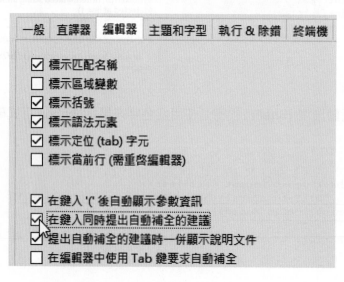

♀ **Thonny 除錯器**

Thonny 內建除錯器（Debugger），可以讓我們一行一行逐步執行程式碼來找出程式錯誤。例如：Python 程式 ch1-5-2.py 可以顯示「#」號的三角形，程式需要顯示 5 行三角形，但執行結果只顯示 4 行三角形，如下所示：

```
>>> %Run ch1-5-2.py
 #
 ##
 ###
 ####
```

現在，我們準備使用 Python 除錯器來找出上述錯誤。在 Thonny 上方工具列提供除錯所需的相關按鈕，小蟲圖示鈕是開始除錯，如下圖所示：

按下小蟲圖示鈕（或按 Ctrl-F5 鍵），Thonny 就進入一行一行執行的除錯模式，在之後是除錯的相關按鈕，如下圖所示：

上述按鈕從左至右的說明，如下所示：

▷ 跳過（Step Over）：跳至下一行或下個程式區塊（或按 F6 鍵）。

▷ 跳入（Step Into）：跳至程式碼的每一行運算式（或按 F7 鍵）。

▷ 跳出（Step Out）：離開除錯器。

▷ 繼續：從除錯模式回到執行模式（或按 F8 鍵）。

▷ 停止：停止程式執行（或按 Ctrl+F2 鍵）。

請啟動 Thonny 開啟 ch1-5-2.py 後，按上方工具列的小蟲圖示鈕（或按 Ctrl-F5 鍵）進入除錯模式，同時請執行「檢視 ➜ 變數」命令開啟「變數」視窗，可以看到目前停在第 1 行。

```
ch1-5-2.py ×
1  n = 1
2  while n < 5:
3      print("#" * n)
4      n = n + 1
```

變數 ×	
名稱	值

按 F6 鍵跳至下一行的程式區塊，如下圖所示：

請先按 F7 鍵跳進 while 程式區塊（如果按 F6 鍵會馬上跳至下一行而結束程式執行）後，再按 F6 鍵跳至下一行，如下圖所示：

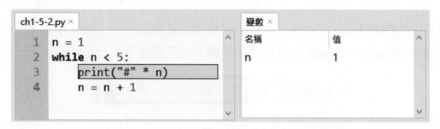

請持續按 F6 鍵跳至下一行，可以看到變數 n 值增加，等到值是 5 時，就跳出 while 迴圈，沒有再執行 print() 函數，所以只顯示 4 行三角形，而不是 5 行三角形，如下圖所示：

```
ch1-5-2.py ×
1  n = 1
2  while n < 5:
3      print("#" * n)
4  |    n = n + 1
```

變數 ×
名稱	值
n	5

我們只需將條件改成 n <= 5，就可以顯示 5 行三角形。

視覺化顯示函式呼叫的執行過程

Python 程式：ch1-5-2a.py 的 factorial() 函數是遞迴階層函數（N!），當在 Thonny 使用除錯模式執行 ch1-5-2a.py 時，請持續按 F7 鍵，可以看到視覺化顯示整個 factorial() 函數的呼叫過程，首先呼叫 factorial(5) 函數，如下圖所示：

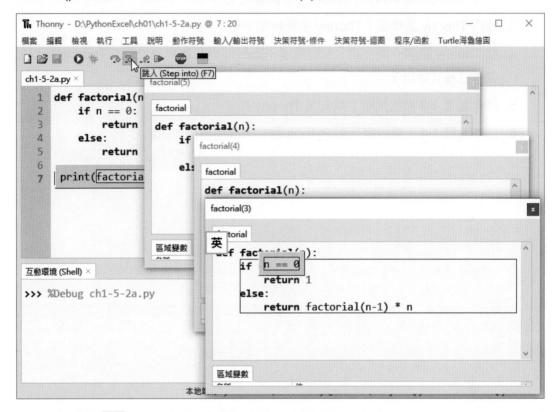

請持續按 F7 鍵，可以看到依序呼叫 factorial(4)、factorial(3)、⋯、factorial(1) 函數，接著從函數一一回傳值，最後計算出 5! 的值是 120。

1. 請問什麼是程式設計、程式邏輯與運算思維？

2. 請簡單說明什麼 Python 語言和整合開發環境？

3. 請問 Thonny 是什麼？Thonny 主要特點為何？

4. 在 Thonny 開發介面提供「互動環境 (Shell)」視窗的用途為何？Thonny 可以如何進行程式除錯？

5. 請參閱第 1-3 節的說明下載安裝 Thonny。

6. 請修改第 1-4-1 節的第一個 Python 程式，改成輸出你的姓名。

CHAPTER **2**

寫出和認識Python程式

🎯本章內容

2-1　開發 Python 程式的基本步驟

在第 1 章成功建立和執行第 1 個 Python 程式後，我們可以了解使用 Thonny 整合開發環境開發 Python 程式的基本步驟，如下圖所示：

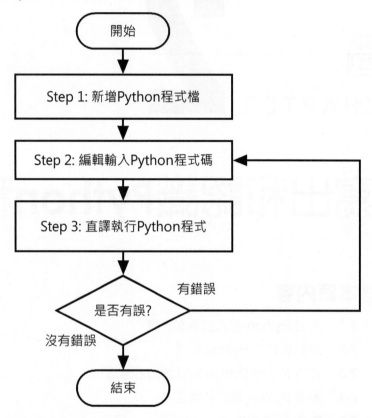

Step 1　新增 Python 程式檔案：使用 Thonny 建立 Python 程式的第一步是新增 Python 程式檔案。

Step 2　編輯輸入 Python 程式碼：在新增 Python 程式檔案後，就可以開始編輯和輸入 Python 程式碼。

Step 3　直譯執行 Python 程式：在完成 Python 程式碼的編輯後，就可以直接在 Thonny 執行 Python 程式，如果程式有錯誤或執行結果不符合預期，都需要回到 Step 2 來更正程式碼錯誤後，再次執行 Python 程式，直到執行結果符合程式需求。

2-2　編輯現存的 Python 程式

在第 1 章使用 Thonny 建立的第 1 個 Python 程式只是輸出一行文字內容，這一節筆者準備使用 Thonny 整合開發環境來編輯現存 Python 程式檔，並且擴充 Python 程式來顯示更多行的文字內容。

2-2-1　編輯現存的 Python 程式檔

Thonny 整合開發環境可以直接開啟現存 Python 程式檔來編輯，例如：將第 1 章的 ch1-4.py 另存成 ch2-2-1.py 後，新增 Python 程式碼來輸出第 2 行文字內容。

📍 另存新檔和再輸入一行新的程式碼

在這一節我們準備擴充 ch1-4.py 輸出 2 行文字內容，這些新輸入的程式碼是位第 1 行 **print()** 函數的程式碼之後，其步驟如下所示：

Step 1　請啟動 Thonny 執行「檔案 ➜ 開啟舊檔」命令，在「開啟」對話方塊切換至「\PythonExcel\ch01」目錄後，選【ch1-4.py】，按【開啟】鈕。

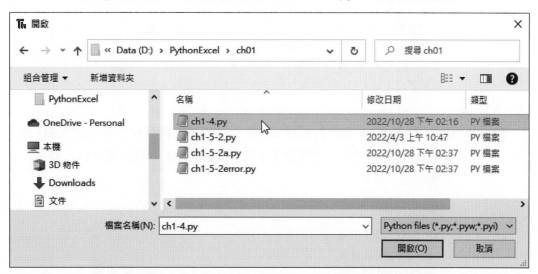

Step 2　可以看到標籤頁顯示載入的 Python 程式碼檔（點選檔名標籤後的【X】圖示可關閉檔案），如下圖所示：

Step 3 請執行「檔案 ➜ 另存新檔」命令和切換至「ch02」目錄後，輸入檔案名稱【ch2-2-1.py】，按【存檔】鈕另存程式檔至其他目錄。

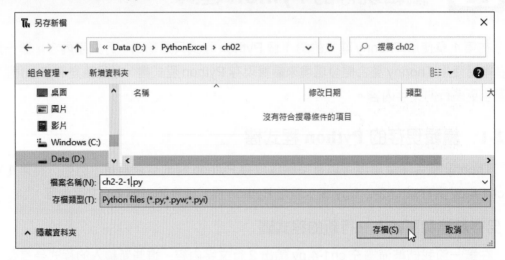

Step 4 可以看到標籤名稱改為新檔名，接著在 **print()** 這一行最後，點選作為插入點後按 Enter 鍵，輸入第 2 行程式碼，如下所示：

```
print("學Python程式設計")
```

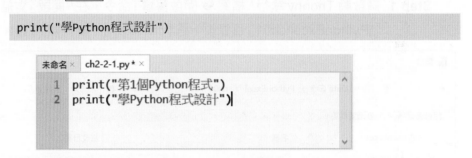

Step 5 請執行「執行 ➜ 執行目前程式」命令，或按工具列綠色箭頭圖示的【執行目前程式】鈕（也可按 F5 鍵）執行 Python 程式，可以看到執行結果，如下圖所示：

上述執行結果和第 1 章的第 1 個程式相同都是輸出文字內容，ch1-4.py 輸出一行文字內容，本節 ch2-2-1.py 輸出 2 行文字內容，因為我們在 Python 程式多加了一行 **print()** 程式碼。

從上述 2 個 Python 程式範例可以看出 Thonny 開發環境的程式執行結果是輸出至螢幕顯示，Thonny 是在下方「互動環境 (Shell)」視窗看到 Python 程式的執行結果，程式是使用 print() 輸出文字內容至螢幕顯示，而 print() 就是 Python 的函數（Functions）。

◉ 循序執行

　　循序執行（Sequential Run）是電腦程式預設的執行方式，也就是一個程式敘述跟著一個程式敘述來依序的執行，在 Python 程式主要是使用換行來分隔程式成為一個一個程式敘述，即每一行是一個程式敘述，以 ch2-2-1.py 為例，共有 2 行 2 個程式敘述，如下圖所示：

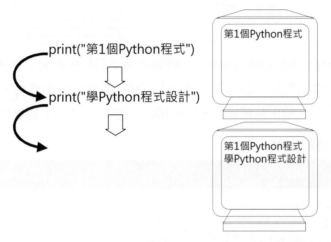

　　上述程式碼有 2 行，即 2 行程式敘述，首先執行第 1 行程式敘述輸出「第 1 個 Python 程式」，然後執行第 2 行程式敘述輸出「學 Python 程式設計」，程式是從第 1 行執行至第 2 行依序的執行，直到沒有程式碼為止，所以稱為循序執行。

●───● 說明 ●───●

　　Python 程式如果需要在同一行撰寫多個程式敘述，請使用「;」分號來分隔（Python 程式：ch2-2-1a.py），如下所示：

```
print("第1個Python程式");print("學Python程式設計")
```

2-2-2　在 Python 程式輸出數值和字串

　　Python 程式是使用 **print()** 函數在電腦螢幕輸出執行結果的文字內容或數值，**print()** 函數的基本語法，如下圖所示：

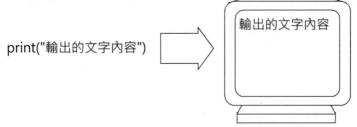

上述「"」括起的文字內容，就是輸出至電腦螢幕上顯示的文字內容，其顯示結果不包含前後的「"」符號。如果需要輸出數值或第 3 章的變數值，請使用「,」號分隔多個輸出資料，其語法如下圖所示：

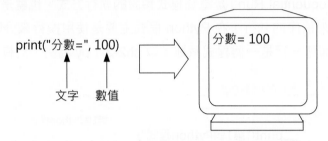

在上述 **print()** 函數的括號使用「,」逗號分隔 2 個輸出資料，第 1 個是文字（即字串），第 2 個是 100 的整數，請注意！因為「,」逗號分隔的輸出資料，預設在之間插入 1 個空白字元，所以，輸出結果是「分數 = 100」，在「=」號有 1 個空白字元。

🔍 範例：輸出數值和字串

Python程式：ch2-2-2.py

```
01  print("整數=", 100)
02  print('浮點數=', 123.5)
03  print("姓名=", "陳會安")
```

解析

上述 **print()** 函數輸出文字（可用「'」單引號或「"」雙引號括起），和數值的整數和浮點數（即有小數點的數值）。

結果

Python 程式的執行結果輸出的字串並不包含前後的「'」單引號和「"」雙引號，如下所示：

```
>>> %Run ch2-2-2.py

整數= 100
浮點數= 123.5
姓名= 陳會安
```

2-3 建立第二個 Python 程式的加法運算

　　在第 1-4-1 節和第 2-2-1 節的 Python 程式都只是單純輸出文字內容，因為大部分程式需要資料處理，都需要執行運算，在第二個 Python 程式是一個簡單的加法運算。

2-3-1　建立第二個 Python 程式

　　我們準備建立第二個 Python 程式，這是加法運算的程式，可以將 2 個變數值相加後，輸出運算結果，其步驟如下所示：

Step 1 請啟動 Thonny，執行「檔案 ➜ 開新檔案」命令新增名為【 <untitled> 】標籤的全新 Python 程式檔（如果已有【 <untitled> 】標籤，請直接在此標籤輸入 Python 程式碼）。

Step 2 在標籤頁輸入 Python 程式碼，var1~var3 是變數，在使用「=」指定 var1 和 var2 變數值後，執行加法運算，最後輸出執行結果，如下圖所示：

```
var1 = 10
var2 = 5
var3 = var1 + var2
print("相加結果 = ", var3)
```

```
未命名 * ×
1  var1 = 10
2  var2 = 5
3  var3 = var1 + var2
4  print("相加結果 = ", var3)
```

—● 說明 ●—

　　程式語言的變數可以想像是一個暫時存放資料的小盒子，以此例 var1 變數盒子中是存入 10；var2 是存入 5，當從 2 個變數盒子取出 var1 和 var2 的值後，執行 2 個變數值的加法，最後將加法運算結果放入 var3 的盒子，**print()** 函數的第 2 個輸出值是變數，請注意！實際輸出的是 var3 盒子中的值 15，如下所示：

```
print("相加結果 = ", var3)
```

Step 3 執行「檔案 ➔ 儲存檔案」命令，可以看到「另存新檔」對話方塊，請切換至「\PythonExcel\ch02」目錄，輸入【ch2-3-1】，按【存檔】鈕儲存成 ch2-3-1.py 程式。

Step 4 請執行「執行 ➔ 執行目前程式」命令，或按工具列綠色箭頭圖示的【執行目前程式】鈕（也可按 F5 鍵）執行 Python 程式，可以看到執行結果是加法運算結果 15，如下圖所示：

```
>>> %Run ch2-3-1.py
相加結果 =  15
```

請注意！上述執行結果在「=」等號後和值 15 之前有 2 個空白字元，因為 print() 函數的第 1 個輸出字串最後有 1 個空白字元，再加上「,」分隔預設會有 1 個，共有 2 個空白字元。

2-3-2　認識主控台輸出

在電腦執行的程式通常都需要與使用者進行互動，程式在取得使用者以電腦周邊裝置輸入的資料後，執行程式碼，就可以將執行結果的資訊輸出至電腦的輸出裝置。

📍 主控台輸入與輸出

Python 語言建立的主控台應用程式（Console Application），就是在 Windows 作業系統的「命令提示字元」視窗執行的程式，最常使用的標準輸入裝置是鍵盤；標準輸出裝置是電腦螢幕，即主控台輸入與輸出（Console Input and Output，Console I/O），如下圖所示：

上述程式的標準輸出是循序一行一行組成的文字內容，每一行使用新行字元（即「\n」字元）結束。程式取得使用者鍵盤輸入的資料（輸入），Python 程式在執行後（處理），在螢幕顯示執行結果（輸出）。

📍 在終端機執行 Python 程式

Thonny 開發環境也可以在終端機執行 Python 程式，也就是在 Windows 作業系統的「命令提示字元」視窗執行 Python 程式，事實上，真正的主控台應用程式是在終端機執行的程式，Linux 作業系統稱為終端機；在 Windows 作業系統就是「命令提示字元」視窗。

　　請啟動 Thonny 開啟 ch2-3-1.py 程式後，執行「執行 → 在終端機執行目前程式」命令，可以開啟 Windows 作業系統的「命令提示字元」視窗，看到 Python 程式的執行結果，如下圖所示：

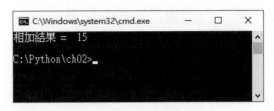

在輸出結果顯示換行：使用「\n」新行字元

　　在 **print()** 函數輸出的文字內容因為是輸出至終端機，「\n」新行字元就是換行，換句話說，我們只需在輸出字串中加上新行字元「\n」，就可以在輸出至螢幕時顯示換行，如下所示：

```
print("學Python程式\n分數=", 100)
```

範例：使用 \n 新行字元

Python程式：ch2-3-2.py

```
01  print("學Python程式\n分數=", 100)
```

結果

　　Python 程式的執行結果可以看到螢幕顯示二行，但字串只有一行，因為我們是使用新行字元「\n」來顯示 2 行的輸出結果，如下所示：

```
>>> %Run ch2-3-2.py
學Python程式
分數= 100
```

2-3-3　Python 主控台輸出：print() 函數

　　Python 輸出函數 **print()** 可以將「,」逗號分隔的資料輸出顯示在螢幕上，這些分隔資料稱為函數引數（Arguments）或參數（Parameters），為了方便說明，在本書都使用參數，其基本語法如下所示：

```
print(項目1 [,項目2… ], sep=" ", end="\n")
```

　　上述 print 是函數名稱，在括號中是準備顯示的內容項目，稱為參數（詳見第 6 章說明），sep 和 end 是命名參數，可以直接使用名稱來指定參數值，在「=」號後就是參數值，其說明如下所示：

▷ 項目 1 和項目 2 等參數：這些是使用「,」號分隔的輸出內容，可以一次輸出多個項目。

▷ sep 參數：分隔字元預設 1 個空白字元，如果輸出多個項目，即在每一個項目之間加上 1 個空白字元，此參數需在項目 1~n 之後。

▷ end 參數：結束字元是輸出最後加上的字元，預設是 "\n" 新行字元，此參數需在項目 1~n 之後。

因為 end 參數的預設值是 "\n" 新行字元，所以會換行，如果改成空白字元，就不會顯示換行，如下所示：

```
print("整數值 =", 100, end="")
```

上述函數輸出的文字內容並不會換行，可以將 2 個 **print()** 函數顯示在同一行。另一種方法是使用 sep 參數的分隔字元，因為 **print()** 函數可以有多個「,」逗號分隔的資料，每一個都是輸出內容，如下所示：

```
print("整數值 =" , 100, "浮點數值 =", 123.5)
```

上述函數共有 4 個參數，當依序輸出各參數時，在之間就會自動加上 sep 參數的 1 個空白字元來分隔。

💡 範例：使用 **print()** 函數輸出字串、整數和浮點數值

Python程式：ch2-3-3.py

```
01  print("字串 =", "陳會安")
02  print("整數值 =", 100, end="")
03  print("整數值 =", 100)
04  print("浮點數值 =", 123.5)
05  print("整數值 =" , 100, "浮點數值 =", 123.5)
```

解析

上述第 2 行的輸出沒有換行，第 5 行同時輸出 4 個資料。

結果

```
>>> %Run ch2-3-3.py

字串 = 陳會安
整數值 = 100整數值 = 100
浮點數值 = 112.5
整數值 = 100 浮點數值 = 112.5
```

上述執行結果的第 2 行是 2 個 **print()** 函數的輸出，第 1 個沒有換行，所以連在一起，最後同時輸出 2 個字串、1 個整數和 1 個浮點數。

2-4 看看 Python 程式的內容

　　Python 程式的副檔名是「.py」，其基本結構是匯入模組、全域變數、函數和程式敘述所組成，如下所示：

```
import 模組
全域變數
def 函數名稱1(參數列) :
    程式敘述1~N
...
def 函數名稱N(參數列) :
    程式敘述1~N
程式敘述1~N
```

　　現在，我們就來詳細檢視 ch2-3-1.py 程式碼的內容，此程式沒有匯入模組、全域變數和函數，程式結構只有上述最後沒有縮排的【程式敘述 1~N】，如下所示：

```
var1 = 10
var2 = 5
var3 = var1 + var2
print("相加結果 = ", var3)
```

◯ import 模組

　　因為 Python 本身只提供簡單語法和少數內建函數，大部分功能都是透過 Python 標準函式庫的模組或第三方套件所提供，即其他程式語言的函式庫。例如：當 Python 程式需要使用三角函數，我們可以匯入 math 模組（詳見第 9 章說明），如下所示：

```
import math
```

　　當 Python 程式匯入 math 模組，在 Python 程式碼就可以呼叫此模組的 **sin()**、**cos()** 和 **tan()** 三角函數，如下所示：

```
math.sin(x)
math.cos(x)
math.tan(x)
```

　　關於 import 和模組的說明，請參閱第 9-1 節。

全域變數與函數

Python 函數是使用 def 關鍵字來建立，函數（Functions）是一個獨立程式片段，可以完成指定工作，這是由函數名稱、參數列和縮排的程式區塊所組成。

在函數外定義的變數稱為全域變數，Python 程式檔案的所有程式碼都可以存取此變數值，對比函數中使用的區域變數。關於全域變數、區域變數和函數的說明請參閱第 6 章。

程式敘述 1~N

在 Python 程式檔案中沒有縮排的程式敘述，這些程式敘述就是其他程式語言的主程式，當直譯執行 Python 程式時，就是從第 1 行沒有縮排的程式敘述開始，執行到最後 1 行沒有縮排的程式敘述為止。

例如：Python 程式 ch2-3-1.py 沒有匯入模組、全域變數和函數，當直譯器執行 Python 程式時，就是從第 1 行 **var1 = 10** 的程式碼開始執行，直到執行到最後第 4 行呼叫 **print()** 函數輸出運算結果為止。

● 說明 ●

Python 語言可以和 C 語言一樣使用 if 條件指定主程式的函數，不過，對於初學者來說，這並非需要，關於 Python 主程式函數，請參閱第 6-2-3 節。

2-5 Python 文字值

Python 文字值（Literals、也稱字面值）或稱常數值（Constants），這是一種文字表面顯示的值，即撰寫程式碼時直接使用鍵盤輸入的值。在 Python 程式：ch2-2-2.py 輸出的整數 100、浮點數 123.5 和字串 " 陳會安 " 等，都是文字值，如下圖所示：

```
ch2-2-2.py
1  print("整數=", 100)          ◄— 輸出字串和整數文字值
2  print('浮點數=', 123.5)       ◄— 輸出字串和浮點數文字值
3  print("姓名=", "陳會安")
4                                ◄— 輸出2個字串文字值
```

我們可以再來看一看更多 Python 文字值範例，例如：整數、浮點數或字串值，如下所示：

```
100
15.3
"第一個程式"
```

上述 3 個文字值的前 2 個是數值，最後一個是使用「"」括起的字串文字值（也可以使用「'」括起）。基本上，Python 文字值主要分為：字串文字值、數值文字值和布林文字值。

事實上，Python 文字值的類型就是 Python 資料型態，Python 變數就是使用文字值來決定變數的資料型態，詳見第 3 章的說明。

2-5-1　字串文字值

Python 字串文字值（String Literals）就是字串，字串是 0 或多個使用「'」單引號或「"」雙引號括起的一序列 Unicode 字元，如下所示：

```
"學習Python語言程式設計"
'Hello World!'
```

目前我們使用的字串文字值大都是在 **print()** 函數的參數，而且在最後輸出至螢幕顯示時，並不會看到前後的「'」單引號或「"」雙引號，如下圖所示：

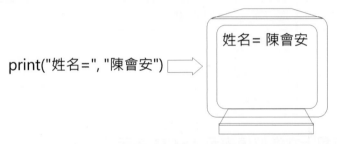

如果需要建立跨過多行的字串時（如同第 2-6-3 節的多行註解），請使用 3 個「'」單引號或「"」雙引號括起一序列 Unicode 字元，如下所示：

```
"""學會Python語言"""
'''Welocme to the world
 of Python'''
```

在實務上，Python 字串的單引號和雙引號可以互換，例如：在字串中需要使用到單引號「It's」，就可以使用雙引號括起，如下所示：

```
"It's my life."
```

請注意！Python 並沒有字元文字值，當引號括起的字串只有 1 個時，我們可以視為是字元，如下所示：

```
"A"
'b'
```

⬤ Escape 逸出字元（**Escape Characters**）

Python 字串文字值大多是可以使用電腦鍵盤輸入的字元，對於那些無法使用鍵盤輸入的特殊字元 / 符號，或擁有特殊功能的字元 / 符號，例如：新行字元，我們需要使用 Escape 逸出字元 "\n"。

Python 提供 Escape 逸出字元來輸入特殊字元，這是一些使用「\」符號開頭的字元，如表 2-1 所示。

》 表 2-1　Escape 逸出字元

Escape 逸出字元	說明
\b	Backspace，即 Backspace 鍵
\f	FF，Form feed 換頁字元
\n	LF（Line Feed）換行或 NL（New Line）新行字元
\r	Carriage Return，即 Enter 鍵
\t	定位字元，即 Tab 鍵
\'	「'」單引號
\"	「"」雙引號
\\	「\」符號

⬤ 使用八進位和十六進位值表示 ASCII 字元

對於電腦來說，當在鍵盤按下大寫 A 字母鍵時，傳給電腦的是 1 個位元組的數字（英文字母和數字使用其中 7 位元），目前個人電腦是使用「ASCII」（American Standard Code for Information Interchange，例如：大寫 A 是 65，所以，電腦實際顯示和儲存的資料是數值 65，稱為字元碼（Character Code）。

ASCII 字元也可以使用 Escape 逸出字元來表示，即「\x」字串開頭的 2 個十六進位數字或「\」字串開頭 3 個八進位數字來表示 ASCII 字元碼，如下所示：

```
'\x61'
'\101'
```

上述表示法，如表 2-2 所示。

» 表 2-2　ASCII 字元碼

ASCII 字元碼	說明
\N	N 是八進位值的字元常數，例如：\040 空白字元
\xN	N 是十六進位值的字元常數，例如：\x20 空白字元

🔋 範例：使用 Escape 逸出字元

Python程式：ch2-5-1.py

```
01  print("顯示反斜線:", '\\')
02  print("顯示單引號:", '\'')
03  print("顯示雙引號:", '\"')
04
05  print("十六進位值的ASCII字元:", '\x61')
06  print("八進位值的ASCII字元:", '\101')
```

解析

為了明顯區分是輸出 Escape 逸出字元和 ASCII 字元碼，我們在第 4 行增加一行空白行。在實務上，撰寫程式碼時，可以適當加上一些空白行，以便讓程式結構看起來更清楚明白。

結果

```
>>> %Run ch2-5-1.py

顯示反斜線: \
顯示單引號: '
顯示雙引號: "
十六進位值的ASCII字元: a
八進位值的ASCII字元: A
```

上述前 3 行是 Escape 逸出字元「\\」、「\'」和「\"」執行結果，分別是「\」、「'」和「"」，後 2 行是十六進位和八進位 ASCII 字元碼。

2-5-2　數值文字值

Python 數值文字值主要分為兩種：整數文字值（Integer Literals）和浮點數文字值（Float-point Literals）。

整數文字值

整數文字值是指資料是整數值，沒有小數點，其資料長度可以是任何長度，視記憶體空間而定。例如：一些整數文字值的範例，如下所示：

```
1
100
122
56789
```

上述整數值是 10 進位值，也是我們習慣使用的數字系統，Python 語言支援二進位、八進位和十六進位的數字系統，此時的數值需要加上數字系統的字首（十進位並不需要），如表 2-3 所示：

» 表 2-3　二進位、八進位和十六進位的數字系統

數字系統	字首	範例（十進位值）
二進位	0b 或 0B	0b1101011（107）
八進位	0o 或 0O	0o15（13）
十六進位	0x 或 0X	0xFB（253）

上表的字首是以數字「0」開始，英文字母 b 或 B 是二進位；o 或 O 是八進位；x 或 X 是十六進位。

範例：各種進位數值的數字表示法

Python程式：ch2-5-2.py

```
01  print("十進位值123的整數文字值:", 123)
02  print("二進位值0b1101011的整數值:", 0b1101011)
03  print("八進位值0o15的整數值:", 0o15)
04  print("十六進位值0xFB的整數值:", 0xFB)
```

結果

```
>>> %Run ch2-5-2.py
    十進位值123的整數文字值： 123
    二進位值0b1101011的整數值： 107
    八進位值0o15的整數值： 13
    十六進位值0xFB的整數值： 251
```

上述整數值的第 1 個是十進位，第 2 個之後依序是二進位、八進位和十六進位轉換成的十進位值。

浮點數文字值

浮點數文字值是指數值資料是整數加上小數，其精確度可以到小數點下 15 位，基本上，整數和浮點數的差異就是小數點，5 是整數；5.0 是浮點數，例如：一些浮點數文字值的範例（Python 程式：ch2-5-2a.py），如下所示：

```
1.0
55.22
```

2-5-3　布林文字值

Python 語言的布林（Boolean）文字值是使用 True 和 False 關鍵字來表示（Python 程式：ch2-5-3.py），如下所示：

```
True
False
```

Python 寫作風格

Python 語言的寫作風格是撰寫 Python 程式碼的規則。基本上，Python 語言的程式碼是程式敘述所組成，數個程式敘述組合成程式區塊，每一個程式區塊擁有數行程式敘述或註解文字，一行程式敘述是一個運算式、變數和指令的程式碼。

2-6-1　程式敘述

Python 程式是使用程式敘述（Statements）所組成，一行程式敘述如同英文的一個句子，內含多個運算式、運算子或關鍵字，這就是 Python 直譯器可以執行的程式碼。

程式敘述的範例

一些 Python 程式敘述的範例，如下所示：

```
b = 10
c = 2
a = b * c
print("第一個Python程式")
```

上述第 1 行和第 2 行程式碼是指定變數初值，第 3 行是指定敘述的運算式，第 4 行是呼叫 **print()** 函數。

🔵「;」分號

大部分程式語言：C/C++、Java 和 C# 等語言的「;」分號代表程式敘述的結束，告訴直譯器 / 編譯器已經到達程式敘述的最後，請注意！Python 語言並不需要在程式敘述最後加上「;」分號，如果習慣在程式敘述最後加上「;」分號，也不會有錯誤，如下所示：

```
d = 5;
```

在 Python 語言使用「;」分號的主要目的是在同一行程式碼撰寫多個程式敘述，如下所示：

```
b = 10; c = 4; a = b * c
```

上述程式碼可以在同一行 Python 程式碼行擁有 3 個程式敘述。

2-6-2　程式區塊

程式區塊（Blocks）是由多個程式敘述所組成，大部分程式語言是使用 "{" 和 "}" 大括號（Braces）包圍來建立程式區塊。Python 語言的程式區塊是使用縮排，當多行程式敘述擁有相同數量的空白字元縮排時，就屬於同一個程式區塊，通常是使用「4」個空白字元或 1 個 Tab 鍵。

Python 程式區塊是從第 1 個縮排的程式敘述開始，到第 1 個沒有縮排的程式敘述的前一行為止，如下所示：

```
for i in range(1, 11):
    print(i)
    if i == 5 :
        break
print("迴圈結束")
```

上述 for 迴圈的程式區塊（請注意！for 迴圈之後有「:」冒號）是從第 1 個 **print()** 函數開始，到第 2 個 **print()** 函數之前結束，都是縮排 4 個空白字元，在程式區塊中的 if 條件是另一個程式區塊，此程式區塊只有 1 個程式敘述，所以此行敘述再縮排 4 個空白字元。

如果程式區塊只有 1 行程式敘述，或使用「;」分號建立同一行的多個程式敘述，我們可以不用縮排，但 Python 並不建議如此撰寫程式碼，如下所示：

```
if True: print("Python")
if True: print("Python"); a = 10
```

上述第 1 行程式碼因為只有 1 行程式敘述,所以直接寫在「:」冒號之後,第 2 行是使用「;」分號在同一行建立多個程式敘述。

2-6-3　程式註解

程式註解(Comments)是程式中十分重要的部分,可以提供程式內容的進一步說明,良好的註解文字不但能夠了解程式目的,並且在程式維護上,也可以提供更多的資訊。

基本上,程式註解是給程式設計者閱讀的內容,Python 直譯器在直譯原始程式碼時會忽略註解文字和多餘的空白字元。

♀ Python 語言的單行註解

Python 語言的單行註解是在程式中以「#」符號開始的行,或程式行位在「#」符號後的文字內容都是註解文字,如下所示:

```
# 顯示訊息
print("第一個Python程式")     # 顯示訊息
```

♀ Python 語言的多行註解

Python 語言的程式註解可以跨過很多行,這是使用「"""」和「"""」符號(3 個「"」符號)或「'''」和「'''」符號(3 個「'」符號)括起的文字內容,例如:我們可以在 Python 程式開頭加上程式檔名稱的註解文字,如下所示:

```
''' Python程式:
   檔名: ch2-6.py '''
```

上述註解文字是位在「'''」和「'''」符號中的文字內容。使用「"""」符號的多行註解,如下所示:

```
""" ---------------------------
   程式範例: ch2-6.py
--------------------------- """
```

2-6-4　太長的程式碼

Python 語言的程式碼行如果太長，基於程式編排的需求，太長的程式碼並不容易閱讀，我們可以分割成多行來編排。請在程式碼該行的最後加上「\」符號（Line Splicing），將程式碼分成數行來編排，如下所示：

```
sum = 1 + 2 + \
      3 + 4 + \
      5
```

上述程式碼使用「\」符號將 3 行合併成一行。當 Python 語言使用「( )」、「[ ]」和「{ }」括起程式碼時，隱含就會加上「\」符號，所以可以直接分割成多行來編排，如下所示：

```
a = (1 + 2 + 3 + 4
     + 5 + 6)
colors = ['red',
          'blue',
          'yellow']
print("green" == "glow", "green" != "glow",
      "green" > "glow", "green" >= "glow",
      "green" < "glow" , "green" <= "glow")
```

上述程式碼不需要在每一行最後加上「\」符號，就可以分割成多行來編排。

學習評量

1. 請問開發 Python 程式的基本步驟為何？在 print() 函數輸出的文字內容如果需要換行，除了使用 2 次 print() 函數外，還可以如何顯示換行？

2. 請簡單說明 Python 文字值有哪幾種？Python 程式的基本結構為何？

3. 請建立 Python 程式使用多個 print() 函數，可以用星號字元顯示 5*5 的三角形圖形，如下圖所示：

```
*
**
***
****
*****
```

4. 請建立 Python 程式計算小明數學和英文考試的總分，數學是 75 分；英文是 68 分，最後使用 print() 函數顯示總分是多少。

5. 請建立 Python 程式可以在螢幕輸出顯示下行執行結果，如下所示：

```
大家好!
250
\200
```

6. 請建立 Python 程式將下列八和十六進位值轉換成十進位值來顯示，如下所示：

0277、0xcc、0xab、0333、0555、0xff

Note ✎

CHAPTER

3

變數、運算式與運算子

⊚ 本章內容

3-1　程式語言的變數

　　因為電腦程式需要處理資料，所以在執行時需記住一些資料，我們需要一個地方用來記得執行時的資料，這就是「變數」（Variables）。

3-1-1　認識變數

　　一般來說，我們去商店買東西時，為了比較價格，就會記下商品價格，同樣的，程式是使用變數儲存這些執行時需記住的資料，也就是將這些值儲存至變數，當變數擁有儲存的值後，就可以在需要的地方取出變數值，例如：執行數學運算和資料比較等。

📍 變數是儲存在哪裡

　　問題是，這些需記住的資料是儲存在哪裡，答案就是電腦的記憶體（Memory），變數是一個名稱，用來代表電腦記憶體空間的一個位址，如下圖所示：

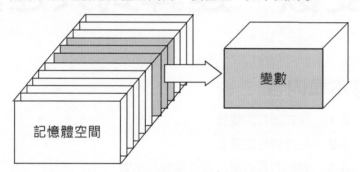

　　上述位址如同儲物櫃的儲存格，可以佔用數個儲存格來儲存值，當已經儲存值後，值就不會改變直到下一次存入一個新值為止。我們可以讀取變數目前的值來執行數學運算，或進行大小的比較。

📍 變數的基本操作

　　對比真實世界，當我們想將零錢存起來時，可以準備一個盒子來存放這些錢，並且隨時看看已經存了多少錢，這個盒子如同一個變數，我們可以將目前的金額存入變數，或取得變數值來看看已經存了多少錢，如下圖所示：

　　請注意！真實世界的盒子和變數仍然有一些不同，我們可以輕鬆將錢幣丟入盒子，或從盒子取出錢幣，但變數只有兩種操作，如下所示：

1. 在變數存入新值：指定變數成為一個全新值，我們並不能如同盒子一般，只取出部分金額。因為變數只能指定成一個新值，如果需要減掉一個值，其操作是先讀取變數值，在減掉後，再將變數指定成最後運算結果的新值。

2. 讀取變數值：取得目前變數的值，而且在讀取變數值，並不會更改變數目前儲存的值。

3-1-2　使用變數前的準備工作

　　程式語言的變數如同是一個擁有名稱的盒子，能夠暫時儲存程式執行時所需的資料，也就是記住這些資料，如下圖所示：

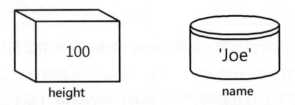

　　上述圖例是方形和圓柱形的兩個盒子，盒子名稱是變數名稱 height 和 name，在盒子儲存的資料 100 和 'Joe' 是整數和字串的文字值。現在回到盒子本身，盒子形狀和尺寸決定儲存的資料種類，對比程式語言，形狀和尺寸就是變數的資料型態（Data Types），資料型態可以決定變數是儲存數值或字串等資料。Python 變數的資料型態是變數值決定，當指定變數的文字值後，就決定了變數的資料型態。

　　如果程式語言是強型態語言，例如：C/C++ 和 Java，當變數指定資料型態後，就表示只能儲存這種型態的資料，如同圓形盒子放不進相同直徑的方形物品，我們只能放進方形盒子。Python 是弱型態語言，變數的資料型態是可以更改的，當變數指定成其他資料型態的文字值時，變數的資料型態也會一併更改成文字值的資料型態。

　　所以，程式語言在使用變數前，需要 2 項準備工作，如下所示：

▷ 替變數命名：即上述 name 和 height 等變數名稱。

▷ 決定變數的資料型態：即變數儲存什麼樣的值，即整數或字串等。

3-1-3　Python 語言的命名規則

　　程式設計者在程式碼自行命名的元素，稱為識別字（Identifier），例如：變數名稱，關鍵字（Keywords）是一些對直譯器 / 編譯器來說擁有特殊意義的名稱，在命名時，我們需要避開這些名稱。

識別字名稱（Identifier Names）是指 Python 語言的變數、函數、類別或其他識別字的名稱，程式設計者在撰寫程式時，需要替這些識別字命名。Python 語言的命名規則，如下所示：

▷ 名稱是一個合法識別字，識別字是使用英文字母或「_」底線開頭（不可以使用數字開頭），不限長度，包含字母、數字和底線「_」字元組成的名稱。一些名稱範例，如表 3-1 所示。

≫ 表 3-1　合法與不合法識別字

合法名稱	不合法名稱
T、c、a、b、c	1、2、12、250
Size、test123、count、_hight	1count、hi!world、a@
Long_name、helloWord	Long…name、hello World

▷ 名稱區分英文字母大小寫，例如：total、Total 和 TOTAL 屬於不同的識別字。

▷ 名稱不能使用 Python 關鍵字，因為這些字對於直譯器擁有特殊意義。Python 語言的關鍵字可以在互動環境輸入 **help("keywords")** 指令來查詢，如下所示：

```
>>> help("keywords")

Here is a list of the Python keywords.  Enter any keyword to get more help.

False           break           for             not
None            class           from            or
True            continue        global          pass
__peg_parser__  def             if              raise
and             del             import          return
as              elif            in              try
assert          else            is              while
async           except          lambda          with
await           finally         nonlocal        yield
```

—● 說明 ●—

Python 除了關鍵字，還有一些內建函數，例如：input()、print()、file() 和 str() 等，雖然將識別字命名為 input、print、file 和 str 都是合法名稱，但同一 Python 程式檔如果同時宣告變數且呼叫這些內建函數，就會讓直譯器混淆，產生變數無法呼叫的錯誤，在實務上，不建議使用這些內建函數名稱作為識別字名稱。

▷ 有效範圍（Scope）是指在有效範圍的程式碼中名稱必須是唯一，例如：在程式中可以使用相同的變數名稱，不過變數名稱需要位在不同的範圍，詳細的範圍說明請參閱第 6-6-1 節。

3-2　在程式使用變數

Python 變數不用預先宣告，當需要變數時，直接指定變數值即可，如果習慣宣告變數，可以在程式開頭將變數指定成 None，None 關鍵字表示變數並沒有值，如下所示：

```
score = None
```

3-2-1　指定和輸出變數值

Python 在使用指定敘述指定變數值，變數名稱如同是一個盒子，指定的變數值就是將值放入盒子，和決定盒子的資料型態，如下圖所示：

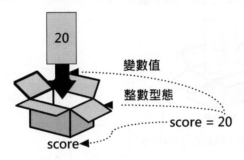

上述圖例的盒子名稱是 score，其值是 20，當使用「=」等號指定變數 score 的值20，就是將文字值 20 放入盒子，同時決定變數的資料型態是整數，如下所示：

```
score = 20
```

上述程式碼指定變數 score 值是 20，變數 score 因為指定文字值 20，所以記得文字值 20 且決定是整數型態，其基本語法如下所示：

```
變數 = 資料
```

上述「=」等號就是指定敘述，可以：

「將右邊資料的文字值指定給左邊的變數，在左邊變數儲存的值就是右邊資料的文字值。」

在左邊是變數名稱（一定是變數），右邊資料除了文字值外，還可以是第 3-2-3 節的變數或第 3-5 節的運算式（Expression）。

—● 說明 ●—

指定敘述的「=」等號是指定或指派變數值，也就是將資料放入變數的盒子，並不是相等，不要弄錯成數學的等於 A=B，因為不是等於。

💡 **範例：指定和輸出變數值**

Python程式：ch3-2-1.py

```
01  score = 20        # 將文字值20指定給變數score
02  # 輸出變數score存入的值20
03  print("變數score值是:", score)
```

結果

Python 程式的執行結果是在第 3 行輸出變數 score 指定的文字值，如下所示：

```
>>> %Run ch3-2-1.py
變數score值是: 20
```

變數 score 代表的值就是 20，如下圖所示：

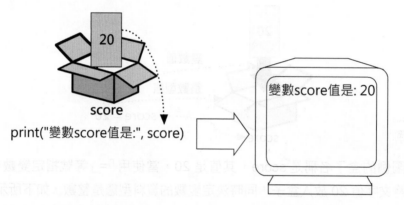

上述 **print()** 函數輸出變數 score 儲存的值，而不是字串 "score"，所以在前後不可加上引號，如此才能輸出變數值 20。

3-2-2　指定成其他文字值

變數是執行程式時暫存儲存資料的地方，當建立 Python 變數後，例如：變數 score 和指定值 20 後，我們可以隨時再次使用指定敘述「=」等號來更改變數值，如下所示：

```
score = 30
```

上述程式碼將變數 score 改成 30，也就是將變數指定成其他文字值，現在，score 變數值是新值 30，不是原來的值 20，資料型態仍然是整數，如下圖所示：

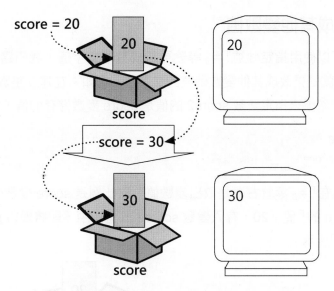

Python 變數也可以隨時更改成其他資料型態的文字值，例如：浮點數 98.5，此時不只更改 score 變數的值，同時更改資料型態成為浮點數，如下所示：

```
score = 98.5
```

範例：指定成其他文字值

Python程式：ch3-2-2.py

```
01  score = 20      # 將文字值20指定給變數score
02  # 輸出變數score存入的值20
03  print("變數score值是:", score)
04  score = 30      # 更改變數score的值
05  # 輸出變數score存入的更新值30
06  print("變數score更新值是:", score)
07  score = 98.5  # 更改變數score的值和型態
08  # 輸出變數score存入的更新值98.5
09  print("變數score更新值是:", score)
```

結果

Python 程式的執行結果首先輸出變數 score 的值 20，在第 4 行更改變數 score 值成為新值 30 後，第 5 行輸出的是更改後的新值 30，在第 7 行再次更改 score 變數值成浮數數 98.5，如下所示：

```
>>> %Run ch3-2-2.py

變數score值是: 20
變數score更新值是: 30
變數score更新值是: 98.5
```

3-2-3　指定成其他變數值

變數除了可以使用指定敘述「=」等號更新成其他文字值，我們還可以將變數指定成其他變數值，就是更改成其他變數儲存的文字值，例如：在建立整數變數 score 的值 20 後，使用指定敘述來指定變數 score2 的值是 score 變數儲存的值，如下所示：

```
score = 20
score2 = score      # 指定敘述
```

上述程式碼在「=」等號右邊是取出變數值，以此例是 score 變數值 20，指定敘述可以將變數 score 的「值」20，存入變數 score2 的盒子中，即將變數 score2 的值更改成為 20，如下圖所示：

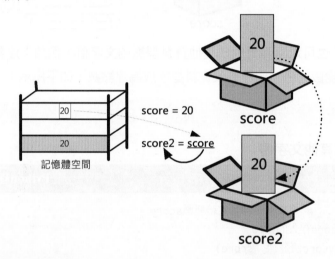

記憶體空間

score = 20

score2 = score

score

score2

💡 **範例：指定成其他變數值**

Python程式：ch3-2-3.py

```
01  score = 20        # 將文字值20指定給變數score
02  # 輸出變數score存入的值20
03  print("變數score值是:", score)
04  score2 = score   # 更改變數score2的值是變數score
05  # 輸出變數score2的值20
06  print("變數score2值是:", score2)
```

結果

Python 執行結果可以看到變數 score 和 score2 的值都是 20，因為第 4 行是將 score 變數值 20 指定給變數 score2，所以變數 score2 的值也成為 20，如下所示：

```
>>> %Run ch3-2-3.py

變數score值是: 20
變數score2值是: 20
```

3-3 變數的資料型態和型態轉換函數

Python 變數儲存的值決定變數目前的資料型態，當指定變數的文字值時，就決定變數的資料型態，例如：在第 2-5 節的字串、數值和布林文字值，就是對應字串（String）、數值（Number）和布林（Boolean）資料型態。

除此之外，Python 還提供多種容器型態（Contains Type），例如：串列（List）、元組（Tuple）合（Set）和字典（Dictionary），進一步字串和容器型態的說明請參閱第 7 章。

3-3-1 取得變數的資料型態

Python 可以使用 **type()** 函數取得目前變數的資料型態，如下所示：

```
score = 20
print("變數score值是:", score, type(score))
```

上述變數 score 是整數，可以呼叫 **type(a)** 取得變數 a 資料型態的物件 <class 'int'>，請注意！Python 所有東西都是 class 類別的物件。

💡 **範例：使用 type() 函數取得變數的資料型態**

Python程式：ch3-3-1.py

```
01  score = 20      # 將文字值20指定給變數score
02  # 輸出變數score存入的值20
03  print("變數score值是:", score , type(score))
04  score = 30      # 更改變數score的值
05  # 輸出變數score存入的更新值30
06  print("變數score更新值是:", score , type(score))
07  score = 98.5  # 更改變數score的值和型態
08  # 輸出變數score存入的更新值98.5
09  print("變數score更新值是:", score , type(score))
```

結果

Python 程式的執行結果可以看到變數的資料型態從 int 整數改成 float 浮點數，如下所示：

```
>>> %Run ch3-3-1.py

變數score值是: 20 <class 'int'>
變數score更新值是: 30 <class 'int'>
變數score更新值是: 98.5 <class 'float'>
```

3-3-2　資料型態轉換函數

Python 不會自動轉換變數 / 文字值的資料型態，我們需要自行使用內建型態轉換函數來轉換變數 / 文字值成所需的資料型態，如表 3-2 所示。

» 表 3-2　型態轉換函數

型態轉換函數	說明
str()	將任何資料型態的參數轉換成字串型態
int()	將參數轉換成整數資料型態，參數如果是字串，字串內容只能是數字，如果是浮點數，轉換成整數會損失精確度
float()	將參數轉換成浮點數資料型態，如果是字串，字串內容只可以是數字和小數點

範例：使用資料型態轉換函數

Python程式：ch3-3-2.py

```
01  score = "60"    # 將字串文字值指定給變數score
02  score2 = int(score)
03  print("變數score2值是: " + str(score2))
04  score3 = float(score+".5")
05  print("變數score3值是: " + str(score3))
```

結果

Python 程式的執行結果可以看到變數 score 的值是字串文字值，在第 2 行轉換成整數，第 3 行輸出時使用「+」加號運算子，如下所示：

```
print("變數score2值是: " + str(score2))
```

上述參數是加法運算，第 1 個運算元是字串文字值，第 2 個呼叫 **str()** 函數轉換成字串，因為 2 個運算元都是字串，「+」加法就是字串連接運算子可以連接 2 個字串，第 4 行 **float()** 函數的參數在連接 ".5" 字串成為 "60.5" 後，再轉換成浮點數，如下所示：

```
>>> %Run ch3-3-2.py
變數score2值是: 60
變數score3值是: 60.5
```

3-4　讓使用者輸入變數值

Python 可以讓使用者以鍵盤輸入變數值,這就是第 2-3-2 節的主控台輸入,我們是使用 **input()** 函數讓使用者輸入字串文字值。

◉ 從鍵盤輸入字串資料

當變數值可以讓使用者自行使用鍵盤來輸入時,我們建立的 Python 程式就擁有更多的彈性,因為變數存入的值是在執行 Python 程式時,才讓使用者自行從鍵盤輸入,而不是撰寫 Python 程式碼來指定其值。

Python 程式是呼叫 **input()** 函數來輸入字串資料型態的資料,如下所示:

```
score = input("請輸入整數值==> ")  # 輸入字串文字值
```

上述函數的參數是提示文字,雖然提示文字是輸入整數,但 score 變數的資料型態是整數值內容的字串,並不是整數,如下圖所示:

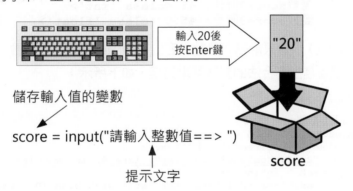

上述圖例當執行到 **input()** 函數時,執行畫面就會暫停等待,等待使用者輸入資料,直到按下 Enter 鍵,輸入的資料是字串文字值,可以將取得的輸入值存入變數 score。

◉ 從鍵盤輸入數值資料

請注意!**input()** 函數只能輸入字串文字值,我們需要使用第 3-3-2 節的 **int()** 和 **float()** 資料型態轉換函數來轉換成整數變數 score2 和浮點數變數 score3,如下所示:

```
score2 = int(score)
score3 = float(score)
```

💡 **範例：從鍵盤輸入字串和數值**

Python程式：ch3-4.py

```
01  score = input("請輸入整數值==> ")   # 輸入字串文字值
02  # 輸出變數score的值
03  print("變數score值是:", score, type(score))
04  score2 = int(score)
05  print("變數score2值是:", score2, type(score2))
06  score3 = float(score)
07  print("變數score3值是:", score3, type(score3))
```

結果

Python 程式的執行結果是在第 1 行輸入整數內容的字串，然後在 4 行轉換成整數；第 6 行轉換成浮點數，如下所示：

```
>>> %Run ch3-4.py

    請輸入整數值==> 45
    變數score值是: 45 <class 'str'>
    變數score2值是: 45 <class 'int'>
    變數score3值是: 45.0 <class 'float'>
```

請注意！**input()** 函數只能輸入整數內容的字串，如果輸入浮點數，在第 4 行轉換成整數時，就會發生不合法的整數字串錯誤，如下所示：

```
>>> %Run ch3-4.py

    請輸入整數值==> 55.6
    變數score值是: 55.6 <class 'str'>
    Traceback (most recent call last):
      File "C:\Python\ch03\ch3-4.py", line 4, in <module>
        score2 = int(score)
    ValueError: invalid literal for int() with base 10: '55.6'
```

3-5 認識運算式和運算子

程式語言的運算式（Expressions）是一個執行運算的程式敘述，可以產生資料處理所需的運算結果，整個運算式可以簡單到只有單一文字值或變數，或複雜到由多個運算子和運算元所組成。

3-5-1 關於運算式

運算式（Expressions）是由一序列運算子（Operators）和運算元（Operands）所組成，可以在程式中執行所需的運算任務（即執行資料處理），如下圖所示：

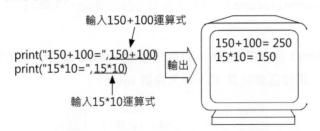

上述圖例的運算式是「150+100」,「+」加號是運算子;150 和 100 是運算元,在執行運算後,得到運算結果 250,其說明如下所示:

▷ 運算子:執行運算處理的加、減、乘和除等符號。

▷ 運算元:執行運算的對象,可以是常數值、變數或其他運算式。

Python 運算子依運算元的個數分成二種,如下所示:

▷ 單元運算子(Unary Operator):只有一個運算元,例如:正號或負號,如下所示:

```
-15
+10
```

▷ 二元運算子(Binary Operator):擁有位在左右的兩個運算元,Python 運算子大部分是二元運算子,如下所示:

```
5 + 10
10 - 2
```

3-5-2　輸出運算式的運算結果

Python 的 **print()** 函數可以在電腦螢幕輸出執行結果,同樣的,我們可以輸出運算式的運算結果,如下圖所示:

上述程式碼計算「**150+100**」和「**15*10**」運算式的結果後,將結果輸出顯示在電腦螢幕上。

──● 說明 ●──────────────────────────

程式語言的乘法是使用「*」符號,不是手寫「x」符號,因為「x」符號很容易與變數名稱混淆,因為當運算式有 x 時,會視為變數;而不是乘法運算子。

────────────────────────────────

💡 **範例：輸出運算式的運算結果**

Python程式：ch3-5-2.py

```
01  # 計算和輸出150+100運算式的值
02  print("150+100=", 150+100)
03  # 計算和輸出15*10運算式的值
04  print("15*10=", 15*10)
```

結果

Python 程式的執行結果，可以顯示 2 個運算式的運算結果，如下所示：

```
>>> %Run ch3-5-2.py
    150+100= 250
    15*10= 150
```

3-5-3 執行不同種類運算元的運算

在第 3-5-1 節說明過運算式的運算元可以是文字值或變數，在第 3-5-2 節運算式的 2 個運算元都是文字值，除此之外，還有 2 種其他組合，即 2 個運算元都是變數，和 1 個運算元是變數；1 個是文字值。

📍 **2 個運算元都是變數**

Python 加法運算式的 2 個運算元可以是 2 個變數，例如：計算分數的總和，如下所示：

```
score1 = 56
score2 = 67
total = score1 + score2    # 加法運算式
```

上述運算式「**score1+score2**」的 2 個運算元都是變數，「**total = score1+score2**」運算式的意義是：

「**取出變數 score1 儲存的值 56，和取出變數 score2 儲存的值 67 後，將 2 個常數值相加 56+67 後，再將運算結果 123 存入變數 total。**」

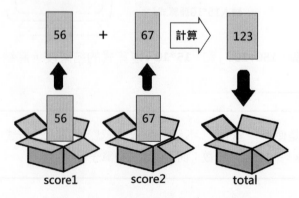

1 個運算元是變數；1 個運算元是文字值

Python 加法運算式的 2 個運算元可以其中一個是變數；另一個是文字值，例如：調整變數 score1 的分數，將它加 10 分，如下所示：

```
score1 = 56
score1 = score1 + 10    # 加法運算式
```

上述運算式「**score1+10**」的第 1 個運算元是變數；第 2 個是文字值，「**score1 = score1+10**」運算式的意義是：

「**取出變數 score1 儲存的值 56，加上文字值 10 後，再將運算結果 56+10＝66 存入變數 score1。**」

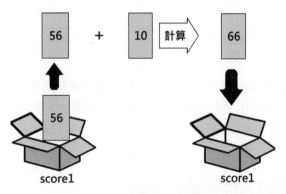

──● 說明 ●──

請注意！從「**score1 = score1 + 10**」運算式可以明顯看出「**=**」等號不是相等，而是指定或指派左邊變數的值，不要弄錯成數學的等於，因為從運算式可以看出，score1 不可能等於 score1+10。

💡 範例：執行不同種類運算元的運算

Python程式：ch3-5-3.py

```
01  score1 = 56        # 第1個運算元
02  score2 = 67        # 第2個運算元
03  total = score1 + score2  # 計算2個變數相加
04  # 顯示score1+score2運算式的運算結果
05  print("變數score1=", score1)
06  print("變數score2=", score2)
07  print("score1+score2=", total)
08
09  score1 = score1 + 10      # 計算變數加常數值
10  # 顯示score1+10運算式的運算結果
11  print("變數score1加10分=", score1)
```

結果

Python 程式的執行結果顯示 2 種不同運算元的加法運算式的運算結果,如下所示:

```
>>> %Run ch3-5-3.py
    變數score1= 56
    變數score2= 67
    score1+score2= 123
    變數score1加10分= 66
```

● 說明 ●

事實上,本節運算式的文字值 10 和變數 score1 是運算元,也是一種最簡單的運算式,如下所示:

```
10
score1
```

上述文字值 10;變數 score1 是運算式,文字值 10 的運算結果是 10;變數 score1 的運算結果是儲存的文字值。我們可以說,運算式的運算元就是另一個運算式,可以簡單到只是文字值,或變數,也可以是另一個擁有運算子的運算式。

3-5-4　讓使用者輸入值來執行運算

當運算式的運算元是變數,我們只需更改變數值,就可以產生不同的運算結果,如下所示:

```
total = score1 + score2    # 加法運算式
```

上述運算元變數 score1 和 score2 的值如果不同,total 變數的運算結果就會不同,如表 3-3 所示:

》 表 3-3　不同變數值的加法運算

score1	score2	total = score1 + score2
56	67	123
80	60	140

Python 程式可以使用 **input()** 函數,讓使用者自行輸入變數值來執行運算,只需輸入不同值,就可以得到不同的加法運算結果。

💡 **範例：讓使用者輸入分數來執行成績總分計算**

Python程式：**ch3-5-4.py**

```
01  score1 = int(input("請輸入第1個分數==> "))   # 輸入整數值
02  score2 = int(input("請輸入第2個分數==> "))   # 輸入整數值
03
04  total = score1 + score2  # 計算2個變數相加
05  # 顯示score1+score2運算式的運算結果
06  print("score1+score2分數總和= ", total)
```

結果

Python 程式的執行結果在輸入 2 個整數分數後，可以計算 2 個分數的總和，如下所示：

```
>>> %Run ch3-5-4.py

    請輸入第1個分數==> 80
    請輸入第2個分數==> 60
    score1+score2分數總和=  140
```

3-6　在程式使用運算子

Python 提供完整算術（**Arithmetic**）、指定（**Assignment**）、位元（**Bitwise**）、關係（**Relational**）和邏輯（**Logical**）運算子。

3-6-1　運算子的優先順序

Python 運算子的優先順序決定運算式中運算子的執行順序，可以讓擁有多運算子的運算式得到相同的運算結果。

📍 優先順序（**Precedence**）

當同一 Python 運算式使用多個運算子時，為了讓運算式能夠得到相同的運算結果，運算式是以運算子預設的優先順序來進行運算，也就是熟知的「先乘除後加減」口訣，如下所示：

```
a + b * 2
```

上述運算式因為運算子的優先順序「*」大於「+」，所以先計算 b*2 後才和 a 相加。如果需要，在運算式可以使用括號推翻預設的運算子優先順序，例如：改變上述運算式的運算順序，先執行加法運算後，才是乘法，如下所示：

```
(a + b) * 2
```

上述加法運算式因為使用括號括起，表示運算順序是先計算 a+b 後，再乘以 2。

Python 運算子的優先順序

Python 運算子預設的優先順序 (愈上面愈優先)，如表 3-4 所示。

》 **表 3-4　運算子說明與優先順序**

運算子	說明
()	括號運算子
**	指數運算子
~	位元運算子 NOT
+、-	正號、負號
*、/、//、%	算術運算子的乘法、除法、整數除法和餘數
+、-	算術運算子加法和減法
<<、>>	位元運算子左移和右移
&	位元運算子 AND
^	位元運算子 XOR
|	位元運算子 OR
in、not in、is、is not、<、<=、>、>=、!=、==、<>	成員、識別和關係運算子小於、小於等於、大於、大於等於、不等於和等於
not	邏輯運算子 NOT
and	邏輯運算子 AND
or	邏輯運算子 OR

當 Python 運算式的多個運算子擁有相同優先順序時，如下所示：

```
3 + 4 - 2
```

上述運算式的「+」和「-」運算子擁有相同的優先順序，此時的運算順序是從左至右依序運算，即先運算 3+4=7 後，再運算 7-2=5。

在這一節主要說明 Python 算術和指定運算子，關係和邏輯運算子通常是使用在條件判斷，所以在第 4 章和條件敘述一併說明。

3-6-2 算術運算子

Python 算術運算子（Arithmetic Operators）可以建立數學的算術運算式（Arithmetic Expressions），其說明如表 3-5 所示。

» 表 3-5 算術運算式範例

運算子	說明	運算式範例
-	負號	-7
+	正號	+7
*	乘法	7 * 2 = 14
/	除法	7 / 2 = 3.5
//	整數除法	7 // 2 = 3
%	餘數	7 % 2 = 1
+	加法	7 + 2 = 9
-	減法	7 – 2 = 5
**	指數	2 ** 3 = 8

上表算術運算式範例是使用文字值，在本節 Python 範例程式是使用變數。算術運算子加、減、乘、除、指數和餘數運算子都是二元運算子（Binary Operators），需要 2 個運算元。

◉ 單元運算子：ch3-6-2.py

算術運算子的「+」正號和「-」負號是單元運算子（Unary Operator），只需 1 個位在運算子之後的運算元，如下所示：

```
+5      # 數值正整數
-x      # 負變數x的值
```

上述程式碼使用「+」正、「-」負號表示數值是正數或負數。

◉ 加法運算子「+」：ch3-6-2a.py

加法運算子「+」是將運算子左右 2 個運算元相加（如果是字串型態，就是字串連接運算子，可以連接 2 個字串），如下所示：

```
a = 6 + 7        # 計算6+7的和後，指定給變數a
b = c + 5        # 將變數c的值加5後，指定給變數b
total = x + y + z # 將變數x, y, z的值相加後，指定給變數total
```

🔵 減法運算子「-」：ch3-6-2b.py

減法運算子「-」是將運算子左右 2 個運算元相減，即將位在左邊的運算元減去右邊的運算元，如下所示：

```
a = 8 - 2        # 計算8-2的值後，指定給變數a
b = c - 3        # 將變數c的值減3後，指定給變數b
offset = x - y   # 將變數x值減變數y值後，指定給變數offset
```

🔵 乘法運算子「*」：ch3-6-2c.py

乘法運算子「*」是將運算子左右 2 個運算元相乘，如下所示：

```
a = 5 * 2        # 計算5*2的值後，指定給變數a
b = c * 5        # 將變數c的值乘5後，指定給變數b
result = d * e   # 將變數d, e的值相乘後，指定給變數result
```

🔵 除法運算子「/」：ch3-6-2d.py

除法運算子「/」是將運算子左右 2 個運算元相除，也就是將左邊的運算元除以右邊的運算元，如下所示：

```
a = 10 / 3       # 計算10/3的值後，指定給變數a
b = c / 3        # 將變數c的值除以3後，指定給變數b
result = x / y   # 將變數x, y的值相除後，指定給變數result
```

🔵 整數除法運算子「//」：ch3-6-2e.py

整數除法運算子「//」和「/」除法運算子相同，可以將運算子左右 2 個運算元相除，也就是將左邊的運算元除以右邊的運算元，只差不保留小數，如下所示：

```
a = 10 // 3      # 計算10//3的值後，指定給變數a
b = c // 3       # 將變數c的值除以3後，指定給變數b
result = x // y  # 將變數x, y的值相除後，指定給變數result
```

🔵 餘數運算子「%」：ch3-6-2f.py

餘數運算子「%」可以將左邊的運算元除以右邊的運算元來得到餘數，如下所示：

```
a = 9 % 2        # 計算9%2的餘數值後，指定給變數a
b = c % 7        # 計算變數c除以7的餘數值後，指定給變數b
result = y % z   # 將變數y, z值相除取得的餘數後，指定給變數result
```

🅠 指數運算子「**」：ch3-6-2g.py

指數運算子是「**」，第 1 個運算元是底數，第 2 個運算元是指數，如下所示：

```
a = 2 ** 3          # 計算2³的指數後，指定給變數a
b = 3 ** 2          # 計算3²的指數後，指定給變數b
```

🅠 算術運算式的型態轉換：ch3-6-2h.py

當加、減、乘和除法運算式的 2 個運算元都是整數時，運算結果是整數；如果任一運算元是浮點數時，運算結果就會自動轉換成浮點數，在下列運算結果的變數 a、b 和 c 值都是浮點數，如下所示：

```
a = 6 + 7.0         # 加法的第2個運算元是浮點數
b = 8.0 - 2         # 減法的第1個運算元是浮點數
c = 5 * 2.0         # 乘法的第2個運算元是浮點數
```

3-6-3　指定運算子

指定運算式（Assignment Expressions）就是指定敘述，這是使用「=」等號指定運算子來建立運算式，請注意！這是指定或稱為指派；並沒有相等或等於的意思，其目的如下所以：

「將右邊運算元或運算式運算結果的文字值，存入位在左邊的變數。」

在指定運算子「=」等號左邊是用來指定值的變數；右邊可以是變數、文字值或運算式，在本章之前已經說明很多現成的範例。

在這一節準備說明 Python 指定運算式的簡化寫法，其條件如下所示：

▷ 在指定運算子「=」等號的右邊是二元運算式，擁有 2 個運算元。

▷ 在指定運算子「=」等號的左邊的變數和第 1 個運算元相同。

例如：滿足上述條件的指定運算式，如下所示：

```
x = x + y;
```

上述「=」等號右邊是加法運算式，擁有 2 個運算元，而且第 1 個運算元 x 和「=」等號左邊的變數相同，所以，可以改用「+=」運算子來改寫此運算式，如下所示：

```
x += y;
```

上述運算式就是指定運算式的簡化寫法，其語法如下所示：

```
變數名稱 op= 變數或常數值;
```

上述 op 代表「+」、「-」、「*」或「/」等運算子,在 op 和「=」之間不能有空白字元,其展開成的指定運算式,如下所示:

```
變數名稱 = 變數名稱 op 變數或常數值
```

上述「=」等號左邊和右邊是同一變數名稱。各種簡化或稱縮寫表示的指定運算式和運算子說明,如表 3-6 所示。

》表 3-6　指定運算子簡化寫法的範例與說明

指定運算子	範例	相當的運算式	說明
=	x = y	N/A	指定敘述
+=	x+ = y	x = x + y	加法
-=	x -= y	x = x - y	減法
*=	x *= y	x = x * y	乘法
/=	x /= y	x = x / y	除法
//=	x //= y	x = x // y	整數除法
%=	x %= y	x = x % y	餘數
**=	x **= y	x = x ** y	指數

Python 程式:ch3-6-3.py 使用簡化寫法的指定運算子,可以使用「+=」運算子來依序加總 3 次使用者輸入的整數分數,第 1 次是輸入分數 85,第 2 次是輸入 69,其加法運算式如下所示:

```
total += score;
```

上述運算式的圖例(變數 total 的值是第 1 次輸入值 85),如下圖所示:

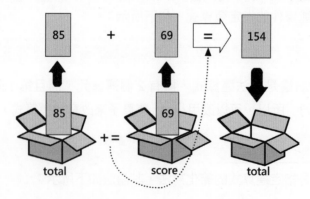

3-6-4　更多的指定敘述

Python 除了標準指定敘述外，還支援多重和同時指定敘述。

♀ 多重指定敘述：ch3-6-4.py

多重指定敘述（Multiple Assignments）可以在一行指定敘述同時指定多個變數值，如下所示：

```
score1 = score2 = score3 = 25
print(score1, score2, score3)
```

上述指定敘述同時將 3 個變數值指定為 25，請注意！多重指定敘述一定只能指定成相同值，而且其優先順序是從右至左，先執行 score3 = 25，然後才是 score2 = score3 和 score1 = score2。

♀ 同時指定敘述：ch3-6-4a.py

同時指定敘述（Simultaneous Assignments）的「=」等號左右邊是使用「,」逗號分隔的多個變數和值，如下所示：

```
x, y = 1, 2
print("X =", x, "Y =", y)
```

上述程式碼分別指定變數 x 和 y 的值，相當於是 2 個指定敘述，如下所示：

```
x = 1
y = 2
```

在實務上，同時指定敘述可以簡化變數值交換的程式碼，如下所示：

```
x, y = y, x
print("X =", x, "Y =", y)
```

上述程式碼可以交換變數 x 和 y 的值，以此例本來 x 是 1；y 是 2，執行後 x 是 2；y 是 1。

學習評量

1. 請簡單說明什麼是變數？何謂運算式與運算子？

2. 請指出下列哪一個並不是合法 Python 識別字（請圈起來）？

   Joe、H12_22、_A24、1234、test、1abc

3. 請分別一一寫出 Python 程式敘述來完成下列工作，如下所示：

   ✘ 建立整數型態的變數 num 和 var，字串型態的變數 a，同時指定 a 的初值 'Tom'；var 的初值 123。

   ✘ 讓使用者自行輸入變數 num 的值。

   ✘ 在螢幕顯示變數 a、var 和 num 的值。

4. 請寫出下列 Python 運算式的值，如下所示：

   (1) `1 * 2 + 4`
   (2) `7 / 5`
   (3) `10 % 3 * 2 * ( 2 + 5 )`
   (4) `1 + 2 ** 3`
   (5) `(1 + 2) * 3`
   (6) `16 + 7 * 6 + 9`
   (7) `(13 - 6 ) / 7 + 8`
   (8) `12 - 4 % 6 / 4`

5. 請寫出下列 Python 程式碼片段的執行結果，如下所示：

```
i = 1
i *= 5
i += 2
print("i =", i)
```

6. 請寫出下列 Python 程式碼片段的執行結果，如下所示：

```
x = y = 7
printf("x =", x, "y =", y)
a, b = x, 10
printf("a =", a, "b =", b)
```

7. 圓周長公式是 2*PI*r，PI 是圓周率 3.1415，r 是半徑，請建立 Python 程式定義圓周率變數後，輸入半徑來計算和顯示圓周長。

```
請輸入半徑值==>10 Enter
圓周長的值是: 62.830000
```

8. 計算體脂肪 BMI 值的公式是 W/(H*H)，H 是身高（公尺），W 是體重（公斤），
請建立 Python 程式輸入身高和體重後，計算和顯示 BMI 值。

```
請輸入身高值==>175 Enter
請輸入體重值==>78 Enter
BMI值是: 25.469387
```

Note

CHAPTER **4**

條件判斷

🎯 本章內容

4-1　你的程式可以走不同的路

　　程式語言撰寫的程式碼大部分是一行指令接著一行指令循序的執行，但是對於複雜工作，為了達成預期的執行結果，我們需要使用「流程控制結構」（Control Structures）來改變執行順序，讓你的程式可以走不同的路。

4-1-1　循序結構

　　循序結構（Sequential）是程式預設的執行方式，也就是一個敘述接著一個敘述依序的執行（在流程圖上方和下方的連接符號是控制結構的單一進入點和離開點，循序結構只有一種積木），如右圖所示：

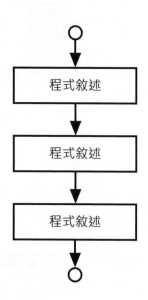

4-1-2　選擇結構

　　選擇結構（Selection）是一種條件判斷，這是一個選擇題，分為單選、二選一或多選一共三種。程式執行順序是依照關係或比較運算式的條件，決定執行哪一個區塊的程式碼（在流程圖上方和下方的連接符號是控制結構的單一進入點和離開點，從左至右依序為單選、二選一或多選一共三種積木），如下圖所示：

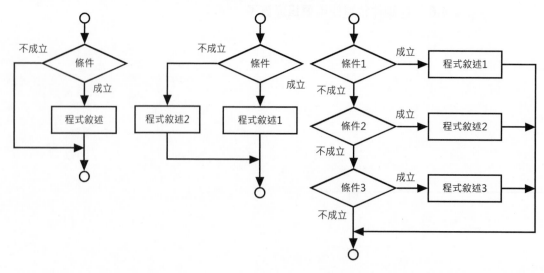

　　上述選擇結構就是有多種路徑，如同從公司走路回家，因為回家的路不只一條，當走到十字路口時，可以決定向左、向右或直走，雖然最終都可以到家，但經過的路徑並不相同，請注意！每一次執行只會有 1 條回家的路徑。

4-1-3　重複結構

　　重複結構（Iteration）是迴圈控制，可以重複執行一個程式區塊的程式碼，提供結束條件結束迴圈的執行，依結束條件測試的位置不同分為兩種：前測式重複結構（左圖）和後測式重複結構（右圖），Python 語言並不支援後測式重複結構，如下圖所示：

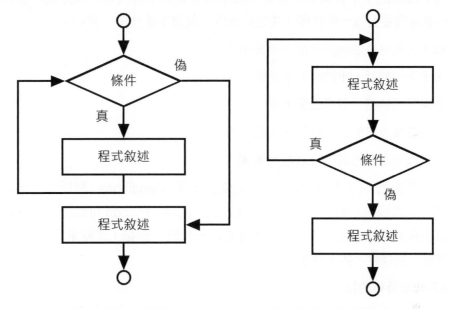

　　重複結構有如搭乘環狀的捷運系統回家，因為捷運系統一直環繞著軌道行走，上車後可依不同情況來決定蹺幾圈才下車，上車是進入迴圈；下車是離開迴圈回家。

　　現在，我們可以知道循序結構擁有 1 種積木；選擇結構有 3 種積木；重複結構有 2 種積木，所謂程式設計就是這 6 種積木的排列組合，如同使用六種樂高積木來建構出模型玩具的 Python 程式（Python 不支援後測式重複結構，所以是 5 種積木）。

4-2　關係運算子與條件運算式

條件運算式（Conditional Expressions）是一種使用關係運算子（Relational Operators）建立的運算式，可以作為本章條件判斷的條件。

4-2-1　認識條件運算式

大部分回家的路不會只有一條路；回家的方式也不會只有一種方式，在日常生活中，我們常常需要面臨一些抉擇，決定做什麼；或是不做什麼，例如：

▷ 如果天氣有些涼的話，出門需要加件衣服。

▷ 如果下雨的話，出門需要拿把傘。

▷ 如果下雨的話，就搭公車上學。

▷ 如果成績及格的話，就和家人去旅行。

▷ 如果成績不及格的話，就在家 K 書。

我們人類會因不同狀況的發生，需要使用條件（Conditions）判斷來決定如何解決這些問題，不同情況，就會有不同的解決方式。同理，Python 可以將決策符號轉換成條件，以便程式依據條件是否成立來決定走哪一條路。例如：當使用「如果」開頭說話時，隱含是一個條件，如下所示：

「如果成績及格的話 …」

上述描述是人類的思考邏輯，轉換到程式語言，就是使用條件運算式（Conditional Expressions）來描述條件和執行運算，不同於第 3 章的算術運算式是運算結果的數值，條件運算式的運算結果只有 2 個值，即布林文字值 True 和 False，如下所示：

▷ 條件成立　→ 真（True）

▷ 條件不成立 → 假（False）

所以，我們可以將「如果成績及格的話 …」的思考邏輯轉換成程式語言的條件運算式，如下所示：

成績超過 60 分 → 及格分數 60 分，超過 60 是及格，條件成立為 True

— 說明 ———————————————————————————————

請注意！人類的思考邏輯並不能直接轉換成程式的條件運算式，因為條件運算式是一種數學運算，只有哪些可以量化成數值的條件，才能轉換成程式語言的條件運算式。

4-2-2　關係運算子的種類

　　Python 是使用關係運算子來建立條件運算式，也就是我們熟知的大於、小於和等於條件的不等式，例如：成績 56 分是否不及格，需要和 60 分進行比較，如下所示：

```
56 < 60
```

　　上述不等式的值 56 真的小於 60 分，所以條件成立（True），如下圖所示：

　　反過來，56 > 60 的不等式就不成立（False），如下圖所示：

📍 Python 關係運算子

　　Python 關係運算子是 2 個運算元的二元運算子，其說明如表 4-1 所示。

》 表 4-1　關係運算子的說明

運算子	說明
Opd1 == Opd2	右邊運算元 Opd1「等於」左邊運算元 Opd2
Opd1 != Opd2	右邊運算元 Opd1「不等於」左邊運算元 Opd2
Opd1 < Opd2	右邊運算元 Opd1「小於」左邊運算元 Opd2
Opd1 > Opd2	右邊運算元 Opd1「大於」左邊運算元 Opd2
Opd1 <= Opd2	右邊運算元 Opd1「小於等於」左邊運算元 Opd2
Opd1 >= Opd2	右邊運算元 Opd1「大於等於」左邊運算元 Opd2

　　請注意！Python 條件運算式的等於是使用 2 個連續「=」等號的「==」符號，在之間不可有空白字元；不等於是「!」符號接著「=」符號的「!=」符號，同樣在之間不可有空白字元。

　　Python 還可以建立數值範圍判斷條件的條件運算式，如下所示：

```
2 <= a <= 5
12 >= b >= 5
```

　　上述條件運算式可以判斷變數 a 的值是否位在 2~5 之間；b 是否是位在 5~12 之間。

Python 布林資料型態

　　Python 支援布林資料型態，其值是 True 和 False 關鍵字（字首是大寫），條件運算式的運算結果就是布林資料型態的 True 或 False。除了 True 和 False 關鍵字外，當下列變數值使用在條件或迴圈作為判斷條件時，這些變數值也視為 False，如下所示：

▷ 0、0.0：整數值 0 或浮點數值 0.0。

▷ []、()、{}：容器型態的空串列、空元組和空字典。

▷ None：關鍵字 None。

4-2-3　使用關係運算子

　　我們可以使用第 4-2-2 節的關係運算子來建立條件運算式，一些條件運算式的範例和說明（Python 程式：ch4-2-3.py），如表 4-2 所示。

》表 4-2　條件運算式的範例和說明

條件運算式	運算結果	說明
3 == 4	False	等於，條件不成立
3 != 4	True	不等於，條件成立
3 < 4	True	小於，條件成立
3 > 4	False	大於，條件不成立
3 <= 4	True	小於等於，條件成立
3 >= 4	False	大於等於，條件不成立

　　上述條件運算式的運算元是文字值，如果其中有一個是變數，運算結果需視變數儲存的值而定，如下所示：

```
x == 10
```

　　上述變數 x 的值如果是 10，條件運算式成立是 True；如果變數 x 是其他值，就不成立為 False，如下圖所示：

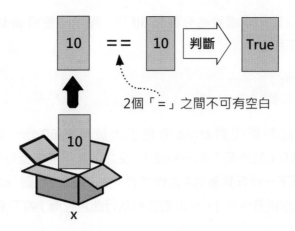

2個「＝」之間不可有空白

　　當然，條件運算式的 2 個運算元都可以是變數，此時的判斷結果，需視 2 個變數的儲存值而定。

 4-3 **if 單選條件敘述**

　　Python 提供多種條件判斷程式敘述，可以依據第 4-2 節的條件運算式的結果，決定執行哪一個程式區塊的程式碼，首先是單選條件敘述。

4-3-1　if 條件只執行單一程式敘述

　　在日常生活中，單選的情況十分常見，我們常常需要判斷氣溫是否有些涼，需要加件衣服；如果下雨需要拿把傘。

　　if 條件敘述是一種是否執行的單選題，只是決定是否執行程式敘述，如果條件運算式的結果為 True，就執行程式敘述；否則就跳過程式敘述，這是一條額外的路徑，其語法如下所示：

```
if 條件運算式:
    程式敘述      # 條件成立執行此程式敘述
```

　　上述語法使用 if 關鍵字建立單選條件，在條件運算式後有「:」號，表示下一行開始是程式區塊，需要縮排程式敘述。例如：在第 4-2-1 節的成績條件：「如果成績及格的話，就和家人去旅行。」，改寫成的 if 條件，如下所示：

```
if 成績及格:
    顯示就和家人去旅行。
```

然後，我們可以量化成績及格分數是 60 分，顯示是使用 **print()** 函數，轉換成 Python 程式碼，如下所示：

```
if score >= 60:
    print("就和家人去旅行。")
```

上述 if 條件敘述判斷變數 score 值是否大於等於 60 分，條件成立，就執行 **print()** 函數顯示訊息（額外多走的一條路）；反之，如果成績低於 60 分，就跳過此行程式敘述，直接執行下一行程式敘述（當作沒有發生），其流程圖（ch4-3-1.fpp，在主功能表執行【fChart 流程圖直譯器】，可以開啟和執行此流程圖）如下圖所示：

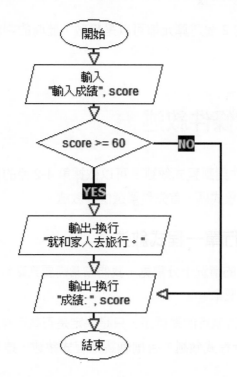

上述流程圖的判斷條件是 score >= 60，成立 Yes 就顯示「就和家人去旅行。」；No 直接輸出輸入值，並不作任何處理。

範例：使用 if 單選條件判斷

Python程式：ch4-3-1.py

```
01  score = int(input("請輸入分數==> ")) # 輸入整數值
02
03  if score >= 60:                      # if條件敘述
04      print("就和家人去旅行。")
05
06  print("結束處理")
```

結果

Python 程式的執行結果當輸入成績大於等於 60，即 65，因為條件成立，所以執行第 4 行後，再執行第 6 行，如下所示：

```
>>> %Run ch4-3-1.py

    請輸入分數==> 65
    就和家人去旅行。
    結束處理
```

請再次執行 Python 程式，因為執行結果輸入成績小於 60，即 55，因為條件不成立，所以跳過第 4 行，直接執行第 6 行，如下所示：

```
>>> %Run ch4-3-1.py

    請輸入分數==> 55
    結束處理
```

Python 程式 if 單選條件判斷的執行過程，如下圖所示：

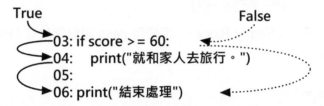

4-3-2　if 條件執行多行程式敘述：程式區塊

在第 4-3-1 節的 if 條件敘述，當條件成立時，只會執行一行程式敘述，如果需要執行 2 行或多行程式敘述時，在 Python 程式需要建立相同縮排的多個程式敘述，即程式區塊，其語法如下所示：

```
if 條件運算式:
    程式敘述1        # 條件成立執行的程式碼
    程式敘述2
    ......
```

上述 if 條件的條件運算式如為 True，就執行相同縮排程式敘述的程式區塊；如為 False 就跳過程式區塊的程式碼。例如：當成績及格時，顯示 2 行訊息文字，如下所示：

```
if 成績及格:
    顯示成績及格...
    顯示就和家人去旅行。
```

然後，我們可以轉換成 Python 程式碼，如下所示：

```
if score >= 60:
    print("成績及格...")
    print("就和家人去旅行。")
```

上述 if 條件敘述判斷變數 score 值是否大於等於 60 分，條件成立，就執行程式區塊的 2 個 **print()** 函數來顯示訊息；反之，如果成績低於 60 分，就跳過整個程式區塊。

Python 程式區塊（Blocks）是從「:」號的下一行開始，整個之後相同縮排的多行程式敘述就是程式區塊，通常是縮排 4 個空白字元或 1 個 Tab 鍵，如下圖所示：

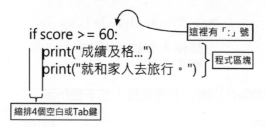

如果是空程式區塊（Empty Block），請使用 **pass** 關鍵字代替（Python 程式：ch4-3-2a.py），如下所示：

```
if score >= 60:
    pass
```

if 條件執行多行程式敘述的流程圖（ch4-3-2.fpp），如下圖所示：

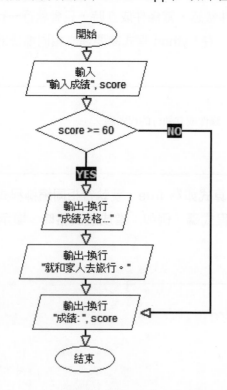

　　上述流程圖的判斷條件是 score >= 60，成立 Yes 顯示「成績及格 ...」和「就和家人去旅行。」；No 就跳過直接輸出輸入值。

💡 **範例：執行程式區塊的 if 單選條件判斷**

```
                                                    Python程式：ch4-3-2.py
01  score = int(input("請輸入分數==> ")) # 輸入整數值
02
03  if score >= 60:                           # if條件敘述
04      print("成績及格...")                   # 程式區塊
05      print("就和家人去旅行。")
06
07  print("結束處理")
```

結果

　　Python 程式的執行結果因為輸入成績大於等於 60，即 80，條件成立，所以執行第 4~5 行後，再執行第 7 行，如下所示：

```
>>> %Run ch4-3-2.py

請輸入分數==> 80
成績及格 ...
就和家人去旅行。
結束處理
```

　　請再次執行 Python 程式，執行結果因為輸入成績小於 60，即 45，條件不成立，所以跳過直接執行第 7 行，如下所示：

```
>>> %Run ch4-3-2.py

請輸入分數==> 45
結束處理
```

　　Python 程式 if 條件執行多行程式敘述的執行過程，如下圖所示：

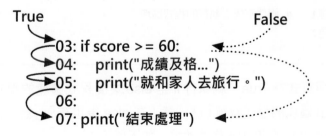

4-4 if/else 二選一條件敘述

if/else 二選一條件敘述是 if 單選條件敘述的擴充，可以建立二條不同的路徑，Python 單行 if/else 條件敘述是使用條件來指定變數值。

4-4-1　if / else 二選一條件敘述

日常生活的二選一條件敘述是一種二分法，可以將一個集合分成二種互斥的群組；超過 60 分屬於成績及格群組；反之為不及格群組，身高超過 120 公分是購買全票的群組；反之是購買半票的群組。

在第 4-3 節的 if 條件敘述是選擇執行或不執行的單選，進一步，如果是排它情況的兩個程式敘述，只能二選一，我們可以加上 else 敘述建立二條不同的路徑，其語法如下所示：

```
if 條件運算式:
    程式敘述1     # 條件成立執行的程式碼
else:
    程式敘述2     # 條件不成立執行的程式碼
```

上述語法的條件運算式如果成立 True，就執行程式敘述 1；不成立 False，就執行程式敘述 2。同樣的，如果條件成立或不成立時，執行多行程式敘述，我們一樣是使用相同縮排的程式區塊，其語法如下所示：

```
if 條件運算式:
    程式敘述1     # 條件成立執行的程式區塊
    程式敘述2
    ......
else:
    程式敘述1     # 條件不成立執行的程式區塊
    程式敘述2
    ......
```

如果 if 條件運算式為 True，就執行 if 至 else 之間程式區塊的程式敘述；False 就執行 else 之後程式區塊的程式敘述（請注意！在 else 後也有「:」號）。例如：學生成績以 60 分區分為是否及格的 if/else 條件敘述，如下所示：

```
if 成績及格:
    顯示成績及格!
```

```
else:
    顯示成績不及格!
```

然後，我們可以轉換成 Python 程式碼，如下所示：

```python
if score >= 60:
    print("成績及格:", score)
else:
    print("成績不及格:", score)
```

上述程式碼因為成績有排他性，60 分以上是及格分數，60 分以下是不及格，所以只會執行其中一個程式區塊，走二條路徑中的其中一條，其流程圖（ch4-4-1.fpp）如下圖所示：

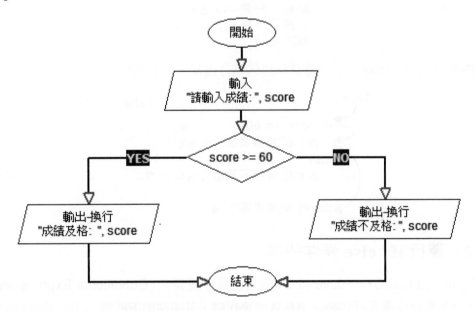

🔾 範例：使用 if/else 二選一條件敘述

Python程式：ch4-4-1.py

```python
01  score = int(input("請輸入分數==> ")) # 輸入整數值
02
03  if score >= 60:                       # if/else條件敘述
04      print("成績及格:", score)
05  else:
06      print("成績不及格:", score)
07
08  print("結束處理")
```

> 結果

Python 程式的執行結果因為輸入成績大於等於 60，即 **75**，條件成立，所以執行第 4 行後，再執行第 8 行，如下所示：

```
>>> %Run ch4-4-1.py
   請輸入分數==> 75
   成績及格： 75
   結束處理
```

請再次執行 Python 程式，執行結果因為輸入成績小於 60，即 59，條件不成立，所以執行第 6 行後，再執行第 8 行，如下所示：

```
>>> %Run ch4-4-1.py
   請輸入分數==> 59
   成績不及格： 59
   結束處理
```

Python 程式 if/else 二選一條件敘述的執行過程，如下圖所示：

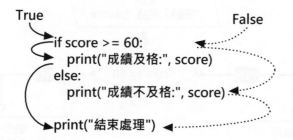

4-4-2　單行 **if / else** 條件敘述

Python 沒有 C/C++、Java 和 C# 語言的條件運算式（Conditional Expressions），不過，我們可以使用單行 if/else 條件敘述來代替，其語法如下所示：

```
變數 = 變數1 if 條件運算式 else 變數2
```

上述指定敘述的「=」號右邊是單行 if/else 條件敘述，如果條件成立，就將【變數】指定成【變數 1】的值；否則就指定成【變數 2】的值。例如：**12/24** 制的時間轉換運算式，如下所示：

```
hour = hour-12 if hour >= 12 else hour
```

上述程式碼開始是條件成立指定的變數值或運算式，接著是 if 加上條件運算式，最後 else 之後是不成立，所以，當條件為 True，hour 變數值為 hour-12；False 是 hour。其對應的 if/else 條件敘述，如下所示：

```
if hour >= 12:
    hour = hour - 12
else:
    hour = hour
```

上述條件運算式的流程圖與上一節 if/else 相似，其流程圖（ch4-4-2.fpp）如下圖所示：

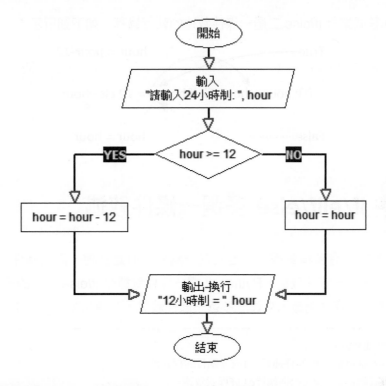

範例：使用單行 if/else 條件敘述

Python程式：ch4-4-2.py

```
01  hour = int(input("請輸入24小時制==> ")) # 輸入整數值
02
03  hour = hour-12 if hour >= 12 else hour   # 單行if/else條件敘述
04
05  print("12小時制 =", hour)
```

結果

Python 程式的執行結果因為輸入的小時大於等於 12，即 18，條件成立，所以指定成「hour-12」，如下所示：

```
>>> %Run ch4-4-2.py
請輸入24小時制==> 18
12小時制 = 6
```

請再次執行 Python 程式，執行結果因為輸入小時小於 12，即 6，條件不成立，所以指定成 hour，如下所示：

```
>>> %Run ch4-4-2.py
    請輸入24小時制==> 6
    12小時制 = 6
```

Python 程式單行 if/else 二選一條件敘述的執行過程，如下圖所示：

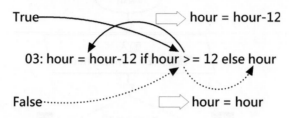

4-5　if/elif/else 多選一條件敘述

如果回家的路有多種選擇，不是二選一兩種，而是多種，因為條件是多種情況，我們需要使用多選一條件敘述。Python 多選一條件敘述是 if/else 條件的擴充，使用 elif 關鍵字再新增一個條件判斷，來建立多選一條件敘述，其語法如下所示：

```
if 條件運算式1:
    程式敘述1      # 條件運算式1成立執行的程式碼
    程式敘述2      #，否則執行elif程式敘述
    ......
elif 條件運算式2:
    程式敘述3      # 條件運算式1不成立
    程式敘述4      # 且條件運算式2成立執行的程式碼
    ......
elif 條件運算式3:
    程式敘述5      # 條件運算式1和2不成立
    ......         # 且條件運算式3成立執行的程式碼
else:
    程式敘述6      # 所有條件運算式都不成立執行的程式碼
    ......
```

上述 elif 關鍵字並沒有限制可以有幾個，最後的 else 可以省略，如果 if 的【條件運算式 1】為 True，就執行 if 至 elif 之間程式區塊的程式敘述；False 就執行 elif 之後的下一個條件運算式的判斷，直到最後的 else，所有條件都不成立。

例如：功能表選項值是 1~3，我們可以使用 if/elif/else 條件敘述判斷輸入選項值是

1、2 或 3，如下所示：

```
if 選項值是1:
    顯示輸入選項值是1
elif 選項值是2:
    顯示輸入選項值是2
elif 選項值是3:
    顯示輸入選項值是3
else:
    顯示請輸入1~3選項值
```

然後，我們可以轉換成 Python 程式碼，如下所示：

```python
if choice == 1:
    print("輸入選項值是1")
elif choice == 2:
    print("輸入選項值是2")
elif choice == 3:
    print("輸入選項值是3")
else:
    print("請輸入1~3選項值")
```

上述 if/elif 條件從上而下如同階梯一般，一次判斷一個 if 條件，如果為 True，就執行程式區塊，和結束整個多選一條件敘述；如果為 False，就重複使用 elif 條件再進行下一次判斷，雖然有多條路徑，一次還是只走其中一條，其流程圖（ch4-5.fpp）如下圖所示：

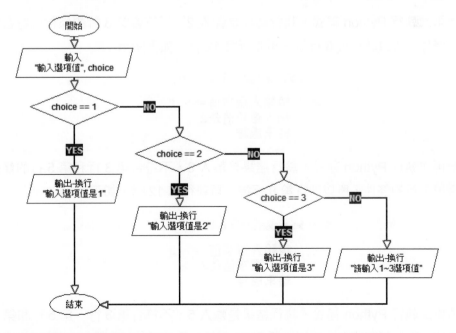

上述流程圖的判斷條件依序是 choice == 1、choice == 2 和 choice == 3。

⚲ 範例：使用 **if/elif/else** 多選一條件敘述

```
                                                    Python程式：ch4-5.py
01   choice = int(input("請輸入選項值==> ")) # 輸入整數值
02
03   if choice == 1:                       # if/elif/else多選一條件敘述
04       print("輸入選項值是1")
05   elif choice == 2:
06       print("輸入選項值是2")
07   elif choice == 3:
08       print("輸入選項值是3")
09   else:
10       print("請輸入1~3選項值")
11
12   print("結束處理")
```

結果

　　Python 程式的執行結果因為是輸入 1，第 3 行的條件成立，所以執行第 4 行後，再執行第 12 行，如下所示：

```
>>> %Run ch4-5.py
    請輸入選項值==> 1
    輸入選項值是1
    結束處理
```

　　請再次執行 Python 程式，執行結果是輸入 2，不符合第 3 行的條件，符合第 5 行的條件，所以執行第 6 行後，再執行第 12 行，如下所示：

```
>>> %Run ch4-5.py
    請輸入選項值==> 2
    輸入選項值是2
    結束處理
```

　　請再次執行 Python 程式，執行結果是輸入 3，不符合第 3 行和第 5 行的條件，符合第 7 行的條件，所以執行第 8 行後，再執行第 12 行，如下所示：

```
>>> %Run ch4-5.py
    請輸入選項值==> 3
    輸入選項值是3
    結束處理
```

　　請再次執行 Python 程式，執行結果是輸入 5，不符合第 3 行、第 5 行和第 7 行的條件，因為都不成立，所以執行第 10 行後，再執行第 12 行，如下所示：

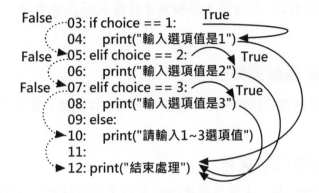

```
>>> %Run ch4-5.py
請輸入選項值==> 5
請輸入1~3選項值
結束處理
```

Python 程式 if/elif/else 多選一條件敘述的執行過程，如下圖所示：

False ···· 03: if choice == 1:　　　True
04:　print("輸入選項值是1")
False ▶05: elif choice == 2:　　　True
06:　print("輸入選項值是2")
False ▶07: elif choice == 3:　　True
08:　print("輸入選項值是3")
09: else:
▶10:　print("請輸入1~3選項值")
11:
▶12: print("結束處理")

4-6 在條件敘述使用邏輯運算子

日常生活中的條件常常不會只有單一條件，而是多種條件的組合，對於複雜條件，我們需要使用邏輯運算子來連接多個條件。

4-6-1 認識邏輯運算子

邏輯運算子（Logical Operators）可以連接多個第 4-2 節的條件運算式來建立複雜的條件運算式，如下所示：

身高大於50「且」身高小於200 → 「符合身高條件」

上述描述的條件比第 4-2 節複雜，共有 2 個條件運算式，如下所示：

身高大於50
身高小於200

上述 2 個條件運算式是使用「且」連接，這就是邏輯運算子，其目的是進一步判斷 2 個條件運算式的條件組合，可以得到最後的 True 或 False。以此例的複雜條件可以寫成 Python 的「and」且邏輯運算式，如下所示：

身高大於50 and 身高小於200

上述「and」是邏輯運算子「且」運算，需要左右 2 個運算元的條件運算式都為 True，整個條件才為 True，如下所示：

▷ 如果身高是 40，因為第 1 個運算元為 False，所以整個條件為 False。

▷ 如果身高是 210，因為第 2 個運算元為 False，所以整個條件為 False。

▷ 如果身高是 175，因為第 1 個和第 2 個運算元都是 True，所以整個條件為 True。

4-6-2　Python 邏輯運算子

Python 提供 3 種邏輯運算子，可以連接多個條件運算式來建立出所需的複雜條件，如下所示：

♀「and」運算子的「且」運算

「and」運算子的「且」運算是指連接的左右 2 個運算元都為 True，運算式才為 True，其圖例和真假值表，如下所示：

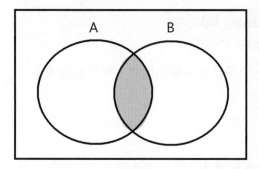

A	B	A and B
False	False	False
False	True	False
True	False	False
True	True	True

現在，我們就來看一個「且」運算式的實例，如下所示：

```
15 > 3 and 5 == 7
```

上述邏輯運算式左邊的條件運算式為 True；右邊為 False，如下所示：

```
True and False  → False
```

依據上述真假值表，可以知道最後結果是 False。

「or」運算子的「或」運算

「or」運算子的「或」運算是連接的 2 個運算元，任一個為 True，運算式就為 True，其圖例和真假值表，如下所示：

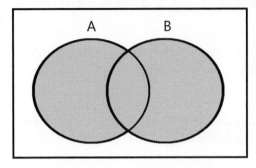

A	B	A or B
False	False	False
False	True	True
True	False	True
True	True	True

因為條件運算式的運算元可以是變數，所以，我們來看一個「或」運算式的實例，如下所示：

```
x == 5 or x >= 10
```

上述邏輯運算式的結果需視變數 x 的值而定。假設：x 的值是 5，運算式的結果如下所示：

```
5 == 5 or 5 >= 10 → True or False → True
```

假設：x 的值是 8，運算式的結果如下所示：

```
8 == 5 or 8 >= 10 → False or False → False
```

假設：x 的值是 12，運算式的結果如下所示：

```
12 == 5 or 12 >= 10 → False or True → True
```

「not」運算子的「非」運算

「not」運算子的「非」運算是傳回運算元相反的值，True 成為 False；False 成為 True，其圖例和真假值表，如下所示：

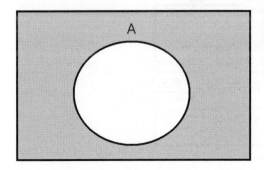

A	not A
False	True
True	False

現在，我們就來看一個「非」運算式的實例，如下所示：

```
not x == 5
```

上述邏輯運算式的結果需視變數 x 的值而定假設：x 的值是 5，運算式的結果如下所示：

```
not 5 == 5 → not True → False
```

假設：x 的值是 8，運算式的結果如下所示：

```
not 8 == 5 → not False → True
```

4-6-3　使用邏輯運算子建立複雜條件

當 if 條件敘述的條件運算式有多個，我們可以使用邏輯運算子連接多個條件來建立複雜條件。例如：身高大於 50（公分）「且」身高小於 200（公分）就符合身高條件；否則不符合，我們可以使用「and」運算子建立邏輯運算式來判斷輸入的身高是否符合，如下所示：

```python
if h > 50 and h < 200:
    print("身高符合範圍!")
else:
    print("身高不符合範圍!")
```

上述 if/else 條件敘述的判斷條件是一個邏輯運算式，條件成立，就顯示身高符合範圍，反之，不符合範圍，其流程圖（ch4-6-3.fpp）如下圖所示：

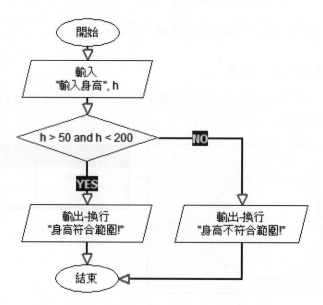

因為條件是一個範圍，Python 程式可以建立範圍條件（Python 程式：ch4-6-3a. py），如下所示：

```
if 50 < h <= 200:
    print("身高符合範圍!")
else:
    print("身高不符合範圍!")
```

範例：在 **if/else** 條件敘述使用邏輯運算式

Python程式：ch4-6-3.py

```
01  h = int(input("請輸入身高==> ")) # 輸入整數值
02
03  if h > 50 and h < 200:              # if/else條件敘述
04      print("身高符合範圍!")
05  else:
06      print("身高不符合範圍!")
07
08  print("結束處理")
```

結果

Python 程式的執行結果因為是輸入身高 175，變數 h 的值是 175，邏輯運算式的判斷結果是 True，如下所示：

```
>>> %Run ch4-6-3.py

請輸入身高==> 175
身高符合範圍!
結束處理
```

```
175 > 50 and 175 < 200 → True and True → True
```

請再次執行 Python 程式，執行結果是輸入身高 210，變數 h 的值是 210，邏輯運算式的判斷結果是 False，如下所示：

```
>>> %Run ch4-6-3.py

請輸入身高==> 210
身高不符合範圍!
結束處理
```

```
210 > 50 and 210 < 200 → True and False → False
```

學習評量

1. 請說明程式語言提供哪幾種流程控制結構？

2. 請寫出下列 Python 條件運算式的值是 True 或 False，如下所示：

    (1) 2 + 3 == 5   (2) 36 < 6 * 6   (3) 8 + 1 >= 3 * 3
    (4) 2 + 1 == (3 + 9) / 4   (5) 12 <= 2 + 3 * 2   (6) 2 * 2 + 5 != (2 + 1) * 3
    (7) 5 == 5   (8) 4 != 2   (9) 10 >= 2 and 5 == 5

3. 如果變數 x = 5、y = 6 和 z = 2，請問下列哪些 if 條件是 True；哪些為 False，如下所示：

```
if x == 4:
if y >= 5:
if x != y - z:
if z == 1:
if y:
```

4. 請將下列巢狀 if 條件敘述改為單一 if 條件敘述，可以使用邏輯運算子來連接多個條件，如下所示：

```
if height > 20:
    if width >= 50:
        print("尺寸不合!")
```

5. 目前商店正在周年慶折扣，消費者消費 1000 元，就有 8 折的折扣，請建立 Python 程式輸入消費額為 900、2500 和 3300 時的付款金額？

6. 請撰寫 Python 程式計算網路購物的運費，基本物流處理費 199，1~5 公斤，每公斤 50 元，超過 5 公斤，每一公斤為 30 元，在輸入購物重量為 3.5、10、25 公斤，請計算和顯示購物所需的運費 + 物流處理費？

7. 請建立 Python 程式使用多選一條件敘述來檢查動物園的門票，120 公分下免費，120~150 半價，150 以上為全票？

8. 請建立 Python 程式輸入月份（1~12），可以判斷月份所屬的季節（3-5 月是春季，6-8 月是夏季，9-11 月是秋季，12-2 月是冬季）。

CHAPTER **5**

重複執行程式碼

🎯 本章內容

5-1　認識迴圈敘述

　　在第 4 章的條件判斷是讓程式走不同的路，但是，我們回家的路還有另一種情況是繞圈圈，例如：為了今天的運動量，在圓環繞了 3 圈才回家；為了看帥哥、正妹或偶像，不知不覺繞了幾圈來多看幾次。在日常生活中，我們常常需要重複執行相同工作，如下所示：

在畢業前 → 不停的寫作業

在學期結束前 → 不停的寫 Python 程式

重複說 5 次 " 大家好 !"

從 1 加到 100 的總和

　　上述重複執行工作的 4 個描述中，前 2 個描述的執行次數未定，因為畢業或學期結束前，到底會有幾個作業，或需寫幾個 Python 程式，可能真的要到畢業後，或學期結束才會知道，我們並沒有辦法明確知道迴圈會執行多少次。

　　因為，這種情況的重複工作是由條件來決定迴圈是否繼續執行，稱為條件迴圈，重複執行寫作業或寫 Python 程式工作，需視是否畢業，或學期結束的條件而定，在 Python 是使用 while 條件迴圈來處理這種情況的重複執行程式碼。

　　後 2 個描述很明確可以知道需執行 5 次來說 " 大家好 !"，從 1 加到 100，就是重複執行 100 次加法運算，這些已經明確知道執行次數的工作，我們是直接使用 Python 的 for 計數迴圈來處理重複執行程式碼。

　　問題是，如果沒有使用 for 計數迴圈，我們就需寫出冗長的加法運算式，如下所示：

```
1 + 2 + 3 + ... + 98 + 99 + 100
```

　　上述加法運算式可是一個非常長的運算式，等到本節後學會了 for 迴圈，只需幾行程式碼就可以輕鬆計算出 1 加到 100 的總和。所以：

　「迴圈的主要目的是簡化程式碼，可以將重複的複雜工作簡化成迴圈敘述，讓我們不用再寫出冗長的重複程式碼或運算式，就可以完成所需的工作。」

5-2 for 計數迴圈

Python 提供 for 和 while 迴圈來重複執行程式碼，在這一節說明和使用 for 計數迴圈。

5-2-1 使用 for 計數迴圈

Python 的 for 計數迴圈是一種執行固定次數的迴圈，其語法是使用 **range()** 函數來產生計數，如下所示：

```
for 計數器變數 in range(起始值, 終止值+1):
    程式敘述1
    程式敘述2
    ...
```

上述 for 迴圈的計數器變數是 for 關鍵字之後的變數，迴圈的執行次數是從 **range()** 括號的起始值開始，執行到終止值為止，因為不包含終止值，所以第 2 個參數值是【終止值 +1】。請注意！在 **range()** 函數的右括號後需加上「:」冒號，因為下一行是縮排程式敘述的程式區塊。

基本上，在 for 迴圈擁有一個變數來控制迴圈執行的次數，稱為計數器變數，或稱為控制變數（Control Variable），計數器變數每次增加或減少一個固定值，可以從起始值開始，執行到終止值為止。例如：我們準備將第 5-1 節的「重複說 5 次 " 大家好 !"」使用 for 迴圈來實作，如下所示：

```
for i in range(1, 6):
    print("大家好!")
```

上述 for 迴圈的執行次數是從 1 執行到 6-1 = 5，共 5 次，可以顯示 5 次 " 大家好 !"，其流程圖（ch5-2-1.fpp）如下圖所示：

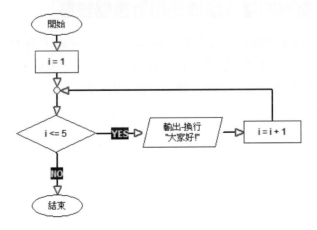

上述流程圖條件是「i <= 5」，條件成立執行迴圈；不成立結束迴圈執行，其結束條件是「i > 5」。流程圖並沒有區分計數或條件迴圈，在實務上，我們會將流程圖繪成水平方向的迴圈來表示計數迴圈；垂直方向是第 5-3 節的條件迴圈。

♥ 範例：使用 for 迴圈顯示 5 次大家好

Python程式：ch5-2-1.py

```
01  for i in range(1, 6):      # for計數迴圈
02      print("大家好!")
03
04  print("結束迴圈處理")
```

結果

Python 程式的執行結果顯示 5 次 " 大家好 !" 訊息文字，在第 1~2 行的 for 迴圈共執行 5 次，如下所示：

```
>>> %Run ch5-2-1.py

大家好!
大家好!
大家好!
大家好!
大家好!
結束迴圈處理
```

♥ 更多 for 迴圈範例：ch5-2-1a.py

同樣技巧，我們可以使用 for 迴圈來重複輸出其他內容的訊息文字，如下所示：

```
for i in range(1, 6):
    print("參加社團活動!")
```

上述 for 迴圈執行從 1 至 5 共 5 次，共輸出 5 次 " 參加社區活動 !" 訊息文字。

5-2-2　在 for 迴圈的程式區塊使用計數器變數

在第 5-2-1 節的 for 迴圈共執行 5 次，輸出 5 次 " 大家好 !" 訊息文字，讀者有注意到嗎？計數器變數值是從 1~5，就是輸出訊息文字的次數，我們可以在 for 迴圈的程式區塊使用計數器變數來顯示執行次數，其流程圖（ch5-2-2.fpp）如下圖所示：

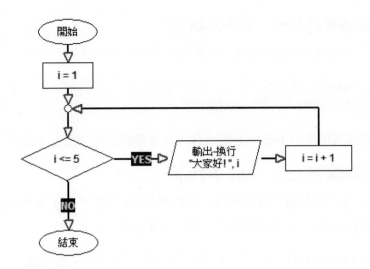

上述迴圈在每次輸出訊息文字的最後，就會顯示計數器變數 i 的值，其值就是迴圈執行到目前為止的次數。

💡 範例：在 for 迴圈顯示執行次數

Python程式：ch5-2-2.py

```
01  for i in range(1, 6):      # for計數迴圈
02      print("第", i, "次大家好!")
03
04  print("結束迴圈處理")
```

結果

Python 程式的執行結果因為將計數器變數 i 值也輸出顯示，所以可以清楚看出 for 迴圈的執行次數，如下所示：

```
>>> %Run ch5-2-2.py
第 1 次大家好!
第 2 次大家好!
第 3 次大家好!
第 4 次大家好!
第 5 次大家好!
結束迴圈處理
```

更多 for 迴圈範例（一）：ch5-2-2a.py

我們再來看一個 for 迴圈顯示執行次數的例子，如下所示：

```
for i in range(1, 6):
    print("參加第", i, "個社團活動!")
```

上述 for 迴圈顯示參加 1~5 個社團活動，共 5 個訊息文字加上次數。

更多 for 迴圈範例（二）：ch5-2-2b.py

如果想多參加 3 個社團共 8 個社團，因為使用 for 迴圈，並不用大幅修改程式碼，只需更改 **range()** 函數的第 2 個參數成為 8+1 = 9，如下所示：

```
for i in range(1, 9):
    print("參加第", i, "個社團活動!")
```

上述 for 迴圈可以顯示 1~8 共 8 個社團活動的訊息文字。換句話說，for 迴圈可以大幅簡化重複執行的程式碼，只需更改條件的範圍，就可以適用在不同次數的重複工作。

5-2-3　for 迴圈的應用：計算總和

在 for 迴圈的程式區塊可以使用變數進行所需的數學運算，例如：第 5-2-2 節的 for 迴圈可以顯示執行次數，從執行次數值可以清楚看出，如果將每一次顯示的計數器變數值相加，就相當於是在執行 1 加到 5 的總和運算，如下所示：

```
1 + 2 + 3 + 4 + 5
```

上述運算式可以宣告 total 變數，改建立 for 迴圈來計算總和，如下所示：

```
total = 0
for i in range(1, 6):
    total = total + i
```

上述 for 迴圈每執行一次迴圈，就會將計數器變數 i 的值加入變數 total，執行完 5 次迴圈，可以計算出 1 加至 5 的總和。

更進一步，for 迴圈的 **range()** 函數，可以在第 2 個參數使用變數，如下所示：

```
for i in range(1, max_value+1):
    total = total + i
```

上述迴圈的範圍是從 1 至 max_value，可以讓使用者自行輸入 max_value 變數值來計算 1 加至 max_value 的總和，例如：輸入 10，就是 1 加至 10 的總和，其流程圖（ch5-2-3.fpp）如下圖所示：

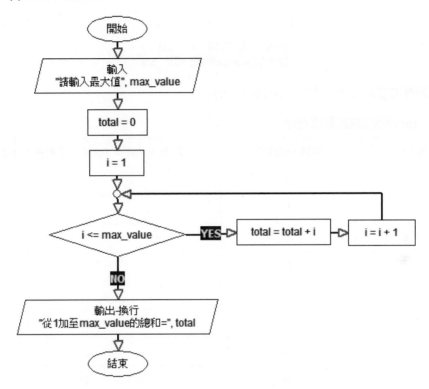

上述流程圖條件是「i <= max_value」，條件成立執行迴圈；不成立結束迴圈的執行。

◎ 範例：計算 1 加至輸入值的總和

```
                                              Python程式：ch5-2-3.py
01  total = 0
02  max_value = int(input("請輸入最大值==> ")) # 輸入整數值
03
04  for i in range(1, max_value+1):     # for計數迴圈
05      total = total + i
06
07  print("從1加至max的總和=", total)
```

結果

Python 程式的執行結果因為在第 2 行輸入的最大值是 10，所以第 4~5 行的 for 迴圈執行 1~10 共 10 次，可以計算 1 加至 10 的總和，如下所示：

```
>>> %Run ch5-2-3.py
請輸入最大值==> 10
從1加至max的總和= 55
```

for 迴圈加總的計算過程，如表 5-1 所示。

》表 5-1　for 迴圈加總的計算過程

變數 i 值	變數 total 值	計算 total = total + i 後的 total 值
1	0	1
2	1	3
3	3	6
4	6	10
5	10	15
6	15	21
7	21	28
8	28	36
9	36	45
10	45	55

5-2-4　range() 範圍函數

Python 的 for 迴圈事實上是一種迭代（Iteration）操作，也就是依序從 in 關鍵字之後的集合取出其值，每次取一個，可以使用在 Python 容器資料型態，一一取出容器中的元素，特別適用在不知道有多少元素的情況。

事實上，for 迴圈之所以成為計數迴圈，就是因為 **range()** 函數，此函數可以依序產生 for 迴圈所需一序列的整數值。**range()** 函數是 Python 內建函數，可以分別有 1、2 和 3 個參數，如下所示：

♀ 1 個參數的 range() 函數：ch5-2-4.py

Python 的 **range()** 函數如果只有 1 個參數，參數是【**終止值 +1**】，預設的起始值是 0，如表 5-2 所示。

» 表 5-2　1 個參數的 range() 函數說明

range() 函數	整數值範圍
range(5)	0~4
range(10)	0~9
range(11)	0~10

例如：建立計數迴圈顯示值 0~4，如下所示：

```
for i in range(5):
    print("range(5)的值 =", i)
```

⚲ 2 個參數的 range() 函數：ch5-2-4a.py

Python 的 **range()** 函數如果有 2 個參數，第 1 參數是起始值，第 2 個參數是【**終止值 +1**】，如表 5-3 所示。

» 表 5-3　2 個參數的 range() 函數說明

range() 函數	整數值範圍
range(1, 5)	1~4
range(2, 10)	2~9
range(1, 11)	1~10

例如：建立計數迴圈顯示值 1~4，如下所示：

```
for i in range(1, 5):
    print("range(1, 5)的值 =", i)
```

⚲ 3 個參數的 range() 函數：ch5-2-4b.py

Python 的 **range()** 函數如果有 3 個參數，第 1 參數是起始值，第 2 個參數是【**終止值 +1**】，第 3 個參數是增量值，如表 5-4 所示。

» 表 5-4　3 個參數的 range() 函數說明

range() 函數	整數值範圍
range(1, 11, 2)	1、3、5、7、9
range(1, 11, 3)	1、4、7、10
range(1, 11, 4)	1、5、9
range(0, -10, -1)	0、-1、-2、-3、-4…-7、-8、-9
range(0, -10, -2)	0、-2、-4、-6、-8

例如：建立計數迴圈從 **1~10** 顯示奇數值，如下所示：

```
for i in range(1, 11, 2):
    print("range(1, 11, 2)的值 =", i)
```

5-3 while 條件迴圈

while 迴圈敘述不同於 for 迴圈是一種條件迴圈，當條件成立，就重複執行程式區塊的程式碼，其執行次數需視條件而定，通常並沒有非常明確的執行次數。

事實上，for 迴圈就是 while 迴圈的一種特殊情況，所有的 for 計數迴圈都可以輕易改寫成 while 迴圈。

5-3-1 使用 while 迴圈

while 迴圈是在程式區塊的開頭檢查條件，如果條件為 True 才允許進入迴圈執行，如果一直為 True，就持續重複執行迴圈，直到條件成為 False 為止，其語法如下所示：

```
while 條件運算式:
    程式敘述1
    程式敘述2
    ...
```

上述 while 迴圈是在程式區塊開頭檢查條件，如果條件為 True 就進入迴圈執行；False 結束執行，所以迴圈執行次數是直到條件 False 為止（別忘了在條件運算式後需加上「:」冒號）。

例如：計算 1 加到多少時的總和會大於等於 50，因為迴圈執行次數需視運算結果而定，迴圈執行次數未定，我們可以使用 while 條件迴圈來執行總和計算，如下所示：

```
while total < 50:
    i = i + 1
    total = total + i
```

上述變數 i 和 total 的初值都是 0，while 迴圈的變數 i 值從 1、2、3、4.... 相加計算總和是否大於等於 50，等到條件「total < 50」不成立結束迴圈，就可以計算出 (1+2+3+4+..+i) >= 50 的 i 值，其流程圖（ch5-3-1.fpp）如下圖所示：

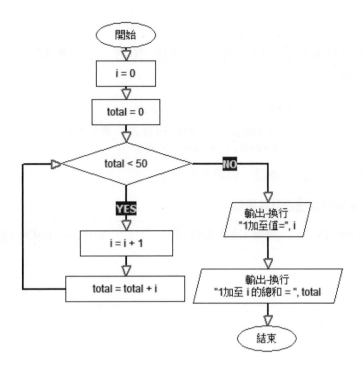

—● 說明 ●—

　　請注意！while 迴圈的程式區塊中一定有程式敘述更改條件值到達結束條件，將 while 條件變成 False，以便結束迴圈執行，不然，就會造成無窮迴圈，迴圈永遠不會結束（詳見第 5-5-3 節的說明），讀者在使用時請務必再次確認不會發生此情況！

○ 範例：計算 1 加到多少時的總和會大於等於 50

```
                                              Python程式：ch5-3-1.py
01  i = 0
02  total = 0
03
04  while total < 50:  # while條件迴圈
05      i = i + 1
06      total = total + i
07
08  print("從1加至", i, "的總和會大於等於50")
09  print("1+2+3...+", i, " =", total)
```

解析

　　上述 while 迴圈是在第 5 行更改變數 i 的值來進行加總，因為位在加法運算式之前，所以變數 i 的初值是 0，第 1 次進入迴圈後加 1，然後執行加總，每次遞增變數 i 的值來到達結束條件「total >= 50」，就可以得到需加總到的 i 值是多少。

結果

Python 程式的執行結果可以看到從 1 加到 10 會大於等於 50，而 1 加至 10 的總和是 55，如下所示：

```
>>> %Run ch5-3-1.py
從1加至 10 的總和會大於等於50
1+2+3...+ 10  = 55
```

while 迴圈加總的計算過程，如表 5-5 所示：

》 表 5-5　while 迴圈加總的計算過程

i 值	total 值	i = i + 1 後的 i 值	total = total + i 的 total 值
0	0	1	1
1	1	2	3
2	3	3	6
3	6	4	10
4	10	5	15
5	15	6	21
6	21	7	28
7	28	8	36
8	36	9	45
9	45	10	55

while 迴圈結束後的 i 值是第 3 欄 i = i + 1 後的值，所以變數 i 的值是 10，total 的值是 55。

5-3-2　將 for 迴圈改成 while 迴圈

Python 的 for 計數迴圈是一種特殊版本的 while 迴圈，我們可以輕易將 for 迴圈改成 while 迴圈，也就是使用 while 迴圈來實作計數迴圈。

原始 for 迴圈

在 ch5-2-3.py 是使用 for 迴圈計算 1 加至 max_value 的總和，我們準備將此 for 迴圈改為 while 迴圈，**range()** 函數首先改寫成完整的 3 個參數，如下所示：

```
total = 0
...
for i in range(1, max_value+1, 1):
    total = total + i
```

♀ 將 for 迴圈改為 while 迴圈

在 for 迴圈的 **range()** 函數，第 1 個參數是計數器變數的初值，第 2 個參數是結束條件「**i <= max_value**」條件，這就是 while 迴圈的條件，for 迴圈的計數器變數 i 是 while 迴圈的計數器變數，如下所示：

```
i = 1
total = 0
...
while i <= max_value:
    total = total + i
    i = i + 1
```

上述程式碼使用變數 i 作為計數器變數，每次增加 1，可以改用 while 迴圈來計算 1 加至 max_value 的總和。

♀ for 迴圈轉換成 while 迴圈的基本步驟

因為 while 迴圈需要自行在 while 程式區塊處理計數器變數值的增減，以便到達迴圈的結束條件，其執行流程如下所示：

Step 1 在進入 while 迴圈之前需要指定計數器變數的初值。

Step 2 在 while 迴圈判斷條件是否成立，如為 True，就繼續執行迴圈的程式區塊；不成立 False 時，結束迴圈的執行。

Step 3 在迴圈程式區塊需要自行使用程式碼增減計數器變數值，然後回到 Step 2 測試是否繼續執行迴圈。

for 迴圈與 while 迴圈的轉換說明圖例，如下圖所示：

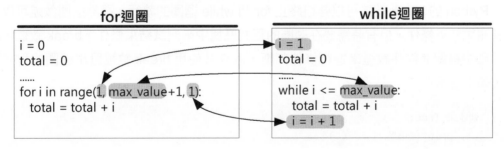

範例：計算 1 加至輸入值的總和

```
                                          Python程式：ch5-3-2.py
01  i = 1
02  total = 0
03  max_value = int(input("請輸入最大值==> "))   # 輸入整數值
04
05  while i <= max_value:       # while條件迴圈
06      total = total + i
07      i = i + 1
08
09  print("從1加至max_value的總和=", total)
```

結果

　　Python 程式的執行結果和 ch5-2-3.py 完全相同，只是將原來的 for 計數迴圈改成 while 迴圈來實作。

5-4　改變迴圈的執行流程

　　Python 可以使用 break 和 continue 敘述來改變迴圈的執行流程，break 敘述跳出迴圈；continue 敘述能夠馬上繼續執行下一次迴圈。

5-4-1　break 敘述跳出迴圈

　　Python 的 break 敘述可以強迫終止 for 和 while 迴圈的執行。雖然迴圈敘述可以在開頭測試結束條件，但有時需要在迴圈的程式區塊中來測試結束條件，break 敘述可以在迴圈中搭配 if 條件敘述來進行條件判斷，成立就使用 break 敘述跳出迴圈的程式區塊，如下所示：

```
while True:
    print("第", i, "次")
    i = i + 1;
    if i > 5:
        break
```

　　上述 while 迴圈是無窮迴圈，在迴圈中使用 if 條件敘述進行判斷，當「i > 5」條件成立，就執行 break 敘述跳出迴圈，可以跳至 while 之後的程式敘述，顯示次數 1 到 5，因為 if 條件是在程式區塊的最後，事實上，這就是後測式迴圈，其流程圖（ch5-4-1. fpp）如下圖所示：

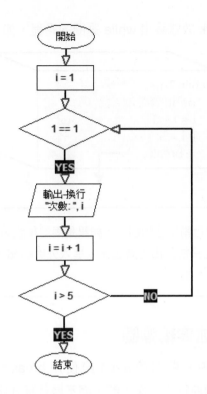

上述流程圖的決策符號「1 == 1」的條件為 True，所以是無窮迴圈，在迴圈使用「i > 5」決策符號跳出迴圈，即 Python 的 break 敘述。

💡 範例：使用 **break** 敘述跳出 **while** 迴圈

Python程式：ch5-4-1.py

```
01  i = 1
02
03  while True:
04      print("第", i, "次")
05      i = i + 1
06      if i > 5:
07          break      # 跳出迴圈
```

結果

Python 程式的執行結果依序顯示第 1 次～第 5 次的訊息文字，在第 3~7 行是 while 無窮迴圈，當變數 i 的值到達 5 時，即第 6~7 行 if 條件成立，就執行第 7 行的 break 敘述跳出 while 迴圈，如下所示：

```
>>> %Run ch5-4-1.py
第 1 次
第 2 次
第 3 次
第 4 次
第 5 次
```

Python 程式使用 break 敘述跳出 while 迴圈的過程，如下圖所示：

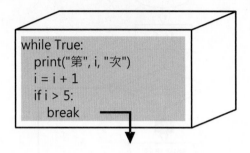

```
while True:
    print("第", i, "次")
    i = i + 1
    if i > 5:
        break
```

——● 說明 ●——

因為 break 敘述只能跳出目前所在的迴圈，如果是兩層巢狀迴圈，當在內層迴圈使用 break 敘述，程式執行到 break 敘述只能跳出內層迴圈，進入外層迴圈，並不能直接跳出整個兩層巢狀迴圈。

5-4-2　continue 敘述繼續迴圈

在迴圈的執行過程中，相對第 5-4-1 節使用 break 敘述跳出迴圈，Python 的 continue 敘述可以馬上繼續執行下一次迴圈，而不執行程式區塊中位在 continue 敘述之後的程式碼，如果使用在 for 迴圈，一樣會更新計數器變數來取得下一個值，如下所示：

```
for i in range(1, 11):
    if i % 2 == 1:
        continue
    print("偶數:", i)
```

上述程式碼的 if 條件敘述是當計數器變數 i 為奇數時，就使用 continue 敘述馬上繼續執行下一次迴圈，而不執行之後的 **print()** 函數，可以馬上從頭開始執行下一次 for 迴圈，所以迴圈只顯示 1 到 10 之間的偶數，其流程圖（ch5-4-2.fpp）如下圖所示：

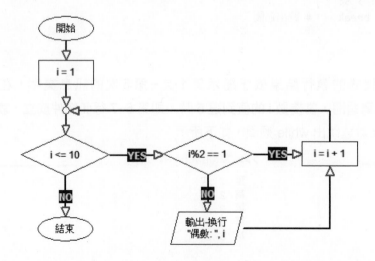

💡 **範例：顯示 1~10 之間的偶數**

```
                                                    Python程式：ch5-4-2.py
01  i = 1
02
03  for i in range(1, 11):
04      if i % 2 == 1:
05          continue      # 繼續迴圈
06      print("偶數:", i)
```

結果

Python 程式的執行結果可以顯示 1~10 之間的偶數，因為第 4~5 行的 if 條件敘述判斷是否是奇數，如果是，就馬上執行下一次迴圈，而不會執行第 6 行的 **print()** 函數，如下所示：

```
>>> %Run ch5-4-2.py
    偶數: 2
    偶數: 4
    偶數: 6
    偶數: 8
    偶數: 10
```

Python 程式使用 continue 敘述繼續 for 迴圈的過程，如下圖所示：

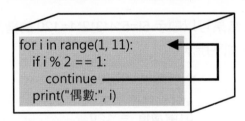

5-4-3　在迴圈使用 else 程式區塊

Python 迴圈可以加上 else 程式區塊，當迴圈的條件運算式不成立結束迴圈時，就執行 else 程式區塊的程式碼。請注意！如果迴圈是執行 break 關鍵字跳出迴圈，就不會執行 for 和 while 迴圈的 else 程式區塊。

🔍 在 **for** 迴圈使用 **else** 程式區塊：**ch5-4-3.py**

在 for 迴圈使用 else 程式區塊，可以在 else 程式區塊顯示計算結果，例如：計算 1 加至 5 的總和，如下所示：

```
s = 0
for i in range(1, 6):
```

```
    s = s + i
else:
    print("for迴圈結束!")
    print("總和 =", s)
```

上述程式碼的 else 程式區塊可以顯示計算結果的總和。Python 程式的執行結果可以顯示 1 加至 5 的總和，這是在 else 程式區塊顯示執行結果，如下所示：

>>> %Run ch5-4-3.py

for迴圈結束！
總和 = 15

🔍 在 while 迴圈使用 else 程式區塊：ch5-4-3a.py

同樣的，在 while 迴圈一樣可以使用 else 程式區塊，讓我們在 else 程式區塊顯示計算結果，例如：計算 5! 的階層值，如下所示：

```
r = n = 1
while n <= 5:
    r = r * n
    n = n + 1
else:
    print("while迴圈結束!")
    print("5!階層值 =", r)
```

Python 程式的執行結果可以顯示 5!=5*4*3*2*1=120 的階層函數值，這是在 else 程式區塊顯示執行結果，如下所示：

>>> %Run ch5-4-3a.py

while迴圈結束！
5!階層值 = 120

5-5　巢狀迴圈與無窮迴圈

巢狀迴圈是在迴圈之中擁有其他迴圈，例如：在 for 迴圈擁有 for 和 while 迴圈；在 while 迴圈中擁有 for 和 while 迴圈等。

5-5-1　for 敘述的巢狀迴圈

Python 巢狀迴圈可以有二或二層以上，例如：在 for 迴圈中擁有另一個 for 迴圈，如下所示：

```
for i in range(1, 4):      # for外層迴圈
    for j in range(1, 6):  # for內層迴圈
        print("i =", i, "j =", j)
```

上述迴圈共有兩層，第一層 for 迴圈執行 1~3 共 3 次，第二層 for 迴圈執行 1~5 共 5 次，兩層迴圈共可執行 3 * 5 = 15 次。其執行過程的變數值，如表 5-6 所示。

》表 5-6　for 敘述的巢狀迴圈

第一層迴圈的 i 值	第二層迴圈的 j 值					離開迴圈的 i 值
1	1	2	3	4	5	1
2	1	2	3	4	5	2
3	1	2	3	4	5	3

上述表格的每一列代表執行一次第一層迴圈，共有 3 次。第一次迴圈的變數 i 為 1，第二層迴圈的每 1 個儲存格代表執行一次迴圈，共 5 次，j 的值為 1~5，離開第二層迴圈後的變數 i 仍然為 1，依序執行第一層迴圈，i 的值為 2~3，而且每次 j 都會執行 5 次，所以共執行 15 次。其流程圖（ch5-5-1.fpp）如下圖所示：

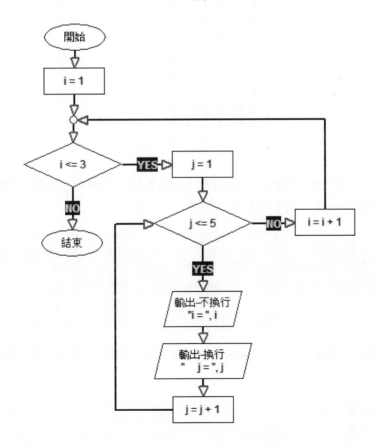

上述流程圖「i <= 3」決策符號建立的是外層迴圈的結束條件;「j <= 5」決策符號建立的是內層迴圈的結束條件。

🔍 範例:使用 2 個 for 迴圈建立巢狀迴圈

Python程式:ch5-5-1.py

```
01  for i in range(1, 4):        # for外層迴圈
02      for j in range(1, 6):    # for內層迴圈
03          print("i =", i, "j =", j)
```

結果

Python 程式執行結果的外層迴圈執行 3 次,每一個內層迴圈執行 5 次,共執行 15 次,如下所示:

```
>>> %Run ch5-5-1.py
    i = 1 j = 1
    i = 1 j = 2
    i = 1 j = 3
    i = 1 j = 4
    i = 1 j = 5
    i = 2 j = 1
    i = 2 j = 2
    i = 2 j = 3
    i = 2 j = 4
    i = 2 j = 5
    i = 3 j = 1
    i = 3 j = 2
    i = 3 j = 3
    i = 3 j = 4
    i = 3 j = 5
```

巢狀迴圈當外層 for 迴圈的計數器變數 i 值為 1 時,內層 for 迴圈的變數 j 值為 1 到 5,可以顯示的執行結果,如下所示:

```
i = 1 j = 1
i = 1 j = 2
i = 1 j = 3
i = 1 j = 4
i = 1 j = 5
```

當外層迴圈執行第二次時,i 值為 2,內層迴圈仍然為 1 到 5,此時顯示的執行結果,如下所示:

```
i = 2 j = 1
i = 2 j = 2
```

```
i = 2 j = 3
i = 2 j = 4
i = 2 j = 5
```

繼續外層迴圈，第三次的 i 值是 3，內層迴圈仍然為 1 到 5，此時顯示的執行結果，如下所示：

```
i = 3 j = 1
i = 3 j = 2
i = 3 j = 3
i = 3 j = 4
i = 3 j = 5
```

5-5-2　for 與 while 敘述的巢狀迴圈

Python 巢狀迴圈也可以搭配不同種類的迴圈，例如：在 for 迴圈之中擁有 while 迴圈，如下所示：

```
for i in range(1, 4):      # for外層迴圈
    j = 1
    while j <= 5:          # while內層迴圈
        print("i =", i, "j =", j)
        j = j + 1
```

💡 **範例：使用 for 和 while 迴圈建立巢狀迴圈**

Python程式：ch5-5-2.py

```
01  for i in range(1, 4):      # for外層迴圈
02      j = 1
03      while j <= 5:          # while內層迴圈
04          print("i =", i, "j =", j)
05          j = j + 1
```

結果

Python 程式的執行結果和 ch5-5-1.py 完全相同，在外層 for 迴圈執行 3 次，每一個內層 while 迴圈執行 5 次，共執行 15 次。

5-5-3　while 無窮迴圈

無窮迴圈（Endless Loops）是指迴圈不會結束，它會無止境的一直重複執行迴圈的程式區塊。while 無窮迴圈可以使用 True 關鍵字的條件來建立無窮迴圈，如下所示：

```
while True:
    pass
```

上述 while 迴圈因為條件必為 True，所以是無窮迴圈，並且使用 **pass** 關鍵字代表這是空程式區塊。基本上，while 無窮迴圈大都是因為計數器變數或條件出了問題，才會造成了無窮迴圈。例如：修改第 5-3-1 節 ch5-3-1.py 的 while 迴圈（Python 程式：ch5-5-3.py），如下所示：

```
i = 0
total = 0

while total < 50:
    total = total + i
```

上述 while 迴圈的程式區塊因為少了「**i = i + 1**」，所以 i 值永遠是 0，total 計算結果也是 0，永遠不可能大於 50，所以造成無窮迴圈，請按 Ctrl+C 鍵來中斷無窮迴圈的執行。

5-6　在迴圈中使用條件敘述

在 Python 的 for 和 while 迴圈之中，一樣可以搭配使用 if/else 條件敘述來執行條件判斷。例如：使用 while 迴圈建立猜數字遊戲，在迴圈中使用 if/else 條件判斷是否猜中數字，如下所示：

```
while True:
    guess = int(input("請輸入猜測的數字(1~100) => "))
    if target == guess:    # if條件敘述
        break              # 跳出迴圈
    if guess > target:     # if/else條件敘述
        print("數字太大!")
    else:
        print("數字太小!")
```

上述 Python 程式碼的流程圖（ch5-6.fpp），如下圖所示：

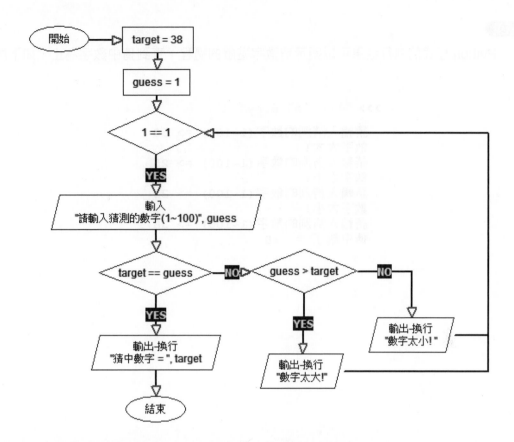

💡 範例：使用 **while** 迴圈和 **if/else** 條件建立猜數字遊戲

Python程式：ch5-6.py

```
01  target = 38
02  guess = 1
03  while True:                # while無窮迴圈
04      guess = int(input("請輸入猜測的數字(1~100) => "))
05      if target == guess:    # if條件敘述
06          break              # 跳出迴圈
07      if guess > target:     # if/else條件敘述
08          print("數字太大!")
09      else:
10          print("數字太小!")
11  print("猜中數字 = ", target)
```

解析

上述第 **3~10** 行是 while 無窮迴圈，在第 **5~6** 行的 if 條件加上 **break** 關鍵字來控制猜數字遊戲的進行，直到猜中正確的數字為止，第 **7~10** 行的 if/else 條件敘述，可以判斷輸入的數字是太大或太小，在第 **11** 行顯示猜中數字。

結果

Python 程式的執行結果可以顯示猜數字遊戲的過程，直到猜中數字為止，如下所示：

```
>>> %Run ch5-6.py
    請輸入猜測的數字(1~100) => 50
    數字太大！
    請輸入猜測的數字(1~100) => 25
    數字太小！
    請輸入猜測的數字(1~100) => 35
    數字太小！
    請輸入猜測的數字(1~100) => 38
    猜中數字 =  38
```

學習評量

1. 請簡單說明 for 迴圈如何建立計數迴圈？range() 函數的用途為何？

2. 請比較 for 迴圈和 while 迴圈的差異？在 for 和 while 迴圈可以使用 _____ 關鍵字馬上繼續下一次迴圈的執行；使用 _____ 關鍵字來跳出迴圈。

3. 請撰寫 Python 程式執行從 1 到 100 的迴圈，但只顯示 40~67 之間的奇數，並且計算其總和。

4. 請建立 Python 程式依序顯示 1~20 的數值和其平方，每一數值成一列，如下所示：

```
1    1
2    4
3    9
………
```

5. 請建立 Python 程式輸入繩索長度，例如：100 後，使用 while 迴圈計算繩索需要對折幾次才會小於 20 公分？

6. 請建立 Python 程式使用 while 迴圈計算複利的本利和，在輸入金額後，計算 5 年複利 5% 的本利和。

7. 請建立 Python 程式使用巢狀迴圈顯示下列的數字三角形，如下所示：

```
1
22
333
4444
55555
```

8. 請建立 Python 程式使用迴圈來輸入 4 個整數值，可以計算輸入值的乘績，如果輸入值是 0，就跳過此數字，只乘輸入值不為 0 的值。

Note

CHAPTER

6

函數

🎯本章內容

6-1 認識函數

程式語言的程序（Subroutines 或 Procedures）是一個擁有特定功能的獨立程式單元，程序如果有回傳值，稱為函數（Functions）。一般來説，Python 不論是否有回傳值都稱為函數。

6-1-1 函數的結構

在日常生活或撰寫程式碼時，有些工作可能會重複出現，而且這些工作不是單一行程式敘述，而是完整的工作單元，例如：我們常常在自動販賣機購買果汁，此工作的完整步驟，如下所示：

> 1. 將硬幣投入投幣口
> 2. 按下按鈕，選擇購買的果汁
> 3. 在下方取出購買的果汁

上述步驟如果只有一次倒無所謂，如果幫 3 位同學購買果汁、茶飲和汽水三種飲料，這些步驟就需重複 3 次，如下所示：

> 1. 將硬幣投入投幣口
> 2. 按下按鈕，選擇購買的果汁　　　購買果汁
> 3. 在下方取出購買的果汁
> 1. 將硬幣投入投幣口
> 2. 按下按鈕，選擇購買的茶飲　　　購買茶飲
> 3. 在下方取出購買的茶飲
> 1. 將硬幣投入投幣口
> 2. 按下按鈕，選擇購買的汽水　　　購買汽水
> 3. 在下方取出購買的汽水

相信沒有同學請你幫忙買飲料時，每一次都説出左邊 3 個步驟，而是很自然的簡化成 3 個工作，直接説：

```
購買果汁
購買茶飲
購買汽水
```

上述簡化的工作描述就是函數（Functions）的原型，因為我們會很自然的將一些工作整合成更明確且簡單的描述「購買 ??」。程式語言也是使用相同的觀念，可以將整個自動販賣機購買飲料的步驟使用一個整合名稱來代表，即【購買()】函數，如下所示：

```
購買(果汁)
購買(茶飲)
購買(汽水)
```

　　上述程式碼是函數呼叫,在括號中是傳入購買函數的資料,稱為參數(Parameters),透過傳入的參數就可以知道操作步驟是購買哪一種飲料,執行此函數的結果是拿到飲料,這就是函數的回傳值。

6-1-2　函數是一個黑盒子

　　函數是一個獨立功能的程式區塊,如同是一個黑盒子(Black Box),我們不需要了解函數定義的程式碼內容是什麼,只要告訴我們使用黑盒子的介面(Interface),就可以呼叫函數來使用函數的功能,如下圖所示:

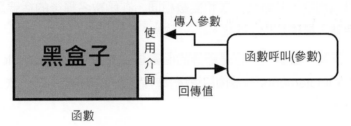

函數

　　上述介面是函數和外部溝通的管道,一個對外的邊界,可以傳入參數和取得回傳值,將實際函數的程式碼隱藏在介面後,讓我們不用了解程式碼,也一樣可以呼叫函數來完成所需的特定功能。

6-2　使用者自訂函數

　　在 Python 程式使用函數的第一步是定義函數的內容,然後才能呼叫函數,或多次呼叫同一函數。Python 函數主要分為兩種,其說明如下所示:

▷ 使用者自訂函數(User-defined Functions):使用者自行建立的 Python 函數,在本章主要是說明如何建立使用者自訂函數。

▷ 內建函數(Build-in Functions):Python 預設提供的函數。

6-2-1　建立和呼叫函數

　　Python 建立函數就是在撰寫函數定義(Function Definition)的函數標頭和程式區塊,其內容是需要重複執行的程式碼。

定義函數

Python是函數標頭和程式區塊組成函數定義，其語法如下所示：

```
def 函數名稱():
    程式敘述1
    程式敘述2
    ...
```

上述語法使用 def 關鍵字定義函數，第 1 行是函數標頭（Function Header），函數名稱如同變數是識別字，其命名方式和變數相同，在函數名稱後的括號是參數列，沒有參數，就是空括號，最後是「:」冒號。

當看到「:」冒號，表示下一行是縮排的函數程式區塊（Function Block），這就是函數程式碼的實作（Implements）。例如：我們準備建立可以顯示「玩一次遊戲」訊息文字的函數，如下所示：

```
# play()函數的定義
def play():
    print("玩一次遊戲")
```

上述函數名稱是 play，因為沒有參數，所以括號是空的，在程式區塊中是函數的程式碼。函數如同是擁有特定功能的積木，如下圖所示：

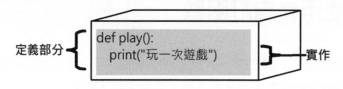

呼叫函數

在定義函數後，就可以使用函數呼叫的介面，在程式碼呼叫此函數，其語法如下所示：

```
函數名稱()
```

上述語法使用函數名稱來呼叫函數，因為沒有參數，所以之後是空括號。例如：呼叫 play() 函數，如下所示：

```
play()    # 呼叫函數
```

◉ 範例：建立與呼叫函數

```
                                                    Python程式：ch6-2-1.py
01  # play()函數的定義
02  def play():
03      print("玩一次遊戲")
04
05  print("開始玩遊戲...")
06  play()     # 呼叫函數
07  print("結束玩遊戲...")
```

結果

Python 程式執行結果顯示的第 2 行訊息文字，就是在第 6 行呼叫 **play()** 函數顯示的訊息文字，如下所示：

```
>>> %Run ch6-2-1.py

開始玩遊戲...
玩一次遊戲
結束玩遊戲...
```

◉ 函數的執行過程

現在，讓我們看一看 ch6-2-1.py 函數呼叫的執行過程，首先在沒有縮排的第 5 行顯示一行訊息文字後，第 6 行呼叫 **play()** 函數，此時程式執行順序就會轉移至 **play()** 函數，即跳到執行第 2~3 行 **play()** 函數的程式區塊，如下圖所示：

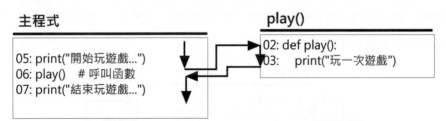

當執行完 **play()** 函數顯示第 3 行的訊息文字後，就返回繼續執行之後第 7 行的程式碼，顯示最後一行訊息文字。

6-2-2　多次呼叫同一個函數

函數的目的是為了之後可以重複呼叫此函數，如同工具箱的各種工具，如果需要時，就拿出來重複使用，同理，函數是程式工具箱中擁有特定功能的工具，如果程式需要此功能，就直接呼叫函數來進行處理，而不用每次都重複撰寫相同功能的程式碼。

例如：重複呼叫 2 次 **play()** 函數，顯示 2 次相同的訊息文字。

💡 **範例：多次呼叫同一個函數**

```
                                          Python程式：ch6-2-2.py
01  # play()函數的定義
02  def play():
03      print("玩一次遊戲")
04
05  print("開始玩遊戲...")
06  play()    # 第1次呼叫函數
07  print("再玩一次...")
08  play()    # 第2次呼叫函數
09  print("結束玩遊戲...")
```

結果

Python 程式執行結果顯示的第 2 行和第 4 行訊息文字，就是第 6 行和第 8 行呼叫 2 次 **play()** 函數顯示的 2 個相同的訊息文字，如下所示：

```
>>> %Run ch6-2-2.py

開始玩遊戲...
玩一次遊戲
再玩一次...
玩一次遊戲
結束玩遊戲...
```

現在，讓我們看一看 ch6-2-2.py 函數呼叫的執行過程，首先在第 5 行顯示一行訊息文字後，第 6 行第 1 次呼叫 **play()** 函數，跳到執行第 2~3 行 **play()** 函數的程式區塊，顯示第 3 行的訊息文字後，返回繼續執行第 7 行的程式碼，顯示一行訊息文字，如下圖所示：

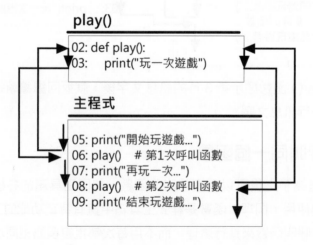

然後，在第 8 行第 2 次呼叫 **play()** 函數，再次跳到執行第 2~3 行 **play()** 函數的程式區塊，顯示第 3 行的訊息文字後，返回繼續執行第 9 行的程式碼，顯示最後一行訊息文字。

6-2-3　Python 主程式函數

Python 程式預設沒有主程式函數，沒有縮排的程式碼就是其他程式語言的主程式。當然，我們也可以指定 Python 函數作為主程式，例如：**main()** 函數（Python 程式：ch6-2-3.py），如下所示：

```
01  # play()函數的定義
02  def play():
03      print("玩一次遊戲")
04
05  # main()主程式
06  def main():
07      print("開始玩遊戲...")
08      play()      # 呼叫函數
09      print("結束玩遊戲...")
10
11  if __name__ == "__main__":
12      main()      # 呼叫主程式函數
```

上述程式是修改 ch6-2-1.py，在第 6~9 行將沒有縮排的程式碼建立成 **main()** 函數，第 11~12 行的 if 條件判斷 __name__ 特殊變數的值是否是 "__main__"，如下所示：

```
if __name__ == "__main__":
    main()      # 呼叫主程式函數
```

上述 if 條件如果成立，表示是執行此 Python 程式（而不是被其他 Python 程式所匯入），所以呼叫 **main()** 主程式函數，如果 if 條件不成立，此 Python 程式是當成其他 Python 程式工具箱的模組（詳見第 9-1 節說明），因為是當成模組，不是執行，所以不會呼叫 **main()** 函數。

6-3　函數的參數

函數的參數是函數的資訊傳遞機制，可以從函數呼叫，將資料送入函數的黑盒子，簡單的說，參數是函數傳遞資料的使用介面，即呼叫函數和函數之間的溝通管道。

6-3-1　使用參數傳遞資料

在第 6-2 節建立的函數單純只能執行固定工作,每一次的執行結果都完全相同。當函數擁有參數列時,我們可以使用參數來傳遞資料,依據收到的資料進行運算,或執行對應的處理,讓函數擁有更大的彈性,換句話說,函數可以依據傳入不同的參數值,而得到不同的執行結果。

📍 建立擁有參數的函數

Python 函數可以在函數名稱後的括號中加上參數列,其語法如下所示:

```
def 函數名稱( 參數列 ):
    程式敘述1
    程式敘述2
    …
```

上述函數定義位在括號中的就是參數列,如果有多個參數,請使用「,」逗號分隔。例如:我們準備擴充第 6-2-1 節的 **play()** 函數,新增 1 個名為 b 的參數,如下所示:

```
# play()函數的定義
def play(b):
    print("玩一次", b, "元的遊戲")
```

上述 **play()** 函數擁有 1 個名為 b 的參數,可以讓我們在呼叫 **play()** 函數時,將資料傳入函數,如下圖所示:

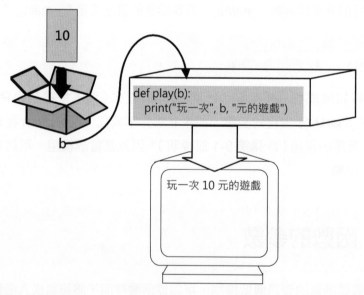

上述圖例參數 b 的值是 10,所以函數可以使用參數 b 的值來建立輸出結果,可以看到呼叫 **play()** 函數顯示傳入的參數值 10。

→● 說明 ●─

請注意！函數參數 b 就是變數，只能在 **play()** 函數的程式區塊之中使用，其他地方並不能存取變數 b。

○ 呼叫擁有參數的函數

函數如果擁有參數，在 Python 程式呼叫函數時，就需要在括號加入參數值，其語法如下所示：

> 函數名稱(參數值列)

上述語法的函數如果有參數，在呼叫時需要加上傳入的參數值列，如果有多個，請使用「,」逗號分隔。例如：**play()** 函數擁有 1 個參數 b，在呼叫 **play()** 函數時需要使用 1 個參數值來傳遞至函數，如下所示：

> play(10)　　# 呼叫函數

上述程式碼傳遞值 10 至 **play()** 函數，此時參數 b 的值就是 10。

○ 範例：使用參數傳遞資料至函數

Python程式：ch6-3-1.py

```
01  # play()函數的定義
02  def play(b):
03      print("玩一次", b, "元的遊戲")
04
05  print("開始玩遊戲...")
06  play(10)     # 第1次呼叫函數
07  print("再玩一次...")
08  play(50)     # 第2次呼叫函數
09  print("結束玩遊戲...")
```

結果

Python 程式執行結果顯示的第 2 行和第 4 行訊息文字，就是在第 6 行和第 8 行呼叫 2 次 **play()** 函數顯示的訊息文字，分別傳遞參數值 10 和 50（文字值），同一個函數就可以顯示不同的訊息文字，如下所示：

```
>>> %Run ch6-3-1.py

開始玩遊戲...
玩一次 10 元的遊戲
再玩一次...
玩一次 50 元的遊戲
結束玩遊戲...
```

Python 使用參數傳遞資料 10 至 **play(b)** 函數的過程，如下圖所示：

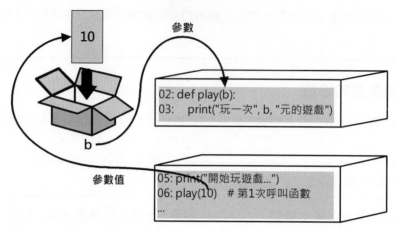

6-3-2 　使用鍵盤輸入參數值

Python 程式呼叫函數的參數值除了使用文字值外，也可以使用變數，在這一節我們準備讓使用者輸入變數 price 值後，使用變數作為函數的參數值，如下所示：

```
play(price)      # 呼叫函數
```

上述程式碼使用變數 price 的值作為參數值來呼叫 **play()** 函數。

💡 範例：使用變數作為參數值

Python程式：ch6-3-2.py

```
01  # play()函數的定義
02  def play(b):
03      print("玩一次", b, "元的遊戲")
04
05  price = int(input("第1次玩多少錢的遊戲==> ")) # 輸入整數值
06  play(price)      # 第1次呼叫函數
07  price = int(input("第2次玩多少錢的遊戲==> ")) # 輸入整數值
08  play(price)      # 第2次呼叫函數
09  print("結束玩遊戲...")
```

結果

Python 程式的執行結果依序輸入 10 和 50 來指定給變數 price，變數 price 是在第 6 行和第 8 行作為呼叫 2 次 **play()** 函數的參數值，可以將變數值傳遞至 **play()** 函數來顯示不同的訊息文字，如下所示：

```
>>> %Run ch6-3-2.py
第1次玩多少錢的遊戲==> 10
玩一次 10 元的遊戲
第2次玩多少錢的遊戲==> 50
玩一次 50 元的遊戲
結束玩遊戲...
```

　　請注意！呼叫函數如果使用變數作為參數，函數參數和變數名稱就算相同也沒有關係，在本節範例是使用不同的參數和變數名稱。因為 Python 呼叫函數傳遞的並不是變數，而是變數儲存的文字值 10 和 50，這種參數傳遞方式稱為傳值呼叫（Call by Value），如下圖所示：

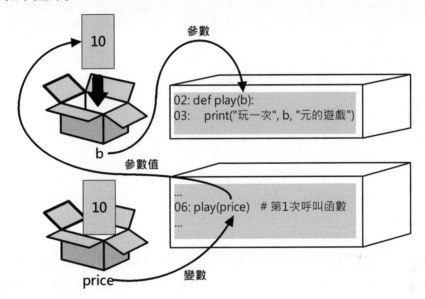

6-3-3　建立擁有多參數的函數

　　Python 函數可以擁有「,」逗號分隔的多個參數，例如：**play()** 函數擁有 2 個參數，如下所示：

```
# play()函數的定義
def play(b, t):
    print("玩", t, "次", b, "元的遊戲")
```

　　上述 **play()** 函數是修改上一節的同名函數，新增 1 個參數 t，現在的 **play()** 函數共有 2 個參數 t 和 b。

　　因為 **play()** 函數擁有 2 個參數，呼叫 **play()** 函數也需要使用 2 個參數值，如下所示：

```
play(price, t)    # 呼叫函數
```

上述呼叫函數的參數值可以是文字值、變數或運算式的運算結果。

— 說明 —

函數有幾個參數，在呼叫時，就需要提供幾個參數值，在本節的 **play()** 函數有 2 個參數，呼叫時也需要 2 個參數值，如果只有 1 個參數值，就會產生錯誤，如下所示：

```
play(10, 3)      # 正確的參數值個數是2個
play(price)      # 錯誤！參數值個數少了1個
```

範例：建立擁有多個參數的函數

Python程式：ch6-3-3.py

```
01  # play()函數的定義
02  def play(b, t):
03      print("玩", t, "次", b, "元的遊戲")
04
05  price = int(input("玩多少錢的遊戲==> ")) # 輸入整數值
06  t = int(input("玩多少次遊戲==> "))          # 輸入整數值
07
08  play(price, t)     # 呼叫函數
09  print("結束玩遊戲...")
```

結果

Python 程式的執行結果依序輸入 10 和 3 值來指定給變數 price 和 t，在第 8 行呼叫 **play()** 函數的參數值就是這 2 個變數，可以將 2 個變數值傳遞至 **play()** 函數來顯示訊息文字，如下所示：

```
>>> %Run ch6-3-3.py

玩多少錢的遊戲==> 10
玩多少次遊戲==> 3
玩 3 次 10 元的遊戲
結束玩遊戲...
```

多參數 **play()** 函數呼叫的函數參數和參數值，如表 6-1 所示。

》表 6-1　多參數 play() 函數呼叫的函數參數和參數值

函數參數	呼叫函數的參數值
b	變數 price 的值 10
t	變數 t 的值 3

　　因為函數參數和變數名稱就算同名也沒有關係，在本節 **play()** 函數的第 2 個參數和傳遞參數的變數名稱都是相同的 t，如下圖所示：

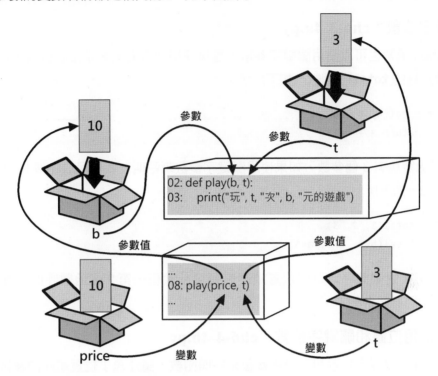

6-3-4　參數預設值、位置與關鍵字參數

　　Python 函數的參數不只可以指定參數的預設值，在呼叫時除了依據參數位置順序來傳遞外，還可以明確指明參數名稱來傳遞參數值。

♀ 函數參數的預設值：ch6-3-4.py

　　Python 函數的參數可以有預設值，當函數呼叫時沒有指定參數值，就使用參數的預設值（預設值參數在參數列的順序是在沒有預設值的參數之後，以此例是位在 length 參數之後）。例如：計算盒子體積的 **volume()** 函數，如下所示：

```
def volume(length, width = 2, height = 3):
    return length * width * height
```

　　上述 **volume()** 函數如果呼叫時沒有指定寬和高的參數，其預設值就是值 2 和 3，只有第 1 個位置的 length 是一定需要的參數值。**volume()** 函數呼叫如下所示：

```
print("盒子體積: ", volume(l, w, h))
print("盒子體積: ", volume(l, w))
print("盒子體積: ", volume(l))
```

上述函數呼叫分別指定長、寬和高，只有長和寬、最後只有長的參數，其他沒有指定參數值就是使用預設參數值。

📍 關鍵字參數：ch6-3-4a.py

Python 函數也可以使用關鍵字參數，直接使用參數名稱來指定參數值，例如：將 3 個參數加總的 **total()** 函數，如下所示：

```
def total(a, b, c):
    return a + b + c
```

上述函數擁有 3 個參數，如果使用關鍵字參數來呼叫，我們可以先傳 b，再傳 c，最後傳入 a，如下所示：

```
r1 = total(1, 2, 3)
r2 = total(b=2, c=3, a=1)
```

上述第 1 個函數呼叫是以位置順序來傳遞參數值，第 2 個函數呼叫是關鍵字參數，直接指明參數名稱。

📍 混合使用位置和關鍵字參數：ch6-4-4b.py

Python 可以混合位置和關鍵字參數來呼叫函數，請注意！位置順序的參數一定在關鍵字參數之前，如下所示：

```
r3 = total(1, c=3, b=2)
r4 = total(1, 2, c=3)
```

6-4 函數的回傳值

函數的參數可以從呼叫的函數傳遞資料至函數，反過來，函數的回傳值就是從函數傳遞資料回到呼叫函數的程式碼，例如：在 Python 程式呼叫 **play()** 函數，如下所示：

▷ 函數的參數：將資料從呼叫 **play()** 函數的參數值，透過函數參數傳遞至 **play()** 函數中。

▷ 函數的回傳值：將資料從 **play()** 函數回傳至呼叫 **play()** 函數的程式碼，可以將回傳值使用指定敘述指定給其他變數。

當函數有回傳值，函數和呼叫函數之間就擁有雙向的資料傳遞機制，如下圖所示：

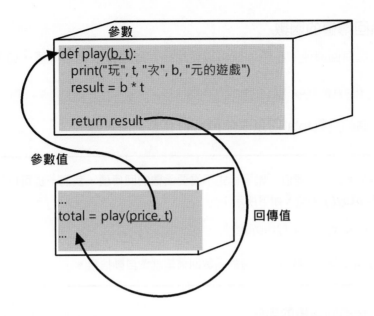

6-4-1　使用函數的回傳值

　　Python 函數是在函數程式區塊使用 return 敘述來回傳值,我們可以在呼叫函數的程式碼取得函數的回傳值。

♀ 建立擁有回傳值的函數

　　函數如果有回傳值,在函數程式區塊需要使用 return 敘述來回傳值,其語法如下所示:

```
def 函數名稱( 參數列 ):
    程式敘述1~n
    …
    return 運算式
```

　　上述函數程式區塊使用 return 敘述回傳運算式值。例如:**play()** 函數可以回傳共花了多少錢來玩這幾次遊戲,如下所示:

```
# play()函數的定義
def play(b, t):
    print("玩", t, "次", b, "元的遊戲")
    result = b * t

    return result
```

　　上述 **play()** 函數的程式區塊可以計算參數相乘的總花費,即「b * t」,然後使用 return 敘述回傳金額的 result 變數值。

呼叫擁有回傳值的函數

函數如果擁有回傳值,在呼叫時可以使用指定敘述來取得回傳值,如下所示:

```
total = play(price, t)    # 呼叫函數
```

上述程式碼的變數 total 可以取得 **play()** 函數的回傳值。

→ 說明 ←

雖然 **play()** 函數有回傳值,如果程式不需要函數的回傳值,我們一樣可以使用和第 6-3-3 節的方式來呼叫 **play()** 函數,如下所示:

```
play(price, t)      # 呼叫函數
```

上述函數呼叫沒有指定敘述,此時的函數回傳值就會自動捨棄。

範例:建立擁有回傳值的函數

Python程式:ch6-4-1.py

```
01  # play()函數的定義
02  def play(b, t):
03      print("玩", t, "次", b, "元的遊戲")
04      result = b * t
05
06      return result
07
08  price = int(input("玩多少錢的遊戲==> ")) # 輸入整數值
09  t = int(input("玩多少次遊戲==> "))        # 輸入整數值
10
11  total = play(price, t)          # 呼叫函數
12
13  print("總計的金額是:", total)   # 顯示總金額
```

結果

Python 程式的執行結果依序輸入 10 和 3 值來指定給變數 price 和 t,在第 11 行呼叫 **play()** 函數,可以在第 13 行顯示回傳的總金額,如下所示:

```
>>> %Run ch6-4-1.py

玩多少錢的遊戲==> 10
玩多少次遊戲==> 3
玩 3 次 10 元的遊戲
總計的金額是: 30
```

因為 **play()** 函數有回傳值，我們需要使用指定敘述來取得回傳值，變數 total 存入的值就是 **play()** 函數的回傳值，如下圖所示：

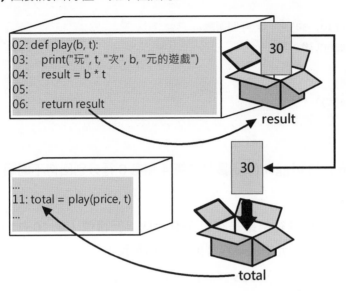

6-4-2　建立回傳多個值的函數

Python 函數可以使用 return 敘述同時回傳多個值，這就是回傳第 7 章元組（Tuple）的容器型態，例如：**bigger()** 函數可以同時回傳 2 個參數值建立的元組，其中第 1 個元素是最大值，如下所示：

```
def bigger(a, b):
    if a > b:
        return a, b
    else:
        return b, a
```

上述 return 敘述回傳「,」逗號分隔的多個值，如果參數 a 比較小，就回傳 a, b；反之是回傳 b, a。

📍 範例：建立回傳多個值的函數

Python程式：ch6-4-2.py

```
01  # bigger()函數定義：回傳2個參數的最大值
02  def bigger(a, b):
03      if a > b:
04          return a, b
05      else:
06          return b, a
```

Python程式：ch6-4-2.py

```
07
08  t = bigger(10, 30)     # 呼叫函數
09  c, d = bigger(10, 30)
10  print(t)
11  print(c, d)
12  print(type(t))
```

解析

上述第 2~6 行的 **bigger()** 函數是在第 4 和第 6 行分別回傳不同順序的 2 個值。

結果

在 Python 程式的執行結果是在第 8~9 行取得回傳值，第 10~11 行顯示元組的內容，第 12 行是顯示元組的資料型態，如下所示：

```
>>> %Run ch6-4-2.py

(30, 10)
30 10
<class 'tuple'>
```

 6-5　函數的實際應用

函數的目的是建立特定功能可重複使用的工具箱，在這一節我們準備建立一些可實際應用的 Python 函數，例如：將本節前的 **play()** 函數改寫成加法函數。

6-5-1　計算參數的總和

我們可以修改第 6-4-1 節的 **play()** 函數成為 **add()** 加法函數，可以計算和回傳 2 個參數的總和。

範例：計算 2 個參數的總和

Python程式：ch6-5-1.py

```
01  # add()函數的定義
02  def add(a, b):
03      result = a + b
04
05      return result
06
```

Python程式：ch6-5-1.py

```
07  x = int(input("請輸入第1個整數==> ")) # 輸入整數值
08  y = int(input("請輸入第2個整數==> ")) # 輸入整數值
09
10  total = add(x, y)                # 呼叫函數
11  print("x=", x)
12  print("y=", y)
13  print("x + y加法總和=", total)  # 顯示總和
```

結果

Python 程式的執行結果依序輸入 15 和 20，然後在第 10 行呼叫 **add()** 函數，2 個輸入值是參數值，可以在第 3 行計算 2 個參數的總和，第 5 行回傳值，即 2 個參數的總和，如下所示：

```
>>> %Run ch6-5-1.py

請輸入第1個整數==> 15
請輸入第2個整數==> 20
x= 15
y= 20
x + y加法總和= 35
```

在本節 **add()** 函數的寫法是將加法運算結果先指定給變數 result 後，才回傳 result 變數值。記得嗎！return 敘述可以直接回傳運算式，所以，**add()** 函數另一種簡潔寫法（Python 程式：ch6-5-1a.py），如下所示：

```
# add()函數的定義
def add(a, b):
    return a + b
```

上述函數直接回傳運算式「a + b」的值，也就是 2 個參數的總和。

6-5-2　找出最大值

我們只需活用第 4 章的 if/else 條件敘述，就可以建立函數來回傳 2 個參數中的最大值，如下所示：

```
if a > b:
    return a
else:
    return b
```

上述 if/else 條件敘述判斷 2 個參數的大小，如果 a 比較大，就回傳參數 a；反之，回傳參數 b。

♀ 範例：找出 2 個參數的最大值

Python程式：ch6-5-2.py

```
01  # maxValue()函數的定義
02  def maxValue(a, b):
03      if a > b:
04          return a
05      else:
06          return b
07
08  x = int(input("請輸入第1個整數==> ")) # 輸入整數值
09  y = int(input("請輸入第2個整數==> ")) # 輸入整數值
10
11  result = maxValue(x, y)  # 呼叫函數
12  print("x=", x)
13  print("y=", y)
14  print("最大值:", result) # 顯示最大值
```

結果

Python 程式的執行結果依序輸入 20 和 15，然後在第 11 行呼叫 **maxValue()** 函數，2 個輸入值是參數值，可以在第 3~6 行的 if/else 條件敘述判斷哪一個參數比較大，然後第 4 和 6 行回傳最大值，如下所示：

```
>>> %Run ch6-5-2.py
    請輸入第1個整數==> 15
    請輸入第2個整數==> 20
    x= 15
    y= 20
    最大值: 20
```

6-6 變數範圍和內建函數

變數的有效範圍可以決定在程式碼之中,有哪些程式碼可以存取此變數值,稱為此變數的有效範圍(Scope)。

6-6-1 區域與全域變數

Python 變數依有效範圍分為兩種:全域變數和區域變數。

● 使用全域變數:ch6-6-1.py

在函數外宣告的變數是全域變數(Global Variables),變數沒有屬於哪一個函數,可以在函數之中和之外存取此變數值。如果需要,在函數可以使用 **global** 關鍵字來指明變數是使用全域變數,如下所示:

```
t = 1
def increment():
    global t    # 全域變數t
    t += 1
    print("increment()中 : t = ", str(t))

print("全域變數初值: t = ", t)
increment()
print("呼叫increment()後 : t = ", t)
```

上述 **increment()** 函數使用 **global** 關鍵字宣告變數 t 是全域變數 t,**t += 1** 是更改全域變數 t 的值。

— 說明 ●

請注意!**global** 關鍵字只能宣告全域變數,並不能指定變數值,否則就會產生語法錯誤,如下所示:

```
global t = 1    # 錯誤語法
```

事實上,在 Python 函數之中可以直接「取得」全域變數 x(不需 **global** 關鍵字來宣告,當更新全域變數值就需要宣告),如下所示:

```
x = 50
def print_x():
    print("print_x()中 : x = ", x)
```

```
print("全域變數初值: x = ", x)
print_x()
print("呼叫print_x()後 : x = ", x)
```

上述 **print_x()** 函數顯示的變數是全域變數 x，其執行結果如下所示：

```
>>> %Run ch6-6-1.py

全域變數初值: t =  1
increment()中 : t =  2
呼叫increment()後 : t =  2
全域變數初值: x =  50
print_x()中 : x =  50
呼叫print_x()後 : x =  50
```

🔍 使用區域變數：**ch6-6-1a.py**

在函數程式區塊建立變數（使用指定敘述指定變數值）是一種區域變數（Local Variables），區域變數只能在建立變數的函數之中使用，在函數之外的程式碼並無法存取此變數，如下所示：

```
x = 50
def print_x():
    x = 100
    print("print_x()中 : x = ", x)

print("全域變數初值: x = ", x)
print_x()
print("呼叫print_x()後 : x = ", x)
```

上述 **print_x()** 函數之外有全域變數 x，在 **print_x()** 函數之中也有同名變數 x，這是區域變數，**print()** 函數顯示的是區域變數 x，並不是全域變數 x，其執行結果如下所示：

```
>>> %Run ch6-6-1a.py

全域變數初值: x =  50
print_x()中 : x =  100
呼叫print_x()後 : x =  50
```

6-6-2　Python 內建函數

在本章前已經說明過 type()、int()、str()、float()、range()、input() 和 print() 等函數，這些函數是 Python 內建函數（Built-in Functions）。

這一節筆者準備說明一些 Python 內建數學函數（Python 程式：ch6-6-2.py），如表 6-2 所示。更多數學函數請參閱第 9 章的 math 模組。

》表 6-2　Python 內建數學函數

函數	說明
abs(x)	回傳參數 x 的絕對值
max(x1, x2, ⋯, xn)	回傳函數參數之中的最大值
min(x1, x2, ⋯, xn)	回傳函數參數之中的最小值
pow(a, b)	回傳第 1 個參數 a 為底，第 2 個參數 b 的次方值
round(number [, ndigits])	如果沒有第 2 個參數，回傳參數 number 最接近的整數值（即四捨五入值），如果有第 2 個參數的精確度，回傳指定位數的四捨五入值

學習評量

1. 請說明什麼是定義函數和使用函數？在 Python 如何定義函數？

2. 請舉例說明 Python 區域變數和全域變數是什麼？

3. 請建立 Python 程式寫出 2 個函數都擁有 2 個整數參數，第 1 個函數當參數 1 大於參數 2 時，回傳 2 個參數相乘的結果，否則是相加結果；第 2 個函數回傳參數 1 除以參數 2 的相除結果，如果第 2 個參數是 0，回傳 -1。

4. 請在 Python 程式建立 getMax() 函數傳入 3 個參數，可以回傳參數中的最大值；getSum() 和 getAverage() 函數共有 4 個參數，可以計算和回傳參數成績資料的總分與平均值。

5. 請在 Python 程式建立 bill() 函數，可以計算健身器材使用費，前 5 小時，每分鐘 0.5 元；超過 5 小時，每分鐘 1 元。

6. 在 Python 程式建立 rate_exchange() 匯率換算函數，參數是台幣金額和匯率，可以回傳兌換成的美金金額。

7. 計算體脂肪 BMI 值的公式是 W/(H*H)，H 是身高（公尺）和 W 是體重（公斤），請建立 bmi() 函數計算 BMI 值，參數是身高和體重。

8. 請在 Python 程式建立 print_stars() 函數，函數傳入顯示幾列的參數，可以顯示使用星號建立的三角形圖形，如下圖所示：

（提示：需要使用三層迴圈顯示三角形）

CHAPTER

7

字串與容器型態

🎯 本章內容

7-1 字串型態

Python 字串（Strings）是一種不允許更改內容的資料型態，所有字串的變更都是建立一個全新的字串。

7-1-1 建立和輸出字串

字串是使用「'」單引號或「"」雙引號括起的一序列 Unicode 字元，可以是英文、數字、符號和中文字等字元。Python 字串如同社區大樓的一排信箱，一個信箱儲存的一個英文字元或中文字，門牌號碼就是索引值（從 0 開始），如下圖所示：

```
            0  1  2  3  4  5  6  7  8  9
str1 →    │ P │ y │ t │ h │ o │ n │ 程 │ 式 │ 設 │ 計 │
```

Python 可以使用指定敘述或 **str()** 物件方式建立字串，然後使用 **print()** 函數輸出字串內容（Python 程式：ch7-1-1.py），如下所示：

```python
str1 = "Python程式設計"
name1 = str("陳會安")
print("str1 = " + str1)
print(name1)
```

上述程式碼建立 2 個字串變數，**str()** 參數是字串文字值，第 1 個 **print()** 函數使用字串連接運算子「**+**」輸出字串變數 str1，第 2 個輸出字串變數 name1，其執行結果可以看到輸出的 2 個字串內容，如下所示：

```
>>> %Run ch7-1-1.py

str1 = Python程式設計
陳會安
```

7-1-2 取出字元和走訪字串

在建立字串後，我們可以使用索引值來取出字元，或 for 迴圈走訪字串的每一個字元。

🔴 走訪字串的每一個字元：ch7-1-2.py

字串是一序列 Unicode 字元，可以使用 for 迴圈走訪顯示每一個字元，正式的說法是迭代（Iteration），如下所示：

```
str1 = "AI程式書"
for ch in str1:
    print(ch, end=" ")
```

上述 for 迴圈在 in 關鍵字後是字串 str1，從字串第 1 個字元或中文字開始，每執行一次 for 迴圈，就取出一個字元或中文字指定給變數 ch，和移至下一個字元或中文字，直到最後 1 個為止，所以可以從第 1 個字元走訪至最後 1 個字元，如下圖所示：

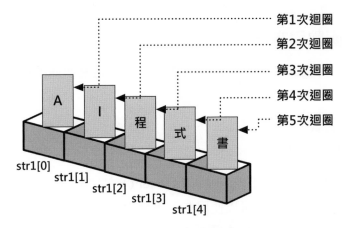

Python 程式的執行結果可以顯示空白字元間隔的字串內容，如下所示：

```
>>> %Run ch7-1-2.py
A I 程 式 書
```

📍 使用索引運算子取得指定字元：**ch7-1-2a.py**

Python 字串、串列和元組都可以使用索引方式來存取元素 (索引值從 0 開始)，如同社區大樓的信箱，使用門牌號碼來取出信件，字串就是取出每一個英文字元或中文字 (元素值並不能更改)，索引值可以是正的從 0~9，或負的從 -1~-10，如下圖所示：

```
        0  1  2  3  4  5  6  7  8  9
str1→  P  y  t  h  o  n  程  式  設  計
       -10 -9 -8 -7 -6 -5 -4 -3 -2 -1
```

Python 字串可以使用「[]」索引運算子取出指定索引值的字元，如下所示：

```
str1 = str("Python程式設計")
print(str1[0])
print(str1[1])
print(str1[-1])
print(str1[-2])
```

上述程式碼依序顯示字串 **str1** 的第 1 個字元、第 2 個字元，-1 是最後 1 個，-2 是倒數第 2 個字元，其執行結果如下所示：

```
>>> %Run ch7-1-2a.py
P
y
計
設
```

7-1-3　字串函數與方法

Python 內建字元和字串處理的相關函數，字串方法需要使用物件變數加上「.」句號來呼叫，如下所示：

```
str1 = "Python"
print(str1.islower())
```

上述程式碼建立字串 **str1** 後，呼叫 **islower()** 方法檢查內容是否都是小寫英文字母，請注意！字串方法不只可以使用在字串變數，也可以使用在字串文字值（因為 Python 都是物件，文字值也是），如下所示：

```
print("2022".isdigit())
```

◉ 字元函數：**ch7-1-3.py**

Python 字元函數可以處理 ASCII 碼，其說明如表 7-1 所示。

» 表 7-1　字元函數的說明

字元函數	說明
ord()	回傳字元的 ASCII 碼
chr()	回傳參數 ASCII 碼的字元

◉ 字串函數：**ch7-1-3a.py**

Python 字串函數可以取得字串長度、字串的最大和最小字元，其說明如表 7-2 所示。

» 表 7-2　字串函數的說明

字串函數	說明
len()	回傳參數字串的長度
max()	回傳參數字串的最大字元
min()	回傳參數字串的最小字元

📍 檢查字串內容的方法：**ch7-1-3b.py**

字串物件提供檢查字串內容的相關方法，其說明如表 7-3 所示。

>> 表 7-3　檢查字串內容方法的說明

字串方法	說明
isalnum()	如果字串內容是英文字母或數字，回傳 True；否則為 False
isalpha()	如果字串內容只有英文字母，回傳 True；否則為 False
isdigit()	如果字串內容只有數字，回傳 True；否則為 False
isidentifier()	如果字串內容是合法識別字，回傳 True；否則為 False
islower()	如果字串內容是小寫英文字母，回傳 True；否則為 False
isupper()	如果字串內容是大寫英文字母，回傳 True；否則為 False
isspace()	如果字串內容是空白字元，回傳 True；否則為 False

📍 搜尋子字串方法：**ch7-1-3c.py**

字串物件關於搜尋子字串的相關方法說明，如表 7-4 所示。

>> 表 7-4　搜尋子字串方法的說明

字串方法	說明
endswith(str1)	字串是以參數字串 str1 結尾，回傳 True；否則為 False
startswith(str1)	字串是以參數字串 str1 開頭，回傳 True；否則為 False
count(str1)	回傳字串出現多少次參數字串 str1 的整數值
find(str1)	回傳字串出現參數字串 str1 的最小索引位置值，沒有找到回傳 -1
rfind(str1)	回傳字串出現參數字串 str1 的最大索引位置值，沒有找到回傳 -1

📍 轉換字串內容的方法：**ch7-1-3d.py**

字串物件的轉換字串內容方法可以輸出英文大小寫轉換的字串，或是取代參數的字串內容，其說明如表 7-5 所示。

>> 表 7-5　轉換字串內容方法的說明

字串方法	說明
capitalize()	回傳只有第 1 個英文字母大寫；其他小寫的字串
lower()	回傳小寫英文字母的字串
upper()	回傳大寫英文字母的字串

字串方法	說明
title()	回傳字串中每 1 個英文字的第 1 個英文字母大寫的字串
swapcase()	回傳英文字母大寫變小寫；小寫變大寫的字串
replace(old, new)	將字串中參數 old 子字串取代成參數 new 子字串
split(str1)	字串是使用參數 str1 來切割成串列，例如：str2.split(",")、str3. split("\n") 分別使用 "," 和 "\n" 來分割字串
splitlines()	即 split("\n")，使用 "\n" 將字串切割成串列

7-2 串列型態

Python 串列（Lists）就是其他程式語言的陣列（Array），中文譯名還有清單和列表等，陣列是一種儲存大量循序資料的結構，可以將多個變數集合起來，使用一個名稱 lst1 代表，如下圖所示：

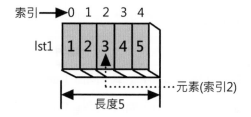

上述串列圖例如同排成一列的數個箱子，每一個箱子是一個變數，稱為元素（Elements）或項目（Items），以此例有 5 個元素，存取元素是使用索引值（Index），從 0 開始到串列長度減 1，即 0~4。請注意！不同於第 7-1 節的字串，串列允許更改內容，我們可以新增、刪除、插入和更改串列的元素。

7-2-1 建立與輸出串列

串列是使用「[ ]」方括號括起的多個項目，每一個項目（Items）使用「,」逗號分隔。

⬤ 建立串列和輸出串列項目：ch7-2-1.py

Python 可以使用指定敘述指定變數值是串列，串列項目可以是相同資料型態，也可以是不同資料型態，如下所示：

```
lst1 = [1, 2, 3, 4, 5]
lst2 = [1, 'Python', 5.5]
```

上述第 1 行建立的串列項目都是整數，第 2 行的串列項目是 3 種不同資料型態。串列也可以使用 **list()** 物件方式來建立，如下所示：

```
lst3 = list(["tom", "mary", "joe"])
lst4 = list("python")
```

上述第 1 行程式碼建立參數字串項目的串列，第 2 行是將參數字串的每一個字元分割建立成串列。我們同樣是使用 **print()** 函數輸出串列項目，如下所示：

```
print(lst1)
print(lst2, lst3, lst4)
```

上述 **print()** 函數輸出串列變數 lst1~4 的內容，其執行結果如下所示：

```
>>> %Run ch7-2-1.py
 [1, 2, 3, 4, 5]
 [1, 'Python', 5.5] ['tom', 'mary', 'joe'] ['p', 'y', 't', 'h', 'o', 'n']
```

◘ 建立巢狀串列：**ch7-2-1a.py**

因為串列項目可以是另一個串列，在串列中的串列可以建立其他程式語言的多維陣列，即巢狀串列，如下所示：

```
lst1 = [1, ["tom", "mary", "joe"], [3, 4, 5]]
print(lst1)
print("lst1:" + str(lst1))
```

上述串列的第 1 個項目是整數，第 2 和第 3 個項目是另一個字串和整數型態的串列，我們一樣是呼叫 **str()** 函數來轉換輸出串列內容，其執行結果如下所示：

```
>>> %Run ch7-2-1a.py
 [1, ['tom', 'mary', 'joe'], [3, 4, 5]]
 lst1:[1, ['tom', 'mary', 'joe'], [3, 4, 5]]
```

7-2-2　存取與走訪串列項目

在建立串列後，可以使用索引值取出和更改串列項目，或使用 for 迴圈走訪串列的項目。

◘ 使用索引運算子取出串列項目：**ch7-2-2.py**

Python 串列和字串一樣可以使用「**[]**」索引運算子存取指定索引值的項目，索引值是從 0 開始，也可以是負值（即從最後至第 1 個倒數值），如下所示：

```
lst1 = [1, 2, 3, 4, 5, 6]
print(lst1[0])
print(lst1[1])
print(lst1[-1])
print(lst1[-2])
```

上述程式碼依序顯示串列 lst1 的第 1 和第 2 個項目，-1 是最後 1 個，-2 是倒數第 2 個，其執行結果如下所示：

```
>>> %Run ch7-2-2.py
      1
      2
      6
      5
```

如果存取串列項目的索引值超過串列範圍，Python 直譯器會顯示 index out of range 索引超過範圍的 IndexError 錯誤訊息。

○ 使用索引運算子更改串列項目：ch7-2-2a.py

當使用索引運算子取出項目後，可以使用指定敘述更改此項目，例如：更改第 2 個項目成為 10（索引值是 1），如下所示：

```
lst1 = [1, 2, 3, 4, 5, 6]
lst1[1] = 10
lst1[2] = "Python"
print(lst1)
```

不只如此，還可以更改第 3 個項目成為字串資料型態（索引值是 2），其執行結果如下所示：

```
>>> %Run ch7-2-2a.py
    [1, 10, 'Python', 4, 5, 6]
```

○ 走訪串列項目：ch7-2-2b.py

如同字串，Python 一樣可以使用 for 迴圈走訪串列的每一個項目，如下所示：

```
lst1 = [1, 2, 3, 4, 5, 6]
for e in lst1:
    print(e, end=" ")
```

上述 for 迴圈的執行結果顯示空白分隔的串列項目，如下所示：

```
>>> %Run ch7-2-2b.py
    1 2 3 4 5 6
```

📍 **走訪顯示串列項目的索引值：ch7-2-2c.py**

如果需要顯示串列項目的索引值，請使用 **enumerate()** 函數，如下所示：

```
animals = ['cat', 'dog', 'bat']
for index, animal in enumerate(animals):
    print(index, animal)
```

上述 index 是索引；animal 是項目值，其執行結果如下所示：

```
>>> %Run ch7-2-2c.py

    0 cat
    1 dog
    2 bat
```

📍 **存取巢狀串列：ch7-2-2d.py**

因為 Python 巢狀串列有很多層，所以需要使用多個索引值來存取指定項目，例如：2 層巢狀串列的第 1 層有 3 個項目，每一個項目是另一個串列，所以需要使用 2 個索引值來存取，如下所示：

```
lst2 = [[2, 4], ['cat', 'dog', 'bat'], [1, 3, 5]]
print(lst2[1][0])
lst2[2][1] = 7
print(lst2)
```

上述程式碼取得和顯示 **lst2[1][0]** 第 2 個項目中的第 1 個項目，然後更改 **lst2[2][1]** 第 3 個項目中的第 2 個項目是 7，其執行結果如下所示：

```
>>> %Run ch7-2-2d.py

  cat
  [[2, 4], ['cat', 'dog', 'bat'], [1, 7, 5]]
```

📍 **使用巢狀迴圈走訪巢狀串列：ch7-2-2e.py**

當 Python 巢狀串列有兩層時，我們需要使用 2 層 for 迴圈走訪每一個項目（3 層是使用 3 層 for 迴圈），如下所示：

```
lst2 = [[2, 4], ['cat', 'dog', 'bat'], [1, 3, 5]]
for e1 in lst2:
    for e2 in e1:
        print(e2, end=" ")
```

上述 2 層 for 迴圈的執行結果可以顯示空白分隔的串列項目，如下所示：

```
>>> %Run ch7-2-2e.py

  2 4 cat dog bat 1 3 5
```

7-2-3 插入、新增與刪除串列項目

Python 串列是一個容器,可以插入、新增和刪除串列的項目。

在串列新增項目:ch7-2-3.py

Python 可以呼叫 **append()** 方法新增參數的單一項目,新增就是新增在串列的最後,如下所示:

```
lst1 = [1, 5]
lst1.append(7)
print(lst1)
lst1.append(9)
print(lst1)
```

上述第 1 個 **append()** 方法新增參數的項目 7;第 2 個新增項目 9,其執行結果如下所示:

```
>>> %Run ch7-2-3.py

[1, 5, 7]
[1, 5, 7, 9]
```

在串列同時新增多個項目:ch7-2-3a.py

如果需要同時新增多個項目,請使用 **extend()** 方法,如下所示:

```
lst1 = [1, 5]
lst1.extend([7, 9, 11, 13])
print(lst1)
```

上述 **extend()** 方法擴充參數的串列,一次就可以新增 4 個項目,其執行結果如下所示:

```
>>> %Run ch7-2-3a.py

[1, 5, 7, 9, 11, 13]
```

在串列插入項目:ch7-2-3b.py

Python 串列可以使用 **insert()** 方法在參數的指定索引值插入 1 個項目,如下所示:

```
lst1 = [1, 5]
lst1.insert(1, 3)
print(lst1)
```

上述 **insert()** 方法的第 1 個參數是插入的索引值,可以在此位置插入第 2 個參數的項目,即插入第 2 個項目值 3,其執行結果如下所示:

```
>>> %Run ch7-2-3b.py
[1, 3, 5]
```

刪除串列項目：ch7-2-3c.py

Python 可以使用 **del** 關鍵字刪除指定索引值的串列項目，如下所示：

```
lst1 = [1, 3, 5, 7, 9, 11, 13]
del lst1[2]
print(lst1)
del lst1[4]
print(lst1)
```

上述程式碼刪除索引值 2 的第 3 個項目 5 後，再刪除索引值 4 的第 5 個項目 11（11 原來是第 6 個，因為刪除了第 3 個，所以成為第 5 個），其執行結果如下所示：

```
>>> %Run ch7-2-3c.py
[1, 3, 7, 9, 11, 13]
[1, 3, 7, 9, 13]
```

刪除和回傳最後 1 個項目：ch7-2-3d.py

Python 可以使用 **pop()** 方法刪除和回傳最後 1 個項目，如下所示：

```
lst1 = [1, 3, 5, 7, 9, 11, 13]
e1 = lst1.pop()
print(e1, lst1)
```

上述 **pop()** 方法刪除最後 1 個項目和回傳值，變數 e1 是最後 1 個項目 13。如果 **pop()** 方法有索引值的參數，就是刪除和回傳此索引值的項目，如下所示：

```
e2 = lst1.pop(1)
print(e2, lst1)
```

上述 **pop()** 方法刪除索引值 1 的第 2 個項目和回傳其值，所以變數 e2 是第 2 個項目 3，其執行結果如下所示：

```
>>> %Run ch7-2-3d.py
13 [1, 3, 5, 7, 9, 11]
3 [1, 5, 7, 9, 11]
```

♀ 刪除指定項目值的項目：ch7-2-3e.py

如果準備刪除指定項目值（不是索引值），我們可以使用 **remove()** 方法刪除參數的項目值，如下所示：

```
lst1 = [1, 3, 5, 7, 9, 11, 13]
lst1.remove(9)
print(lst1)
lst1.remove(4)
print(lst1)
```

上述程式碼首先刪除項目值 9，然後刪除項目值 4，當成功刪除項目值 9 後，因為沒有值 4，所以顯示錯誤訊息，其執行結果如下所示：

```
>>> %Run ch7-2-3e.py

  [1, 3, 5, 7, 11, 13]
  Traceback (most recent call last):
    File "C:\Python\ch07\ch7-2-3e.py", line 4, in <module>
      lst1.remove(4)
  ValueError: list.remove(x): x not in list
```

7-2-4　串列函數與方法

Python 提供內建串列函數，和串列物件的相關方法來處理串列。

♀ 串列函數：ch7-2-4.py

Python 串列函數可以取得項目數、排序串列、加總串列項目、取得串列中的最大和最小項目等。常用串列函數說明，如表 7-6 所示。

》 表 7-6　串列函數的說明

串列函數	說明
len()	回傳參數串列的長度，即項目數
max()	回傳參數串列的最大項目
min()	回傳參數串列的最小項目
list()	回傳參數字串、元組和字典等轉換成的串列
enumerate()	回傳 enumerate 物件，其內容是串列索引和項目的元組
sum()	回傳參數串列項目的總和
sorted()	回傳參數串列的排序結果

🔵 串列方法：**ch7-2-4a.py**

Python 串列的 append()、extend()、insert()、pop() 和 remove() 方法已經說明過。其他常用串列方法的說明，如表 7-7 所示。

» 表 7-7　串列方法的說明

串列方法	說明
count(item)	回傳串列中等於參數 item 項目值的個數
index(item)	回傳串列第 1 個找到參數 item 項目值的索引值，項目值不存在，就會產生 ValueError 錯誤
sort()	排序串列的項目
reverse()	反轉串列項目，第 1 個是最後 1 個；最後 1 個是第 1 個

7-3　元組型態

Python 元組（Tuple）是唯讀版的串列，一旦指定元組的項目，就不能再更改元組的項目。

7-3-1　建立與輸出元組

Python 元組是使用「()」括號建立，每一個項目使用「,」逗號分隔。在 Python 使用元組的優點，如下所示：

▷ 因為元組項目不允許更改，走訪元組比起走訪串列更有效率，可以輕微增加程式的執行效能。

▷ 元組因為項目不允許更改，可以作為字典的鍵（Keys）來使用，但串列不可以。

▷ 如果程式需要使用不允許更改的唯讀串列，可以使用元組來實作，而且保證項目不會被更改。

Python 可以使用指定敘述指定變數值是一個元組，元組的項目可以是相同資料型態，也可以是不同資料型態（Python 程式：ch7-3-1.py），如下所示：

```python
t1 = (1, 2, 3, 4, 5)
t2 = (1, 'Joe', 5.5)
t3 = tuple(["tom", "mary", "joe"])
t4 = tuple("python")
```

上述第 1 個元組項目都是整數,第 2 個元組項目是不同資料型態,第 3 個是以 **tuple()** 物件方式使用串列建立元組,最後將字串的每一個字元分割建立成元組。然後使用 **print()** 函數輸出元組項目,如下所示:

```
print(t1)
print(t2, t3)
print("t4 = " + str(t4))
```

上述 **print()** 函數輸出元組變數 t1~t3 的內容,也可以呼叫 **str()** 函數轉換成字串型態來輸出元組項目,其執行結果如下所示:

```
>>> %Run ch7-3-1.py

(1, 2, 3, 4, 5)
(1, 'Joe', 5.5) ('tom', 'mary', 'joe')
t4 = ('p', 'y', 't', 'h', 'o', 'n')
```

7-3-2 取出與走訪元組項目

在建立元組後,可以使用索引值取出元組項目(因為是唯讀,只能取出項目,不允許更改項目),或使用 for 迴圈走訪元組的所有項目。

📍 使用索引運算子取出元組項目:ch7-3-2.py

Python 元組因為是唯讀串列,可以使用「[]」索引運算子取出指定索引值的項目,索引值是從 0 開始,也可以是負值,如下所示:

```
t1 = (1, 2, 3, 4, 5, 6)
print(t1[0])
print(t1[1])
print(t1[-1])
print(t1[-2])
```

上述程式碼依序顯示元組 t1 的第 1 和第 2 個項目,-1 是最後 1 個,-2 是倒數第 2 個,其執行結果如下所示:

```
>>> %Run ch7-3-2.py

1
2
6
5
```

◎ 走訪元組的每一個項目：ch7-3-2a.py

Python 的 for 迴圈一樣可以走訪元組的每一個項目，如下所示：

```
t1 = (1, 2, 3, 4, 5, 6)
for e in t1:
    print(e, end=" ")
```

上述 for 迴圈一一取出元組每一個項目和顯示出來，其執行結果如下所示：

```
>>> %Run ch7-3-2a.py
    1 2 3 4 5 6
```

7-3-3　元組函數與元組方法

Python 提供內建元組函數，和元組物件的相關方法來處理元組。

◎ 元組函數：ch7-3-3.py

Python 元組函數和和串列函數幾乎相同，只有 **list()** 換成了 **tuple()**，如表 7-8 所示。

» 表 7-8　元組函數的說明

元組函數	說明
tuple()	回傳參數字串、串列和字典等轉換成的元組

◎ 元組方法：ch7-3-3a.py

Python 元組方法可以搜尋項目和計算出現次數。常用元組方法的說明，如表 7-9 所示。

» 表 7-9　元組方法的說明

元組方法	說明
count(item)	回傳元組中等於參數項目值的個數
index(item)	回傳元組第 1 個找到參數項目值的索引值，項目值不存在，就會產生 ValueError 錯誤

7-4 字典型態

Python 字典（Dictionaries）是一種儲存鍵值資料的容器型態，可以使用鍵（Key）取出和更改值（Value），或使用鍵新增和刪除值。

7-4-1 建立與輸出字典

Python 字典是使用大括號「{}」定義成對的鍵和值（Key-value Pairs），每一對使用「,」逗號分隔，鍵和值是使用「:」冒號分隔，如下所示：

```
{
    "key1": "value1",
    "key2": "value2",
    "key3": "value3",
    ...
}
```

上述 key1~3 是鍵，其值必須是唯一，資料型態只能是字串、數值和元組型態。

建立字典和輸出字典內容：ch7-4-1.py

Python 可以使用指定敘述指定變數值是一個字典，字典的鍵和值可以是相同資料型態，也可以是不同資料型態，如下所示：

```
d1 = {1: 'apple', 2: 'ball'}
d2 = dict([(1, "tom"), (2, "mary"), (3, "john")])
print(d1)
print("d2 = " + str(d2))
```

上述第 1 個字典的鍵是整數；值是字串，第 2 個字典使用 **dict()** 物件方式，以串列參數來建立字典，每一個項目是 2 個項目的元組（第 1 個是鍵；第 2 個是值），然後使用 **print()** 函數輸出字典內容，也可以呼叫 **str()** 函數轉換成字串型態來輸出字典，其執行結果如下所示：

```
>>> %Run ch7-4-1.py

  {1: 'apple', 2: 'ball'}
  d2 = {1: 'tom', 2: 'mary', 3: 'john'}
```

建立複雜結構的字典：ch7-4-1a.py

Python 字典的值可以是整數、字串外，還可以是串列或其他的字典，如下所示：

```
d1 = {
    "name": "joe",
    1: [2, 4, 6],
    "grade": {
                "english":80,
                "math":78
             }
     }
print(d1)
```

上述字典第 1 個鍵的值是字串，第 2 個是串列，最後 1 個是字典，其執行結果如下所示：

```
>>> %Run ch7-4-1a.py
  {'name': 'joe', 1: [2, 4, 6], 'grade': {'english': 80, 'math': 78}}
```

7-4-2　取出、更改、新增與走訪字典內容

在建立字典後，可以使用鍵（Key）取出、更改和新增字典值，或使用 for 迴圈走訪字典的鍵和值。

取出字典值：ch7-4-2.py

Python 字典也是使用「[]」索引運算子存取指定鍵的值，如下所示：

```
d1 = {"chicken": 2, "dog": 4, "cat":3}
print(d1["cat"])
print(d1["dog"])
print(d1["chicken"])
```

上述程式碼依序顯示字典 d1 的鍵是 "cat"、"dog" 和 "chicken" 的值 3、4 和 2，其執行結果如下所示：

```
>>> %Run ch7-4-2.py
        3
        4
        2
```

📍 更改字典值：ch7-4-2a.py

更改字典值是使用指定敘述「=」等號，例如：更改鍵 **"cat"** 的值成為 4，如下所示：

```
d1 = {"chicken": 2, "dog": 4, "cat":3}
d1["cat"] = 4
print(d1)
```

上述程式碼的執行結果，如下所示：

```
>>> %Run ch7-4-2a.py
   {'chicken': 2, 'dog': 4, 'cat': 4}
```

📍 新增字典的鍵值對：ch7-4-2b.py

當指定敘述更改的字典鍵不存在，就是新增字典的鍵值對，如下所示：

```
d1 = {"chicken": 2, "dog": 4, "cat":3}
d1["spider"] = 8
print(d1)
```

上述程式碼因為字典沒有 **"spider"** 鍵，所以就是新增鍵 **"spider"**；值 8 的鍵值對，其執行結果如下所示：

```
>>> %Run ch7-4-2b.py
   {'chicken': 2, 'dog': 4, 'cat': 3, 'spider': 8}
```

📍 走訪字典的鍵來取出值：ch7-4-2c.py

Python 可以使用 for 迴圈走訪字典的鍵來取出值，如下所示：

```
d1 = {"chicken": 2, "dog": 4, "cat":3}
for animal in d1:
    legs = d1[animal]
    print(animal, legs, end=" ")
```

上述程式碼建立字典變數 d1 後，使用 for 迴圈走訪字典的所有鍵，可以顯示各種動物有幾隻腳的值，其執行結果如下所示：

```
>>> %Run ch7-4-2c.py
   chicken 2 dog 4 cat 3
```

📍 同時走訪字典的鍵和值：ch7-4-2d.py

如果需要同時走訪字典的鍵和值，請使用 **items()** 方法，如下所示：

```python
d1 = {"chicken": 2, "dog": 4, "cat":3}
for animal, legs in d1.items():
    print("動物:", animal, "/腳:", legs, "隻")
```

```
>>> %Run ch7-4-2d.py
   動物: chicken /腳: 2 隻
   動物: dog /腳: 4 隻
   動物: cat /腳: 3 隻
```

7-4-3　刪除字典值

Python 字典一樣可以使用 **del** 關鍵字和相關方法來刪除字典值。

📍 使用 del 關鍵字刪除字典值：ch7-4-3.py

Python 可以使用 **del** 關鍵字刪除指定鍵的值，如下所示：

```python
d1 = {1:1, 2:4, "name":"joe", "age":20, 5:22}
del d1[2]
print(d1)
del d1["age"]
print(d1)
```

上述程式碼依序刪除鍵是 2 和 "age" 的字典值，其執行結果如下所示：

```
>>> %Run ch7-4-3.py
   {1: 1, 'name': 'joe', 'age': 20, 5: 22}
   {1: 1, 'name': 'joe', 5: 22}
```

📍 刪除和回傳字典值：ch7-4-3a.py

Python 可以使用 **pop()** 方法刪除參數的鍵，和回傳值，如下所示：

```python
d1 = {1:1, 2:4, "name":"joe", "age":20, 5:22}
e1 = d1.pop(5)
print(e1, d1)
```

上述 **pop()** 方法刪除鍵是 5 的值，和回傳此值，變數 e1 是值 22，其執行結果如下所示：

```
>>> %Run ch7-4-3a.py
   22 {1: 1, 2: 4, 'name': 'joe', 'age': 20}
```

刪除字典的所有鍵值對：ch7-4-3b.py

Python 可以使用 **clear()** 方法刪除字典的所有鍵值對，即清空成一個空字典：{}，如下所示：

```
d1 = {1:1, 2:4, "name":"joe", "age":20, 5:22}
d1.clear()
print(d1)
```

7-4-4　字典函數與字典方法

Python 提供內建字典函數，和字典物件的相關方法來處理字典。

字典函數：ch7-4-4.py

Python 字典函數可以取得字典長度的鍵值對數、建立字典和排序字典的鍵等。常用字典函數說明，如表 7-10 所示。

》 **表 7-10　字典函數的說明**

字典函數	說明
len()	回傳參數字典的長度，即鍵值對數
dict()	回傳參數轉換成的字典
sorted()	回傳字典中，鍵排序結果的串列

字典方法：ch7-4-4a.py

Python 字典物件的 pop()、popitem() 和 clear() 方法已經說明過，其他常用字典方法的說明，如表 7-11 所示。

》 **表 7-11　字典方法的說明**

字典方法	說明
get(key, default)	回傳字典中參數 key 鍵的值，如果 key 鍵不存在，回傳 None，也可以指定第 2 個參數 default 當沒有 key 鍵時，回傳的預設值
keys()	回傳字典中所有鍵的 dict_keys 物件
values()	回傳字典中所有值的 dict_values 物件

上表 **keys()** 和 **values()** 方法可以回傳 dict_keys 和 dict_values 物件，在建立串列後，使用 for 迴圈來顯示鍵或值，如下所示：

```
d1 = {"tom":2, "bob":3, "mike":4}
t1 = d1.keys()
lst1 = list(t1)
for i in lst1:
    print(i, end=" ")
```

 # 7-5　字串與容器型態的運算子

字串與容器型態提供多種運算子來連接、重複內容、判斷是否有此成員，和關係運算子，也可以使用切割運算子來分割字串和容器型態。

7-5-1　連接運算子

算術運算子的「+」加法可以使用在字串、串列、元組（字典不支援），此時是連接運算子，可以連接 2 個字串、串列和元組（Python 程式：ch7-5-1.py），如下所示：

▷ 連接 2 個字串成：Hello World!，如下所示：

```
str1, str2 = "Hello ", "World!"
str3 = str1 + str2
print(str3)
```

▷ 連接 2 個串列，即合併串列成：[2, 4, 6, 8, 10]，如下所示：

```
lst1, lst2 = [2, 4], [6, 8, 10]
lst3 = lst1 + lst2
print(lst3)
```

▷ 連接 2 個元組，即合併元組成：(2, 4, 6, 8, 10)，如下所示：

```
t1, t2 = (2, 4), (6, 8, 10)
t3 = t1 + t2
print(t3)
```

7-5-2　重複運算子

算術運算子的「*」乘法使用在字串、串列和元組（字典不支援）是重複運算子，可以重複第 2 個運算元次數的內容（Python 程式：ch7-5-2.py），如下所示：

▷ 重複 3 次 str1 字串內容是：HelloHelloHello，如下所示：

```
str1 = "Hello"
str2 = str1 * 3
print(str2)
```

▷ 重複 3 次 lst1 串列的項目是：[1, 2, 1, 2, 1, 2]，如下所示：

```
lst1 = [1, 2]
lst2 = lst1 * 3
print(lst2)
```

▷ 重複 3 次 t1 元組的項目是：(1, 2, 1, 2, 1, 2)，如下所示：

```
t1 = (1, 2)
t2 = t1 * 3
print(t2)
```

7-5-3　成員運算子

Python 字串、串列、元組和字典都可以使用成員運算子 in 和 not in 來檢查是否屬於，或不屬於成員（Python 程式：ch7-5-3.py），如下所示：

▷ 檢查字串 "come" 是否存在 str 字串中，如下所示：

```
str = "Welcome!"
print("come" in str)        # True
print("come" not in str)    # False
```

▷ 檢查項目 8 是否存在 lst1 串列，項目 2 是否不存在 lst1 串列，如下所示：

```
lst1 = [2, 4, 6, 8]
print(8 in lst1)            # True
print(2 not in lst1)        # False
```

▷ 檢查項目 8 是否存在 t1 元組，項目 2 是否不存在 t1 元組，如下所示：

```
t1 = (2, 4, 6, 8)
print(8 in t1)              # True
print(2 not in t1)          # False
```

▷ 檢查鍵 "tom" 是否存在字典 d1，是否不存在字典 d1，如下所示：

```
d1 = {"tom": 2, "joe": 3}
print("tom" in d1)          # True
print("tom" not in d1)      # False
```

7-5-4　關係運算子

整數和浮點數的關係運算子（==、!=、<、<=、> 和 >=）一樣可以使用在字串、串列和元組來進行比較（Python 程式：ch7-5-4.py），如下所示：

▷ 字串是一個字元和一個字元進行比較，直到分出大小為止，如下所示：

```
print("green" == "glow")    # False
print("green" != "glow")    # True
print("green" > "glow")     # True
print("green" >= "glow")    # True
print("green" < "glow")     # False
print("green" <= "glow")    # False
```

▷ 串列和元組的關係運算子是一個項目和一個項目依序的比較，如果是相同型態，就比較其值，不同型態，就使用型態名稱來比較。

▷ 字典只支援關係運算子「==」和「!=」，可以判斷 2 個字典是否相等，或不相等（字典不支援其他關係運算子），如下所示：

```
d1 = {"tom":30, "bobe":3}
d2 = {"bobe":3, "tom":30}
print(d1 == d2)             # True
print(d1 != d2)             # False
```

7-5-5　切割運算子

Python 的「[]」索引運算子也是一種切割運算子（Slicing Operator），可以從原始字串、串列和元組切割出所需的部分內容，其基本語法如下所示：

```
字串、串列或元組[start:end]
```

上述 [] 語法中使用「:」冒號分隔成 2 個索引位置，可以取回字串、串列和元組從索引位置 start 開始到 end-1 之間的部分內容，如果沒有 start，就是從 0 開始；沒有 end 就是到最後 1 個字元或項目。

例如：本節 str1 字串和 lst1 串列和 t1 元組都是相同內容（Python 程式分別是：
ch7-5-5.py、ch7-5-5a 和 ch7-5-5b.py），如下所示：

```
str1 = 'Hello World!'
lst1 = list('Hello World!')
t1 = tuple('Hello World!')
```

上述程式碼建立串列和元組項目都是：['H', 'e', 'l', 'l', 'o', ' ', 'W', 'o', 'r', 'l', 'd', '!']。
以字串為例的索引位置值可以是正，也可以是負值，如下圖所示：

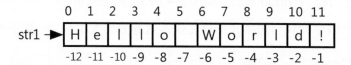

Python 切割運算子的範例，T 代表 str1、lst1 或 t1，如表 7-12 所示。

》表 7-12　切割運算子的範例

切割內容	索引值範圍	取出的子字串、子串列和子元組
T[1:3]	1~2	"el" ['e', 'l'] ('e', 'l')
T[1:5]	1~4	"ello" ['e', 'l', 'l', 'o'] ('e', 'l', 'l', 'o')
T[:7]	0~6	"Hello W" ['H', 'e', 'l', 'l', 'o', ' ', 'W'] ('H', 'e', 'l', 'l', 'o', ' ', 'W')
T[4:]	4~11	"o World!" ['o', ' ', 'W', 'o', 'r', 'l', 'd', '!'] ('o', ' ', 'W', 'o', 'r', 'l', 'd', '!')
T[1:-1]	1~(-2)	"ello World" ['e', 'l', 'l', 'o', ' ', 'W', 'o', 'r', 'l', 'd'] ('e', 'l', 'l', 'o', ' ', 'W', 'o', 'r', 'l', 'd')
T[6:-2]	6~(-3)	"Worl" ['W', 'o', 'r', 'l'] ('W', 'o', 'r', 'l')

1. 請說明什麼是 Python 字串？簡單說明串列和巢狀串列？如何建立字串與串列變數？

2. 請說明什麼元組？元組和串列的差異為何？什麼是字典？

3. 請問如何在字串、串列和元組使用切割運算子？

4. 請建立 Python 程式輸入 2 個字串，然後連接 2 個字串成為一個字串後，顯示連接後的字串內容。

5. 請在 Python 程式建立 10 個項目的串列，串列項目值是索引值 +1，然後計算項目值的總和與平均。

6. 請在 Python 程式建立一個空串列，在輸入 4 筆學生成績資料：95、85、76、56 一一新增至串列後，計算成績的總分和平均。

7. 請建立 Python 程式使用串列：["tom", "mary", "joe"] 建立成元組，然後建立對應的成績元組，項目是 85, 76 和 58，在顯示學生數、成績總分和平均後，讓使用者輸入學號來查詢學生姓名和成績。

8. 請改用字典建立學習評量 7. 的 Python 程式，姓名是鍵；成績是值。

Note ✏

CHAPTER **8**

檔案、類別與例外處理

⊙本章內容

檔案處理

Python 提供檔案處理（File Handling）的內建函數，可以讓我們將資料寫入檔案，和讀取檔案的資料。

8-1-1 開啟與關閉檔案

Python 是使用 **open()** 函數開啟檔案，因為同一 Python 程式可以開啟多個檔案，所以使用回傳的檔案物件（File Object），或稱為檔案指標（File Pointer）來識別是不同的檔案。

📍 開啟與關閉檔案：ch8-1-1.py

在 Python 程式可以使用 **open()** 函數開啟檔案；**close()** 方法關閉檔案，如下所示：

```
fp = open("note.txt", "w")
if fp != None:
    print("檔案開啟成功!")
fp.close()
```

上述 **open()** 函數的第 1 個參數是檔案名稱或檔案完整路徑，第 2 個參數是檔案開啟的模式字串，支援的開啟模式字串說明，如表 8-1 所示。

》表 8-1 檔案開啟模式字串說明

模式字串	當開啟檔案已經存在	當開啟檔案不存在
r	開啟唯讀檔案	產生錯誤
w	清除檔案內容後寫入	建立寫入檔案
a	開啟檔案從檔尾開始寫入	建立寫入檔案
r+	開啟讀寫檔案	產生錯誤
w+	清除檔案內容後讀寫內容	建立讀寫檔案
a+	開啟檔案從檔尾開始讀寫	建立讀寫檔案

上表模式字串只需加上「+」符號，就表示增加檔案更新功能，所以「r+」成為可讀寫檔案。當 **open()** 函數成功開啟檔案會回傳檔案指標，我們可以使用 if 條件檢查檔案是否開啟成功，如下所示：

```
if fp != None:
    print("檔案開啟成功!")
```

　　上述 if 條件檢查檔案指標 fp，如果不是 None，就表示檔案開啟成功，在執行完檔案操作後，請使用檔案指標 fp 的檔案物件執行 **close()** 方法來關閉檔案，其執行結果如下所示：

>>> %Run ch8-1-1.py
檔案開啟成功！

🔍 開啟檔案的檔案路徑：ch8-1-1a.py

　　Python 開啟檔案的路徑如果使用「\」符號，在 Windows 作業系統需要使用逸出字元「\\」，如下所示：

```
fp = open("temp\\note.txt", "w")
```

　　上述參數 "temp\\note.txt" 就是路徑「temp\note.txt」。另一種方式是使用「/」符號來取代「\」符號（Python 程式：ch8-1-1b.py），如下所示：

```
fp = open("temp/note.txt", "w")
```

8-1-2　寫入資料到檔案

　　當 Python 程式成功開啟檔案後，可以呼叫 **write()** 方法將參數字串寫入檔案。

🔍 寫入換行資料至檔案：ch8-1-2.py

　　請注意！不同於 **print()** 函數預設加上換行的「\n」新行字元，**write()** 方法如需換行，請自行在字串後加上新行字元，如下所示：

```
"陳會安\n"
Python程式開啟寫入檔案note.txt後，寫入2行姓名資料，如下所示：
fp = open("note.txt", "w")
fp.write("陳會安\n")
fp.write("江小魚\n")
print("已經寫入2個姓名到檔案note.txt!")
fp.close()
```

　　上述程式碼開啟寫入檔案 note.txt 後，呼叫 2 次 **write()** 方法來寫入資料，在資料後都有加上新行字元來換行，其執行結果如下所示：

>>> %Run ch8-1-2.py
已經寫入2個姓名到檔案note.txt!

　　請使用【記事本】開啟「PythonExcel\ch08」目錄下的 note.txt，可以看到檔案內容有 2 行姓名，如下圖所示：

寫入沒有換行的資料至檔案：**ch8-1-2a.py**

　　Python 程式準備寫入資料至「temp\note.txt」檔案，此時呼叫的 **write()** 方法並沒有使用新行字元，如下所示：

```
fp = open("temp/note.txt", "w")
fp.write("陳會安")
fp.write("江小魚")
print("已經寫入2個姓名到檔案note.txt!")
fp.close()
```

　　在執行 Python 程式後，開啟「temp\note.txt」檔案，可以看到寫入的 2 個字串並沒有換行，如下圖所示：

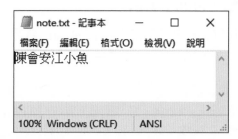

8-1-3　在檔案新增資料

　　在第 8-1-2 節寫入資料到檔案前會清除檔案內容，如同在全新檔案寫入資料，如果想在檔案現有資料最後新增資料，例如：在 note.txt 檔案最後再新增姓名資料，請使用 "a" 模式字串開啟新增檔案，如下所示：

```
fp = open("note.txt", "a")
```

📍 新增換行資料至檔案：**ch8-1-3.py**

在 Python 程式開啟新增檔案 note.txt 後，再新增 1 行姓名資料至檔尾，如下所示：

```
fp = open("note.txt", "a")
fp.write("陳允傑\n")
print("已經新增1個姓名到檔案note.txt!")
fp.close()
```

上述程式碼的 **open()** 函數是使用 "a" 模式字串，所以 **write()** 方法寫入的字串是在現有檔案的最後，也就是新增資料至檔尾，其執行結果如下所示：

>>> %Run ch8-1-3.py
已經新增1個姓名到檔案note.txt!

請使用【記事本】開啟「PythonExcel\ch08」目錄下的 note.txt，可以看到檔案內容有 3 行姓名，如下圖所示：

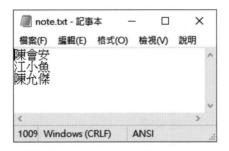

📍 新增沒有換行資料至檔案：**ch8-1-3a.py**

Python 程式準備新增資料至「temp\note.txt」檔案，此時呼叫的 **write()** 方法並沒有使用新行字元，如下所示：

```
fp = open("temp/note.txt", "a")
fp.write("陳允傑")
print("已經新增1個姓名到檔案note.txt!")
fp.close()
```

在執行 Python 程式後，開啟「temp\note.txt」檔案，可以看到寫入的字串並沒有換行，如下圖所示：

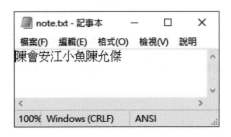

8-1-4　讀取檔案的全部內容

　　檔案物件提供多種方法來讀取檔案內容,在這一節是讀取檔案的全部內容,下一節只讀取檔案的部分內容。因為是讀取檔案,**open()** 函數是使用 "r" 模式字串來開啟檔案,如下所示:

```
fp = open("note.txt", "r")
```

🔍 使用 read() 方法讀取檔案全部內容:ch8-1-4.py

　　當檔案物件的 **read()** 方法沒有參數時,就是讀取檔案的全部內容,如下所示:

```
fp = open("note.txt", "r")
str1 = fp.read()
print("檔案內容:")
print(str1)
fp.close()
```

　　上述程式碼讀取整個檔案成為一個字串,然後顯示字串內容,其執行結果如下所示:

```
>>> %Run ch8-1-4.py
   檔案內容:
   陳會安
   江小魚
   陳允傑
```

🔍 使用 readlines() 方法讀取檔案全部內容:ch8-1-4a.py

　　Python 程式也可以使用檔案物件的 **readlines()** 方法,讀取檔案內容成為一個串列,每一行是一個項目,如下所示:

```
fp = open("note.txt", "r")
list1 = fp.readlines()
print("檔案內容:")
print(list1)
for line in list1:
    print(line, end="")
fp.close()
```

　　上述程式碼讀取檔案內容至串列後,使用 for 迴圈顯示每一行的內容,因為檔案的每一行都有換行,所以 **print()** 函數就不需要換行,其執行結果如下所示:

```
>>> %Run ch8-1-4a.py
檔案內容：
['陳會安\n', '江小魚\n', '陳允傑\n']
陳會安
江小魚
陳允傑
```

8-1-5　讀取檔案的部分內容

Python 程式可以呼叫 **read()** 或 **readline()** 方法讀取檔案的部分內容，**read()** 方法可以讀取參數的指定字元數；**readline()** 方法是一次讀取一行。

○ 使用 **read()** 方法讀取檔案的部分內容：**ch8-1-5.py**

在檔案物件的 **read()** 方法可以加上參數值來讀取所需的字元數，如下所示：

```
fp = open("note.txt", "r")
str1 = fp.read(1)
str2 = fp.read(2)
print("檔案內容:")
print(str1)
print(str2)
fp.close()
```

上述程式碼從目前檔案指標讀取 1 個字元和 2 個字元（中文字佔 2 個字元；英文字母是 1 個字元），其執行結果如下所示：

```
>>> %Run ch8-1-5.py
檔案內容：
陳
會安
```

○ 使用 **readline()** 方法讀取檔案的部分內容：**ch8-1-5a.py**

Python 程式可以使用 **readline()** 方法只讀取檔案的 1 行文字內容，如下所示：

```
fp = open("note.txt", "r")
str1 = fp.readline()
str2 = fp.readline()
print("檔案內容:")
print(str1)
print(str2)
fp.close()
```

上述程式碼讀取目前檔案指標至此行最後 1 個字元（含新行字元「\n」）的一行內容，每呼叫 1 次可以讀取 1 行，因為讀取的行有新行字元，**print()** 函數也會換行，所以執行結果在中間空一行，如下所示：

```
>>> %Run ch8-1-5a.py
檔案內容：
陳會安

江小魚
```

8-1-6　with/as 程式區塊和走訪檔案物件

Python 檔案處理需要在處理完後自行呼叫 **close()** 方法來關閉檔案，對於這些需要善後的操作，如果擔心忘了執行事後清理工作，我們可以改用 with/as 程式區塊讀取檔案內容。

因為 Python 檔案物件就是檔案內容的容器物件，我們一樣可以使用 for 迴圈走訪檔案物件來讀取資料。

📍 使用 with/as 程式區塊讀取檔案全部內容：ch8-1-6.py

Python 程式改用 with/as 程式區塊讀取檔案全部內容，如下所示：

```
with open("note.txt", "r") as fp:
    str1 = fp.read()
    print("檔案內容:")
    print(str1)
```

上述程式碼建立讀取檔案內容的程式區塊（別忘了 fp 後的「:」冒號），當執行完程式區塊，就會自動關閉檔案，其執行結果如下所示：

```
>>> %Run ch8-1-6.py
檔案內容：
陳會安
江小魚
陳允傑
```

📍 走訪檔案物件來讀取資料：ch8-1-6a.py

Python 程式開啟 2 次 note.txt 檔案，然後分別使用 for 迴圈走訪檔案物件來讀取每一行的資料，如下所示：

```
fp = open("note.txt", "r")
print("檔案內容(有換行):")
for line in fp:
```

```
    print(line)
fp.close()
fp = open("note.txt", "r")
print("檔案內容(沒換行):")
for line in fp:
    print(line, end="")
fp.close()
```

上述程式碼的第 1 個 for 迴圈顯示檔案物件的每一行，**print()** 函數有換行，第 2 個 for 迴圈再次顯示檔案物件的每一行，因為 **print()** 函數沒有換行，執行結果可以顯示 2 次檔案中的每一行，只差在 **print()** 函數，第 1 個有換行，第 2 個沒有換行，如下所示：

```
>>> %Run ch8-1-6a.py
  檔案內容(有換行):
  陳會安

  江小魚

  陳允傑

  檔案內容(沒換行):
  陳會安
  江小魚
  陳允傑
```

請注意！因為檔案指標如同水流一般是單向前進，並不會回頭，在第 1 次開啟檔案讀到檔尾後，指標並不會回頭，我們需要開啟 2 次檔案，才能再從頭開始來讀取每一行。

8-2 二進位檔案讀寫

在第 8-1 節的檔案處理是文字檔案處理，我們處理的是字串資料，二進位檔案（Binary Files）讀寫不只可以處理字串，還可以存取整數和整個串列。

換句話說，我們可以將整個 Python 容器型態存入二進位檔案後，再原封不動的將資料讀取出來。

8-2-1　將資料寫入二進位檔案

Python 二進位檔案處理需要使用 pickle 模組。在 Python 程式首先需要匯入模組（關於模組和套件的說明，請參閱第 9 章），如下所示：

```
import pickle
```

上述程式碼使用 import 關鍵字匯入名為 pickle 的模組後，就可以使用此模組的函數或方法來執行二進位檔案處理。

開啓和關閉二進位檔案：**ch8-2-1.py**

Python 一樣是使用 **open()** 函數開啟二進位檔案，只是開啟模式字串不同，如下所示：

```
fp = open("note.dat", "wb")
if fp != None:
    print("二進位檔案開啓成功!")
fp.close()
```

上述函數開啟檔案 note.dat，第 2 個參數的模式字串多了字元 "b"，表示開啟寫入的二進位檔案 (讀取是 "rb")。關閉二進位檔案一樣是使用 **close()** 方法，其執行結果如下所示：

>>> %Run ch8-2-1.py
二進位檔案開啟成功!

將資料寫入二進位檔案：**ch8-2-1a.py**

Python 程式是呼叫 pickle 模組的 **dump()** 方法將資料寫入二進位檔案，我們準備開啟 note.dat 二進位檔案後，呼叫 3 次 pickle 模組的 **dump()** 方法來依序寫入整數、字串和串列，如下所示：

```
import pickle

fp = open("note.dat", "wb")
print("寫入整數: 11")
pickle.dump(11, fp)
print("寫入字串: '陳會安'")
pickle.dump("陳會安", fp)
print("寫入串列: [1, 2, 3, 4]")
pickle.dump([1, 2, 3, 4], fp)
fp.close()
```

上述程式碼依序寫入整數、字串和一個串列。請注意！寫入順序很重要，因為第 8-2-2 節需要使用相同順序再將資料讀取出來，其執行結果如下所示：

>>> %Run ch8-2-1a.py
寫入整數: 11
寫入字串: '陳會安'
寫入串列: [1, 2, 3, 4]

8-2-2　從二進位檔案讀取資料

Python 程式是使用 pickle 模組的 **load()** 方法從二進位檔案讀取資料，首先開啟讀取的二進位檔案，如下所示：

```
fp = open("note.dat", "rb")
```

上述程式碼使用 **open()** 函數開啟檔案，第 2 個參數 "rb" 是開啟讀取的二進位檔案。

♀ 從二進位檔案讀取資料：ch8-2-2.py

在 Python 程式開啟 note.dat 二進位檔案後，呼叫 3 次 pickle 模組的 **load()** 方法依序讀取整數、字串和串列，如下所示：

```python
import pickle

fp = open("note.dat", "rb")
i = pickle.load(fp)
print("讀取整數 = ", str(i))
str1 = pickle.load(fp)
print("讀取姓名 = ", str1)
list1 = pickle.load(fp)
print("讀取串列 = ", str(list1))
fp.close()
```

上述程式碼依序讀取整數、字串和串列，可以看到順序和第 8-2-1 節的寫入順序相同，其執行結果如下所示：

```
>>> %Run ch8-2-2.py
  讀取整數 =  11
  讀取姓名 =  陳會安
  讀取串列 =  [1, 2, 3, 4]
```

♀ 使用二進位檔案存取字典資料：ch8-2-2a.py

Python 程式的 pickle 模組一樣可以處理字典資料，我們可以將字典變數存入二進位檔案後，原封不動的再從二進位檔案讀取字典資料，如下所示：

```python
import pickle

data = {
    "name": "Joe Chen",
    "age": 22,
    "score": 95,
```

```
}
with open("dic.dat", "wb") as f:
    pickle.dump(data, f)
with open("dic.dat", "rb") as f:
    new_data = pickle.load(f)
print(new_data)
```

上述程式碼建立字典變數 data 後，使用二個 with/as 程式區塊，第 1 個是呼叫 **dump()** 方法寫入字典，第 2 個是呼叫 **load()** 方法讀取字典資料，其執行結果如下所示：

```
>>> %Run ch8-2-2a.py
{'name': 'Joe Chen', 'age': 22, 'score': 95}
```

8-3   類別與物件

Python 是一種物件導向程式語言，事實上，Python 所有內建資料型態都是物件，包含：模組和函數等也都是物件。

8-3-1   定義類別和建立物件

物件導向程式是使用物件建立程式，每一個物件儲存資料（Data）和提供行為（Behaviors），透過物件之間的通力合作來完成功能。Python 程式：ch8-3-1.py 的執行結果可以顯示學生物件的成績資料，如下所示：

```
>>> %Run ch8-3-1.py
姓名 = 陳會安
成績 = 85
s1.name = 陳會安
s1.grade = 85
```

📍 使用 class 定義類別

類別（Class）是物件的模子和藍圖，我們需要先定義類別，才能依據類別的模子來建立物件。例如：定義 Student 類別，如下所示：

```
class Student:
    def __init__(self, name, grade):
        self.name = name
        self.grade = grade
```

```
    def displayStudent(self):
        print("姓名 = " + self.name)
        print("成績 = " + str(self.grade))
```

上述程式碼使用 class 關鍵字定義類別，在之後是類別名稱 Student，然後是「:」冒號，在之後是類別定義的程式區塊（Function Block）。

一般來說，類別擁有儲存資料的資料欄位（Data Field）、定義行為的方法（Methods），和一個特殊名稱的方法稱為建構子（Constructors），其名稱是 **__init__**。

⚲ 類別建構子 __init__

類別建構子是每一次使用類別建立新物件時，就會自動呼叫的方法，Python 類別的建構子名稱是 **__init__**，不允許更名，請注意！在 init 前後是 2 個「_」底線，如下所示：

```
    def __init__(self, name, grade):
        self.name = name
        self.grade = grade
```

上述建構子寫法和 Python 函數相同，在建立新物件時，可以使用參數來指定資料欄位 name 和 grade 的初值。

⚲ 建構子和方法的 self 變數

在 Python 類別建構子和方法的第 1 個參數是 self 變數，這是一個特殊變數，絕對不可以忘記此參數。不過，self 不是 Python 語言的關鍵字，只是約定俗成的變數名稱，self 變數的值是參考呼叫建構子或方法的物件，以建構子 **__init__()** 方法來說，參數 self 的值就是參考新建立的物件，如下所示：

```
    self.name = name
    self.grade = grade
```

上述程式碼 **self.name** 和 **self.grade** 就是指定新物件資料欄位 name 和 grade 的值。

⚲ 資料欄位：name 和 grade

類別的資料欄位，或稱為成員變數（Member Variables），在 Python 類別定義資料欄位並不需要特別語法，只要是使用 self 開頭存取的變數，就是資料欄位，在 Student 類別的資料欄位有 name 和 grade，如下所示：

```
    self.name = name
    self.grade = grade
```

上述程式碼是在建構子指定資料欄位的初值，沒有特別語法，name 和 grade 就是類別的資料欄位。

方法：displayStudent()

類別的方法就是 Python 函數，只是第 1 個參數一定是 self 變數，而且在存取資料欄位時，不要忘了使用 self 變數來存取（因為有 self 才是存取資料欄位），如下所示：

```
def displayStudent(self):
    print("姓名 = " + self.name)
    print("成績 = " + str(self.grade))
```

使用類別建立物件

當定義類別後，就可以使用類別建立物件，也稱為實例（Instances），同一類別可以如同工廠生產般的建立多個物件，如下所示：

```
s1 = Student("陳會安", 85)
```

上述程式碼建立物件 s1，**Student()** 是呼叫 Student 類別的建構子方法，擁有 2 個參數來建立物件，然後使用「.」運算子呼叫物件方法，如下所示：

```
s1.displayStudent()
```

同樣語法，我們可以存取物件的資料欄位，如下所示：

```
print("s1.name = " + s1.name)
print("s1.grade = " + str(s1.grade))
```

8-3-2　類別的繼承

繼承是物件的再利用，當定義好類別後，其他類別可以繼承此類別的資料和方法，新增或取代繼承類別的資料和方法，而不用修改其繼承類別的程式碼。Python 程式：ch8-3-2.py 的執行結果可以顯示 Car 物件的資料，如下所示：

```
>>> %Run ch8-3-2.py
名稱 = Ford
車型 = GT350
車輛廠牌 = Ford
```

○ 父類別 Vehicle

在 Python 實作類別繼承，首先定義父類別 Vehicle，如下所示：

```
class Vehicle:
    def __init__(self, name):
        self.name = name

    def setName(self, name):
        self.name = name

    def getName(self):
        return self.name
```

上述類別擁有建構子，**setName()** 和 **getName()** 二個方法來存取資料欄位 name，資料欄位有 name。

○ 子類別 Car

在子類別 Car 定義是繼承父類別 Vehicle，如下所示：

```
class Car(Vehicle):
    def __init__(self, name, model):
        super().__init__(name)
        self.model = model

    def displayCar(self):
        print("名稱 = " + self.getName())
        print("車型 = " + self.model)
```

上述 Car 類別繼承括號中的 Vehicle 父類別，新增 model 資料欄位，在建構子可以使用 **super()** 呼叫父類別的建構子，如下所示：

```
super().__init__(name)
```

因為繼承 Vehicle 父類別，所以在子類別的 **displayCar()** 方法可以呼叫父類別的方法，如下所示：

```
def displayCar(self):
    print("名稱 = " + self.getName())
    print("車型 = " + self.model)
```

上述 **getName()** 方法並不是 Car 類別的方法，而是繼承自父類別 Vehicle 的方法。

8-4 建立例外處理

當 Python 程式執行時偵測出錯誤就會產生例外（Exception），例外處理（Exception Handling）就是建立 try/except 程式區塊，以便 Python 程式碼在執行時產生例外時，能夠撰寫程式碼來進行補救處理。

簡單的説，例外處理是希望程式碼產生錯誤時可以讓我們進行補救，而不是讓直譯器顯示錯誤訊息且中止程式的執行，我們可以在 Python 程式使用例外處理程式敘述來處理這些錯誤。

8-4-1 例外處理程式敘述

Python 例外處理程式敘述主要分為 try 和 except 二個程式區塊，其基本語法，如下所示：

```
try:
    # 產生例外的程式碼
except <Exception Type>:
    # 例外處理
```

上述語法的程式區塊説明，如下所示：

▷ try 程式區塊：在 try 程式區塊的程式碼是用來檢查是否產生例外，當例外產生時，就丟出指定例外類型（Exception Type）的物件。

▷ except 程式區塊：當 try 程式區塊的程式碼丟出例外，我們需要準備一到多個 except 程式區塊來處理不同類型的例外。

♀ 建立檔案不存在的例外處理：ch8-4-1.py

如果 Python 程式開啟的檔案不存在，就會產生 **FileNotFoundError** 例外，我們可以使用 try/except 處理檔案不存在的例外，如下所示：

```
try:
    fp = open("myfile.txt", "r")
    print(fp.read())
    fp.close()
except FileNotFoundError:
    print("錯誤: myfile.txt檔案不存在!")
```

上述 try 程式區塊開啟和關閉檔案，如果檔案不存在，**open()** 函數就會丟出 **FileNotFoundError** 例外，我們是在 except 程式區塊進行例外處理（即錯誤處理），可以顯示錯誤訊息文字，其執行結果如下所示：

>>> %Run ch8-4-1.py
錯誤：**myfile.txt**檔案不存在！

Python 程式：ch8-4-1a.py 沒有例外處理程式敘述，所以直譯器在執行時，就會顯示錯誤訊息，如下所示：

```
>>> %Run ch8-4-1a.py
  Traceback (most recent call last):
    File "D:\PythonExcel\CDROM\ch08\ch8-4-1a.py", line 1, in <module>
      fp = open("myfile.txt", "r")
  FileNotFoundError: [Errno 2] No such file or directory: 'myfile.txt'

>>>
```

🔾 串列索引值不存在的例外處理 ：ch8-4-1b.py

如果 Python 程式存取的串列索引值不存在，就會產生 **IndexError** 例外，我們可以使用 try/except 處理串列索引值不存在的例外，如下所示：

```
lst1 = [1, 2, 3, 4, 5]
try:
    print(lst1[6])
except IndexError:
    print("錯誤：串列的索引值錯誤!")
```

上述 try 程式區塊顯示串列元素，因為索引值 6 不存在，所以丟出 **IndexError** 例外，我們是在 except 程式區塊進行例外處理（即錯誤處理），可以顯示錯誤訊息文字，其執行結果如下所示：

>>> %Run ch8-4-1b.py
錯誤：串列的索引值錯誤！

8-4-2 同時處理多種例外

Python 程式的 try/except 程式敘述，可以使用多個 except 程式區塊來同時處理多種不同的例外。在本節的 Python 程式是使用 **eval()** 函數來進行測試，所以在建立前，需要先了解 **eval()** 函數的使用。

使用 eval() 內建函數：ch8-4-2.py

Python 的 **eval()** 內建函數可以在執行期執行參數的 Python 程式片段，如下所示：

```
m = 10
eval("print('Python')")
eval("print(33 + 22)")
eval("print(55 / 9)")
eval("print('m' * 6)")
eval("print(m+10)")
```

上述程式碼呼叫 **eval()** 函數執行參數字串的 **print()** 函數，依序顯示字串和數學運算的結果，其執行結果如下所示：

```
>>> %Run ch8-4-2.py

   Python
   55
   6.111111111111111
   mmmmmm
   20
```

同時處理多種例外的 try/except 程式敘述：ch8-4-2a.py

Python 例外處理程式敘述有 1 個 try 程式區塊和 3 個 except 程式區塊，在 try 程式區塊是使用 **eval()** 函數配合同時指定敘述來輸入 2 個使用「,」號分隔的整數，即指定變數 n1 和 n2 的值，如下所示：

```
try:
    n1, n2 = eval(input("輸入2個整數(n1,n2) => "))
    r = n1 / n2
    print("變數r的值 = " + str(r))
```

上述 **input()** 函數可以輸入 Python 程式碼字串，如果輸入 "10,5"，在執行後，可以分別指定 n1 和 n2 變數的值，相當於執行下列 Python 程式碼，如下所示：

```
n1, n2 = 10,5
```

如果輸入的格式不對，因為執行結果無法成功指定變數值，就會產生錯誤和丟出例外，我們共使用 3 個 except 程式區塊來處理不同的例外，如下所示：

```
except ZeroDivisionError:
    print("錯誤: 除以0的錯誤!")
except SyntaxError:
    print("錯誤: 輸入數字需以逗號分隔!")
except:
    print("錯誤: 輸入錯誤!")
```

上述 3 個 except 程式區塊的第 1 個是處理 **ZeroDivisionException**，第 2 個是 **SyntaxError**，第 3 個沒有指明，換句話說，如果不是前 2 種，就是執行此程式區塊的例外處理。

Python 程式的執行結果首先輸入 5,0，因為 n2 變數值是 0，就會產生除以 0 的例外，如下所示：

```
>>> %Run ch8-4-2a.py
輸入2個整數(n1,n2) => 5,0
錯誤: 除以0的錯誤!
```

如果是輸入以空白分隔的 2 個數字 5 0，因為語法錯誤，少了「,」逗號，所以產生錯誤，如下所示：

```
>>> %Run ch8-4-2a.py
輸入2個整數(n1,n2) => 5 0
錯誤: 輸入數字需以逗號分隔!
```

如果只輸入 1 個數字 15，因為輸入的資料錯誤，所以也會產生錯誤，如下所示：

```
>>> %Run ch8-4-2a.py
輸入2個整數(n1,n2) => 15
錯誤: 輸入錯誤!
```

8-4-3　else 和 finally 程式區塊

Python 的 try/except 例外處理程式敘述還可以加上 else 和 finally 兩個選項的程式區塊，其語法如下所示：

```
try:
    # 產生例外的程式碼
except <Exception Type>:
    # 例外處理
else:
    # 如果沒有例外，就會執行
finally:
    # 不論是否有產生例外，都會執行
```

上述語法新增的 2 個程式區塊說明，如下所示：

▷ else 程式區塊：這是選項的程式區塊，可有可無，如果 try 程式區塊沒有產生例外，就會執行此程式區塊。

▷ finally 程式區塊：這是選項的程式區塊，可有可無，不論例外是否產生，都會執行此程式區塊的程式碼。

使用 else 程式區塊：ch8-4-3.py

Python 程式是修改 ch8-4-1b.py，保留 except 程式區塊和新增 else 程式區塊，當輸入不同的索引值後，可以顯示不同的錯誤訊息文字，如下所示：

```python
lst1 = [1, 2, 3, 4, 5]
try:
    idx = int(input("輸入索引值 => "))
    print(lst1[idx])
except IndexError:
    print("錯誤: 串列的索引值錯誤!")
else:
    print("Else: 輸入的索引沒有錯誤!")
```

上述執行結果如果輸入 6，就會顯示和 8-4-1 節相同的訊息文字，如下所示：

```
>>> %Run ch8-4-3.py
輸入索引值 => 6
錯誤: 串列的索引值錯誤!
```

如果輸入 4，因為沒有錯誤，顯示串列元素值和 else 程式區塊的訊息文字，如下所示：

```
>>> %Run ch8-4-3.py
輸入索引值 => 4
5
Else: 輸入的索引沒有錯誤!
```

使用 else 和 finally 程式區塊：ch8-4-3a.py

Python 程式是修改 ch8-4-3.py，再新增 finally 程式區塊，當輸入不同的索引值後，可以顯示不同的訊息文字，如下所示：

```python
lst1 = [1, 2, 3, 4, 5]
try:
    idx = int(input("輸入索引值 => "))
    print(lst1[idx])
except IndexError:
    print("錯誤: 串列的索引值錯誤!")
else:
    print("Else: 輸入的索引沒有錯誤!")
finally:
    print("Finally: 你有輸入資料!")
```

　　上述執行結果不論輸入存在或不存在的索引值，都會顯示 finally 程式區塊的訊息文字，如下所示：

```
>>> %Run ch8-4-3a.py
輸入索引值 => 4
5
Else: 輸入的索引沒有錯誤!
Finally: 你有輸入資料!
```

1. 請問 Python 檔案處理是呼叫 ＿＿＿＿＿＿＿ 函數來開啟檔案？請說明 2 種方法讀取檔案全部內容？Python 二進位檔案處理是使用 ＿＿＿＿＿＿＿＿＿＿ 模組。

2. 請問 Python 如何建立類別和物件？類別建構子和方法的第 1 個參數 self 變數是作什麼用？

3. 請問 Python 例外處理程式敘述至少有哪 2 個程式區塊？else 和 finally 程式區塊的用途為何？

4. 請建立 Python 程式輸入欲處理的檔案路徑後，可以顯示檔案的全部內容。

5. 請建立 Python 程式輸入檔案路徑後，讀取檔案內容來計算出共有幾行，程式在讀完後可以顯示檔案的總行數。

6. 請建立 Python 程式輸入程式檔的路徑後，讀取程式碼檔案內容，並 ,1 在每一行程式碼前加上行號（例如：01: import pickle），可以輸出成名為 output.txt 的文字檔案。

7. 請使用 Python 程式定義 Box 盒子類別，可以計算盒子體積與面積，資料欄位有 width、height 和 length 儲存寬、高和長，volume() 方法計算體積和 area() 方法計算面積。

8. 請建立 Bicycle 單車類別，內含色彩、車重、輪距、車型和車價等資料欄位，然後繼承此類別建立 RacingBike（競速單車），新增幾段變速的資料欄位和顯示單車資訊的方法。

CHAPTER

9

Python模組與套件

📡 本章內容

9-1 Python 模組與套件

Python 模組（Modules）就是副檔名 .py 的 Python 程式檔案，套件是一個內含多個模組集合的目錄，而且在根目錄有一個名為 __init__.py 的 Python 檔案（在名稱前後是 2 個「_」底線）。

當撰寫的程式碼愈來愈多時，就可以將相關 Python 程式檔案的模組群組成套件，以方便其他 Python 程式重複使用這些 Python 程式碼。

9-1-1 建立與匯入自訂模組

Python 模組是一個擁有 Python 程式碼的檔案（副檔名 .py），事實上，所有 Python 程式檔案都可以作為模組，讓其他 Python 程式檔案匯入使用模組中的變數、函數或類別等。

◉ 建立自訂模組：**mybmi.py**

請建立名為 mybmi.py 的 Python 程式檔案，如下所示：

```
name = None

def bmi(h, w):
    r = w/h/h
    return r
```

上述 Python 程式檔案擁有 1 個變數和 1 個 **bmi()** 函數計算 BMI 值。

◉ 匯入和使用自訂模組：**ch9-1-1.py**

當建立自訂模組 mybmi.py 後，其他 Python 程式檔案如果需要使用 **bmi()** 函數，可以直接匯入此模組來使用，其基本語法如下所示：

```
import 模組名稱1[, 模組名稱2…]
```

上述語法使用 import 關鍵字匯入之後的模組名稱，如果不只一個，請使用「,」分隔，模組名稱是 Python 程式檔案名稱（不需副檔名 .py），例如：匯入自訂模組 mybmi. py，如下所示：

```
import mybmi
```

上述程式碼匯入 mybmi 模組，即 **mybmi.py** 程式檔案（位在相同目錄）。我們可以存取模組變數和呼叫模組函數，其語法如下所示：

```
模組名稱.變數或函數
```

上述語法使用「.」運算子存取模組的變數和呼叫函數，在「.」運算子之前是模組名稱；之後是模組的變數或函數名稱，例如：Python 程式準備使用自訂模組 mybmi 來指定姓名 name 變數值，和呼叫 **bmi()** 函數計算 BMI 值，如下所示：

```
mybmi.name = "陳會安"
print("姓名=", mybmi.name)
r = mybmi.bmi(1.75, 75)
print("BMI值=", r)
```

上述程式碼存取 mybmi 模組的 name 變數和呼叫 **bmi()** 函數，其執行結果如下所示：

```
>>> %Run ch9-1-1.py

 姓名= 陳會安
 BMI值= 24.489795918367346

>>>
```

9-1-2　使用模組擴充 Python 程式功能

Python 之所以功能強大，就是因為能夠直接使用眾多標準和網路上現成模組 / 套件來擴充 Python 功能，如同第 9-1-1 節的自訂模組，我們可以匯入 Python 模組來使用模組提供的函數，而不用自己撰寫相關程式碼。在這一節我們準備在 Python 程式匯入 random 內建模組，然後使用此模組的功能來產生整數亂數值。

🔵 匯入和使用 random 模組：ch9-1-2.py

Python 程式一樣是使用 import 關鍵字來匯入內建模組或第三方開發的套件，例如：匯入名為 random 的內建模組，然後呼叫此模組的 **randint()** 方法來產生 1~100 之間的整數亂數值，如下所示：

```
import random


value = random.randint(1, 100)
print(value)
```

上述程式碼匯入名為 random 的模組後，呼叫 **randint()** 方法產生第 1 個參數和第 2 個參數範圍之間的整數亂數值，其執行結果如下所示：

```
>>> %Run ch9-1-2.py
    73
```

模組的別名：**ch9-1-2a.py**

在 Python 程式檔匯入模組，除了使用模組名稱來呼叫函數，如果模組名稱太長，我們可以使用 **as** 關鍵字替模組取一個別名，然後改用別名來呼叫函數，如下所示：

```
import random as R

value = R.randint(1, 100)
print(value)
```

上述程式碼匯入 random 模組時，使用 **as** 關鍵字取了別名 R，所以，我們可以改用別名 R 來呼叫 **randint()** 函數。

♀ 匯入模組的部分名稱：**ch9-1-2b.py**

當使用 import 關鍵字匯入模組時，預設是匯入模組的全部內容，在實務上，如果模組十分龐大，但只使用到模組的 1 或 2 個函數，此時請改用 form/import 程式敘述只匯入模組的部分名稱，其語法如下所示：

```
from 模組名稱 import 名稱1[,名稱2..]
```

上述語法匯入 from 子句的模組名稱，但只匯入 import 子句的變數或函數名稱，如果需匯入的名稱不只 1 個，請使用「,」逗號分隔。例如：匯入第 9-1-1 節 mybmi 模組的 **bmi()** 函數，如下所示：

```
from mybmi import bmi

r = bmi(1.75, 75)
print("BMI值=", r)
```

上述程式碼只匯入 mybmi 模組的 **bmi()** 函數。請注意！form/import 程式敘述匯入的變數或函數是匯入到目前的程式檔案，成為目前檔案的變數和函數範圍，所以在存取和呼叫時，就不需要使用模組名稱來指定所屬的模組，直接使用 **bmi()** 即可，其執行結果如下所示：

```
>>> %Run ch9-1-2b.py
BMI值= 24.489795918367346
```

將模組所有名稱匯入成為目前範圍：ch9-1-2c.py

我們在 Python 程式使用 from/import 程式敘述匯入的名稱，如同是在此程式檔案建立的識別字，如果想將模組所有名稱都匯入成為目前範圍，以便使用時不用指明模組名稱，請使用「*」萬用字元代替匯入的名稱清單，如下所示：

```python
from mybmi import *

name = "陳會安"
print("姓名 = " + name)
r = bmi(1.75, 75)
print("BMI值 = " + str(r))
```

上述程式碼匯入 mybmi 模組的所有名稱，即變數 name 和 **bmi()** 函數，所以，在存取變數和呼叫函數時，都不需要指明 mybmi 模組。

顯示模組的所有名稱：ch9-1-2d.py

對於 Python 程式匯入的模組，我們可以呼叫 **dir()** 函數顯示此模組的所有名稱，如下所示：

```python
import random

print(dir(random))
```

上述程式碼匯入 random 模組後，呼叫 **dir()** 函數，參數是模組名稱，可以顯示此模組的所有名稱，如下圖所示：

```
>>> %Run ch9-1-2d.py
['BPF', 'LOG4', 'NV_MAGICCONST', 'RECIP_BPF', 'Random', 'SG_MAGICCONST', 'SystemRandom', 'TWOPI', '_Sequence', '
_Set', '_all_', '_builtins_', '_cached_', '_doc_', '_file_', '_loader_', '_name_', '_package_',
'_spec_', '_accumulate', '_acos', '_bisect', '_ceil', '_cos', '_e', '_exp', '_floor', '_inst', '_log', '_os',
'_pi', '_random', '_repeat', '_sha512', '_sin', '_sqrt', '_test', '_test_generator', '_urandom', '_warn', 'betav
ariate', 'choice', 'choices', 'expovariate', 'gammavariate', 'gauss', 'getrandbits', 'getstate', 'lognormvariate
', 'normalvariate', 'paretovariate', 'randbytes', 'randint', 'random', 'randrange', 'sample', 'seed', 'setstate'
, 'shuffle', 'triangular', 'uniform', 'vonmisesvariate', 'weibullvariate']
```

9-2 os 模組：檔案操作與路徑處理

Python 的 os 模組是內建模組，提供作業系統目錄處理的相關功能，os.path 模組是處理路徑字串，和取得檔案的完整路徑字串。

9-2-1　os 模組

Python 的 os 模組提供目錄處理的相關方法，可以刪除檔案、建立目錄和更名 / 刪除目錄 / 檔案。在 Python 程式使用 os 模組需要先匯入此模組，如下所示：

```
import os
```

📍 取得目前工作目錄和顯示檔案 / 目錄清單：ch9-2-1.py

Python 程 式 可 以 呼 叫 os 模 組 的 **getcwd()** 方 法 回 傳 目 前 工 作 目 錄，**listdir(path)** 方法回傳參數 path 路徑下的檔案和目錄清單（儲存在串列），如下所示：

```
import os

path = os.getcwd() + "\\temp"
os.chdir(path)
print(path)
print(os.listdir(path))
```

上述程式碼取得目前工作目錄後，建立「temp」子目錄的完整路徑，然後顯示此目錄下的檔案和目錄清單（共有 1 個檔案和 1 個目錄），其執行結果如下所示：

```
>>> %Run ch9-2-1.py

D:\PythonExcel\ch09\temp
['ball0.jpg', 'test']
```

📍 建立與切換目錄：ch9-2-1a.py

在 os 模 組 可 以 使 用 **chdir(path)** 方 法 切 換 至 參 數 路 徑 的 目 錄，和 呼 叫 **mkdir(path)** 方法建立參數路徑的目錄，如下所示：

```
path = os.getcwd() + "\\temp"
print("目前工作路徑: ", os.getcwd())
print(path)
os.chdir(path)
print("chdir(): ", os.getcwd())
```

```
os.mkdir('newDir')
print("mkdir(): ", os.listdir(path))
```

上述程式碼呼叫 **chdir()** 方法切換至「C:\PythonExcel\ch09\temp」目錄後，建立名為 newDir 的新目錄，其執行結果如下所示：

```
>>> %Run ch9-2-1a.py
目前工作路徑:  D:\PythonExcel\ch09
D:\PythonExcel\ch09\temp
chdir():  D:\PythonExcel\ch09\temp
mkdir():  ['ball0.jpg', 'newDir', 'test']
```

📍 目錄和檔案更名：**ch9-2-1b.py**

在 os 模組的 **rename(old, new)** 方法可以更名參數 old 的檔案或目錄成為新名稱 new 的檔案或目錄名稱，如下所示：

```
path = os.getcwd() + "\\temp"
os.chdir(path)
os.rename('newDir','newDir2')
print("rename(): ", os.listdir(path))
```

上述程式碼呼叫 **rename()** 方法將目錄 newDir 更名成 newDir2 目錄，其執行結果如下所示：

```
>>> %Run ch9-2-1b.py
rename():  ['ball0.jpg', 'newDir2', 'test']
```

📍 刪除目錄和檔案：**ch9-2-1c.py**

在 os 模組可以使用 **rmdir(path)** 方法刪除參數路徑的目錄，和呼叫 **remove(path)** 方法刪除參數路徑的檔案，請注意！**remove()** 方法如果刪除目錄會產生 OSError 錯誤，如下所示：

```
path = os.getcwd() + "\\temp"
os.chdir(path)
os.rmdir('newDir2')
fp = open("aa.txt", "w")
fp.close()
print("rmdir(): ", os.listdir(path))
os.remove("aa.txt")
print("remove(): ", os.listdir(path))
```

上述程式碼先呼叫 **rmdir()** 方法刪除 newDir2 目錄後，建立名為 **aa.text** 的新檔案後，再呼叫 **remove()** 方法刪除此檔案，其執行結果如下所示：

```
>>> %Run ch9-2-1c.py
  rmdir():  ['aa.txt', 'ball0.jpg', 'test']
  remove(): ['ball0.jpg', 'test']
```

9-2-2　os.path 模組處理路徑字串

os.path 模組提供方法取得指定檔案的完整路徑，和路徑字串處理的相關方法，可以取得路徑字串中的檔名和路徑，或合併建立存取檔案的完整路徑字串。

在 Python 程式使用 os.path 模組需要先匯入此模組 (取別名 path)，如下所示：

```
import os.path as path
```

⬤ 取得檔案完整路徑、檔名和副檔名：**ch9-2-2.py**

在 os.path 模組可以使用 **realpath(fname)** 方法回傳參數檔名的完整路徑字串，如果需要取得檔名，請使用 **split(fname)** 方法將參數分割成路徑和檔案字串的元組，如果需要取得副檔名，請使用 **splittext(fname)** 方法將參數分割成路徑 (僅含檔名) 和副檔名字串的元組，如下所示：

```
import os.path as path

fname = path.realpath("ch9-2-2.py")
print(fname)
r = path.split(fname)
print("os.path.split() =", r)
r = path.splitext(fname)
print("os.path.splitext() =", r)
```

上述程式碼的執行結果可以依序顯示檔案的完整路徑，取得的檔名和副檔名元組，如下所示：

```
>>> %Run ch9-2-2.py
 D:\PythonExcel\ch09\ch9-2-2.py
 os.path.split() = ('D:\\PythonExcel\\ch09', 'ch9-2-2.py')
 os.path.splitext() = ('D:\\PythonExcel\\ch09\\ch9-2-2', '.py')
```

📍 分割檔案路徑成為路徑和檔名：**ch9-2-2a.py**

在 os.path 模組可以使用 **dirname(fname)** 方法回傳參數 fname 的路徑字串；**basename(fname)** 方法回傳參數 fname 的檔名字串，如下所示：

```
fname = path.realpath("ch9-2-2.py")
print(fname)
p = path.dirname(fname)
print("p = os.path.dirname() =", p)
f = path.basename(fname)
print("f = os.path.basename() =", f)
```

上述程式碼的執行結果依序顯示檔案完整路徑，檔案路徑部分，和檔案名稱部分（含副檔名），如下所示：

```
>>> %Run ch9-2-2a.py

D:\PythonExcel\ch09\ch9-2-2.py
p = os.path.dirname() = D:\PythonExcel\ch09
f = os.path.basename() = ch9-2-2.py
```

📍 合併路徑和檔名：**ch9-2-2b.py**

如果已經取得路徑和檔名，我們可以使用 os.path 模組的 **join(path, fname)** 方法合併路徑和檔名，其回傳值是合併參數 path 路徑和 fname 檔名的完整檔案路徑字串，如下所示：

```
p = "C:\PythonExcel\ch09"
f = "ch9-2-2.py"
print(p, f)
r = path.join(p, f)
print("os.path.join(p,f) =", r)
```

上述程式碼和執行結果可以看到完整的檔案路徑字串，如下所示：

```
>>> %Run ch9-2-2b.py

C:\PythonExcel\ch09 ch9-2-2.py
os.path.join(p,f) = C:\PythonExcel\ch09\ch9-2-2.py
```

9-2-3　os.path 模組檢查檔案是否存在

os.path 模組提供檢查檔案是否存在，路徑字串是檔案，或目錄的方法。相關方法的說明，如表 9-1 所示。

》表 9-1 os.path 模組方法的說明

方法	說明
exists(fname)	檢查參數 fname 的檔案是否存在，如果存在，回傳 True；否則為 False
isdir(fname)	檢查參數 fname 是否是目錄，如果是，回傳 True；否則為 False
isfile(fname)	檢查參數 fname 是否是檔案，如果是，回傳 True；否則為 False

Python 程式：ch9-2-3.py 匯入 os 和 os.path 模組後，檢查「temp」子目錄下的檔案和目錄是否存在、是檔案或是目錄，如下所示：

```
import os
import os.path as path

fpath = os.getcwd() + "\\temp"
if path.exists(fpath+"\\ball0.jpg"):
    print("存在!")
if path.isdir(fpath+"\\test"):
    print("是目錄!")
if path.isfile(fpath+"\\ball0.jpg"):
    print("是檔案!")
```

上述程式碼首先檢查 ball0.jpg 圖檔是否存在；test 是否是目錄，和 ball0.jpg 是否是檔案。

9-3 math 模組：數學函數

Python 除了內建數學函數外，還可以使用 math 內建模組的數學、三角和對數函數。在 Python 程式需要匯入此模組，如下所示：

```
import math
```

在匯入 math 模組後，就可以取得常數值和呼叫相關的數學方法。

○ math 模組的數學常數：ch9-3.py

math 模組提供 2 個常用的數學常數，其說明如表 9-2 所示。

» 表 9-2　math 模組常數的說明

常數	說明
e	自然數 e=2.718281828459045
pi	圓周率 π =3.141592653589793

math 模組的數學方法：ch9-3a.py

在 math 模 組 提 供 三 角 函 數（Trigonometric）、 指 數（Exponential）和 對 數（Logarithmic）方法。相關方法說明如表 9-3 所示。

» 表 9-3　math 模組方法的說明

方法	說明
fabs(x)	回傳參數 x 的絕對值
acos(x)	反餘弦函數
asin(x)	反正弦函數
atan(x)	反正切函數
atan2(y, x)	參數 y/x 的反正切函數值
ceil(x)	回傳 x 值大於或等於參數 x 的最小整數
cos(x)	餘弦函數
exp(x)	自然數的指數 ex
floor(x)	回傳 x 值大於或等於參數 x 的最大整數
log(x)	自然對數
pow(x, y)	回傳第 1 個參數 x 為底，第 2 個參數 y 的次方值
sin(x)	正弦函數
sqrt(x)	回傳參數的平方根
tan(x)	正切函數
degrees(x)	將參數 x 的徑度轉換成角度
radians(x)	將參數 x 的角度轉換成徑度

請注意！上表三角函數的參數單位是徑度，並不是角度，如果是角度，請使用 **radians()** 方法先轉換成徑度。

9-4 turtle 模組：海龜繪圖

海龜繪圖（Turtle Graphics）是一種入門的電腦繪圖方法，你可以想像在沙灘上有一隻海龜在爬行，使用其爬行留下的足跡來繪圖，這就是海龜繪圖。

9-4-1　認識 Python 海龜繪圖

海龜繪圖是使用電腦程式來模擬這隻在沙灘上爬行的海龜，海龜使用相對位置的前進和旋轉指令來移動位置和更改方向，我們只需重複執行這些操作，就可以透過海龜行走經過的足跡來繪出幾何圖形。

基本上，海龜繪圖的這隻海龜擁有三種屬性：目前位置、方向和畫筆（即足跡），畫筆可以指定色彩和寬度，下筆繪圖或提筆不繪圖。Python 海龜圖示在沙灘行走的座標系統說明，如下所示：

▷ 海龜本身是使用圖示來標示。

▷ 初始座標是視窗中心點 (0, 0)，方向是面向東方 0 度。

▷ 線條的色彩預設是黑色；線寬是 1 像素且下筆繪圖。

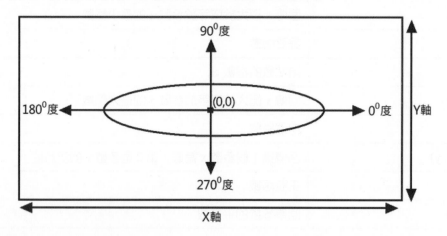

♀ Python 的 turtle 模組

Python 的 turtle 模組是內建模組，並不需要額外安裝，我們只需匯入 turtle 模組，就可以使用海龜繪圖，如下所示：

```
import turtle
```

9-4-2　Python 海龜繪圖的基本使用

Python 程式在匯入 turtle 模組後，就可以使用 turtle 模組的 4 種基本行走和轉向方法來繪圖，如表 9-4 所示。

》 表 9-4　turtle 模組方法的說明

方法	說明
turtle.forward(x)	從目前方向向前走 x 步
turtle.back(x)	從目前方向後退走 x 步
turtle.left(x)	從目前方向反時鐘向左轉 x 度
turtle.right(x)	從目前方向順時鐘向右轉 x 度

控制海龜的行走和轉向：ch9-4-2.py

Python 程式可以使用 4 個基本方法來控制海龜的行走和轉向。首先匯入 turtle 模組和取得螢幕 screen 物件的 Windows 視窗後，呼叫 **setup()** 方法指定螢幕尺寸是 (500, 400)，如下所示：

```python
import turtle

screen = turtle.Screen()
screen.setup(500, 400)

turtle.forward(100)
turtle.left(90)
turtle.forward(100)

screen.exitonclick()
```

上述程式碼呼叫 **forward()** 方法向前走 100 步後，使用 **left()** 方法向左轉 90 度後，再前行 100 步，最後使用 **screen.exitonclick()** 方法避免關閉 Windows 視窗，我們需要按下滑鼠按鍵，來關閉海龜繪圖的 Windows 視窗，其執行結果如下圖所示：

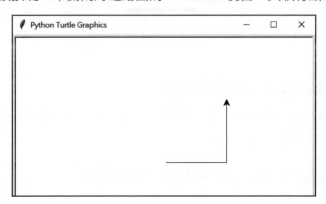

更改海龜的圖示形狀與色彩：**ch9-4-2a.py**

在 turtle 模組可以使用 **color()** 方法更改海龜圖示的色彩（參數是色彩名稱）；**shape()** 方法是更改海龜圖示的形狀，如下所示：

```
turtle.color("blue")
turtle.shape("turtle")
turtle.forward(100)
```

上述 **shape()** 方法的參數可以是 "arrow"、"turtle"、"circle"、"square"、"triangle" 和 "classic"，其執行結果如下圖所示：

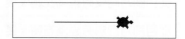

提筆 / 下筆、畫筆色彩與尺寸：**ch9-4-2b.py**

在 turtle 模組可以使用 **pensize()** 方法更改畫筆尺寸（參數是像素值的寬度）；**pencolor()** 方法更改畫筆色彩（參數是色彩名稱），**penup()** 方法是提筆不繪圖；**pendown()** 方法是下筆繪圖，如下所示：

```
turtle.pensize(5)
turtle.pencolor("blue")
turtle.forward(100)
turtle.penup()
turtle.left(90)
turtle.forward(50)
turtle.pendown()
turtle.left(90)
turtle.forward(100)
```

上述程式碼的第 2 個 **forward()** 方法因為是提筆，所以只向上前進 50 步，並沒有繪出線條，所以繪出的是二條平行線，如下圖所示：

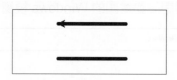

設定沙灘視窗的位置：**ch9-4-2c.py**

在 **screen.setup()** 方法除了指定螢幕尺寸，還可以使用 startx 和 starty 參數指定螢幕的顯示位置 (20, 50)，如下所示：

```
screen.setup(500, 400, startx=20, starty=50)
```

9-4-3 使用海龜繪圖繪出幾何圖形

Python 只需使用海龜繪圖方法配合 for 迴圈的重複操作，就可以輕鬆繪出各種基本的幾何圖形。

◎ 繪出正方形：ch9-4-3.py

在 Python 程式的 for 迴圈共執行 4 次，每次轉 90 度來繪出 4 個邊的正方形，如下所示：

```
for i in range(1, 5):
    turtle.forward(100)
    turtle.left(90)
```

◎ 繪出六角形：ch9-4-3a.py

在 Python 程式的 for 迴圈共執行 6 次，每次轉 60 度來繪出 6 個邊的六角形，如下所示：

```
for i in range(1, 7):
    turtle.forward(100)
    turtle.left(60)
```

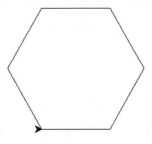

◎ 繪出三角形：ch9-4-3b.py

在 Python 程式的 for 迴圈共執行 3 次，每次轉 120 度來繪出 3 個邊的三角形，如下所示：

```
for i in range(1, 4):
    turtle.forward(100)
    turtle.left(120)
```

📍 繪出星形：ch9-4-3c.py

在 Python 程式的 for 迴圈共執行 5 次，每次轉 144 度來繪出 5 個邊的星形，如下所示：

```
for i in range(1, 6):
    turtle.forward(150)
    turtle.left(144)
```

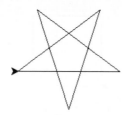

📍 繪出圓形：ch9-4-3d.py

在 Python 程式的 for 迴圈共執行 360 次，每次轉 1 度來繪出 360 個邊的圓形，如下所示：

```
for i in range(360):
    turtle.forward(2)
    turtle.left(1)
```

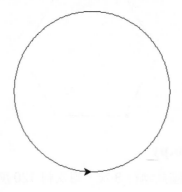

9-5　pywin32 套件：Office 軟體自動化

Python 的 pywin32 套件是 Windows API 擴充套件，我們可以透過 pywin32 套件操作 Windows 作業系統的應用程式，例如：Office 辦公室軟體，請注意！pywin32 是第三方套件，需要額外安裝。

9-5-1　Python 套件管理：安裝 pywin32 套件

套件管理（Package Manager）就是管理 Python 程式開發所需的套件，可以安裝新套件、檢視安裝的套件清單或移除不需要的套件，Python 預設套件管理工具是 pip，這是一個命令列工具來管理套件。

🔍 使用 pip 安裝 Python 套件

pip 是命令列工具，需要在命令提示字元視窗執行，Anaconda 是執行「開始 ➔Anaconda3 (64-bit)➔Anaconda Prompt」命令，如下圖所示：

WinPython 是執行 fChart 主選單的【Python 命令提示字元 (CLI)】命令，如下圖所示：

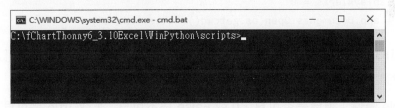

上述 2 個視窗是命令列 CLI 視窗，請在提示字元「>」後輸入所需的命令列指令，如果 Python 開發環境有尚未安裝的 Python 套件，例如：pywin32 套件，我們可以輸入命令列指令來進行安裝，如下所示：

```
pip install pywin32 Enter
```

上述 install 參數是安裝（uninstall 參數是解除安裝），可以安裝之後名為 pywin32 的套件。如果需要指定安裝的版本（避免版本不相容問題），請使用「==」指定安裝的版本號碼，如下所示：

```
pip install pywin32==303 Enter
```

使用 pip 檢視已經安裝的 Python 套件清單

我們可以使用 pip list 指令來檢視已安裝的 Python 套件清單,如下所示:

```
pip list Enter
```

9-5-2　Word 軟體自動化

當成功安裝 pywin32 套件後,就可以在 Python 程式匯入 pywin32 套件來控制 Office 軟體。首先是 Word 軟體自動化,如下所示:

```
import win32com
from win32com.client import Dispatch
import os
```

上述程式碼的前 2 行是匯入 pywin32 套件,第 3 行匯入 os 模組是為了取得工作目錄來建立檔案的絕對路徑。

啟動 Word 開啟現存文件:ch9-5-2.py

Python 程式在匯入 pywin32 套件後,就可以建立 COM 物件來啟動 Word 軟體,和開啟存在的 Word 文件,如下所示:

```
...
app = win32com.client.Dispatch("Word.Application")
app.Visible = 1
app.DisplayAlerts = 0
docx = app.Documents.Open(os.getcwd()+"\\test.docx")
```

上述 **win32com.client.Dispatch()** 的參數是 Word 軟體名稱字串,可以建立啟動 Word 軟體的物件,然後指定 2 個屬性,其說明如下所示:

▷ visible 屬性:視窗是否可見,0 或 False 是不可見;1 或 True 是可見。

▷ DisplayAlerts 屬性:是否顯示警告訊息,0 或 False 是不顯示;1 或 True 是顯示。

接著呼叫 **Documents.Open()** 方法開啟 Word 文件,參數是文件檔案的絕對路徑 (使用 **os.getcwd()** 方法取得工作路徑),其執行結果可以看到 Word 軟體開啟的 test. docx 文件內容,如下圖所示:

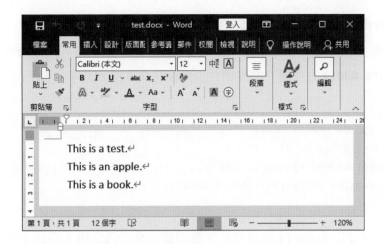

取得 Word 文件的段落數和段落內容：ch9-5-2a.py

當成功使用 pywin32 套件開啟 test.docx 文件後，我們可以計算文件的段落數，和走訪段落來顯示各段落的文字內容，如下所示：

```
...
docx = app.Documents.Open(os.getcwd()+"\\test.docx")
print ("段落數: ", docx.Paragraphs.count)
for i in range(len(docx.Paragraphs)):
    para = docx.Paragraphs[i]
    print(para.Range.text)
docx.Close()
app.Quit()
```

上述程式碼使用 **Paragraphs.count** 屬性取得段落數後，使用 for 迴圈走訪段落，**Paragraphs[i]** 以索引值取出段落後，使用 **Range.text** 顯示段落內容，最後呼叫 **Close()** 方法關閉文件和 **Quit()** 方法離開 Word 軟體，其執行結果可以顯示文件的段落數和各段落的內容，如下所示：

```
>>> %Run ch9-5-2a.py

段落數:  3
This is a test.
This is an apple.
This is a book.
```

📍 新增 Word 文件插入文字後儲存檔案：ch9-5-2b.py

Python 程式除了使用 pywin32 套件開啟存在文件外，也可以新增文件，即呼叫 **app.Documents.Add()** 方法建立文件物件，然後在文件插入文字內容，如下所示：

```
...
docx = app.Documents.Add()
pos = docx.Range(0, 0)
pos.InsertBefore("Python程式設計")
docx.SaveAs(os.getcwd()+"\\test2.docx")
...
```

上述程式碼使用 **Range()** 取得指定字數範圍的文字內容後，呼叫 **insertBefore()** 方法插入文件內容在此之前，即可呼叫 **SaveAs()** 方法儲存成 test2.docx 文件，在此文件檔插入的文字內容，如下圖所示：

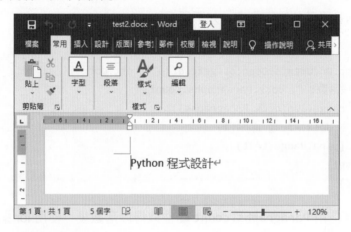

9-5-3   Excel 軟體自動化

Python 程式一樣可以使用 pywin32 套件執行 Excel 軟體自動化，開啟現存試算表來取得儲存格值，或新增試算表和指定儲存格的值。

📍 啟動 Excel 開啟試算表取得儲存格值：ch9-5-3.py

Python 程式只需指定 "Excel.Application" 軟體名稱字串，就可以啟動 Excel 軟體來開啟存在的試算表檔案 test.xlsx，如下所示：

```
app = win32com.client.Dispatch("Excel.Application")
app.Visible = 1
app.DisplayAlerts = 0
xlsx = app.Workbooks.Open(os.getcwd()+"\\test.xlsx")
sheet = xlsx.Worksheets(1)
row = sheet.UsedRange.Rows.Count
```

```
col = sheet.UsedRange.Columns.Count
print(row, col)
```

上述程式碼開啟試算表檔案後，使用 **Worksheets(1)** 取得第 1 個工作表，然後顯示已使用的儲存格範圍。在下方取得指定儲存格的值，或取得儲存格範圍的內容，如下所示：

```
print("Cells(2, 1)=", sheet.Cells(2, 1).Value)
print("Cells(2, 2)=", sheet.Cells(2, 2).Value)
value = sheet.Range("A1:B3").Value
print(value)
xlsx.Close(False)
app.Quit()
```

上述程式碼顯示儲存格內容後，呼叫 **Close()** 方法關閉試算表，參數 False 是不儲存變更，最後呼叫 **Quit()** 離開 Excel 軟體，其執行結果可以顯示已使用的儲存格範圍，和儲存格的內容，如下所示：

```
>>> %Run ch9-5-3.py

   3 3
   Cells(2, 1)= 4.0
   Cells(2, 2)= 5.0
   ((1.0, 2.0), (4.0, 5.0), (7.0, 8.0))
```

新增 Excel 試算表指定儲存格值後儲存檔案：ch9-5-3a.py

Python 程式除了使用 pywin32 套件開啟存在 Excel 試算表外，也可以新增 Excel 試算表，即呼叫 **app.Workbooks.Add()** 方法建立試算表物件，即可取得第 1 個工作表，如下所示：

```
...
xlsx = app.Workbooks.Add()
sheet = xlsx.Worksheets(1)
sheet.Cells(1, 1).Value = 1
sheet.Cells(1, 2).Value = 2
sheet.Cells(2, 1).Value = 3
sheet.Cells(2, 2).Value = 4
sheet.Cells(3, 1).Value = 5
sheet.Cells(3, 2).Value = 6
xlsx.SaveAs(os.getcwd()+"\\test2.xlsx")
...
```

　　上述程式碼指定 6 個儲存格的值後，呼叫 **SaveAs()** 方法儲存成 test2.xlsx 試算表，在此試算表來指定的儲存格值，如下圖所示：

9-5-4　PowerPoint 軟體自動化

　　同理，Python 程式也可以使用 pywin32 套件來建立 PowerPoint 軟體自動化，能夠自動播放簡報，在暫停 1 秒自動切換 2 次至下一頁後，再切換回到前一頁。

　　Python 程式：ch9-5-4.py 首先匯入相關套件，匯入 time 模組的目的是為了暫停 1 秒鐘，如下所示：

```
...
app = win32com.client.Dispatch("PowerPoint.Application")
app.Visible = 1
app.DisplayAlerts = 0
pptx = app.Presentations.Open(os.getcwd()+"\\test.pptx")
```

　　上述程式碼使用 "PowerPoint.Application" 字串啟動 PowerPoint 軟體後，開啟簡報檔 test.pptx。在下方呼叫 **SlideShowSettings.Run()** 方法開始簡報播放，**time.sleep(1)** 方法暫停一秒鐘，如下所示：

```
pptx.SlideShowSettings.Run()
time.sleep(1)
pptx.SlideShowWindow.View.Next()
time.sleep(1)
pptx.SlideShowWindow.View.Next()
time.sleep(1)
pptx.SlideShowWindow.View.Previous()
time.sleep(1)
```

```
pptx.SlideShowWindow.View.Exit()
os.system('taskkill /F /IM POWERPNT.EXE')  #app.Quit() not work
```

上述 **View.Next()** 方法是切換至下一頁；**View.Previous()** 方法是切換至前一頁，**SlideShowWindow.View.Exit()** 方法停止簡報播放，最後因為 **Quit()** 方法無法成功關閉 PowerPoint 軟體，所以改用 **os.system()** 方法直接結束 PowerPoint 任務的行程。

學習評量

1. 在 Python 程式檔案 test.py 內含 mytest 變數和 avg_test() 函數，請寫出匯入此模組的程式碼 _____，存取變數 mytest 的程式碼 _____，呼叫 avg_test() 函數的程式碼 _____。

2. 請問什麼是模組別名？如何匯入模組的部分名稱？和將模組的所有名稱匯入至目前的範圍？

3. 請問目錄處理是使用 _____ 模組，檢查檔案是否存在是使用 _____ 模組，Python 數學函數是 _____ 模組。

4. 請問什麼是海龜繪圖？Python 程式是使用 _____ 模組來建立海龜繪圖。

5. 請問什麼是 pywin32 套件？如何在 Python 開發環境安裝 pywin32 套件？

6. 請建立 Python 程式匯入 ch6-5-2.py 模組，然後讓使用者輸入 2 個整數後，呼叫模組的 maxValue() 函數來回傳最大值。

7. 請建立 Python 程式使用海龜繪圖繪出 2 個長方形成十字形。

8. 請建立 Python 程式輸入 PowerPoint 檔案路徑後，使用 pywin32 套件開啟簡報檔，和自動間隔 2 秒鐘播放前 3 頁簡報。

CHAPTER

10

自動化批次檔案操作與圖檔處理

🎯 本章內容

10-1 pathlib 模組的檔案與路徑操作自動化

Python 自動化批次檔案與目錄操作就是使用程式碼來處理檔案和目錄，除了使用第 9-2 節的 os 模組外，Python 3.4 之後版本提供 pathlib 模組，可以使用 Path 物件的方法來執行檔案操作和路徑處理。

📍 檢查檔案或目錄是否存在：ch10-1.py

Python 程式在建立 Path 物件後，可以使用 exists() 方法檢查檔案或目錄是否存在，如下所示：

```python
from pathlib import Path

path = Path("temp/ball0.jpg")
print(path.exists())

path = Path("images/圖片1")
print(path.exists())
```

上述程式碼匯入 Path 類別後，使用參數的檔案路徑建立 Path 物件，就可以呼叫 exists() 方法檢查檔案或目錄是否存在。其執行結果的檔案和目錄都存在，如下所示：

```
>>> %Run ch10-1.py

True
True
```

📍 建立檔案：ch10-1a.py

Python 程式在建立 Path 物件後，可以使用 touch() 方法來建立檔案，如下所示：

```python
path = Path("temp", "test.txt")
print(path)
print(path.exists())
path.touch()
print(path.exists())
```

上述 touch() 方法就是 Linux 作業系統的 touch 指令，可以建立 Path 物件路徑的檔案。其執行結果顯示檔案路徑是否存在，原來不存在，在呼叫 touch() 方法後，檔案建立了，所以變成存在，如下所示：

```
>>> %Run ch10-1a.py

temp\test.txt
False
True
```

在「temp」目錄可以看到新增的 test.txt 檔案，如下圖所示：

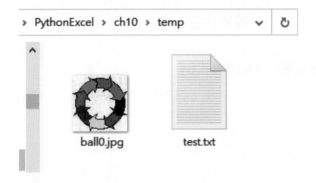

寫入文字檔案和讀取檔案內容：ch10-1b.py

Python 程式在建立 Path 物件後，可以使用 write_text() 方法寫入字串至檔案，如下所示：

```
path = Path("temp", "test.txt")
path.write_text("陳會安")
path.write_text("江小魚")
print("檔案內容:", path.read_text())
```

上述程式碼呼叫 2 次 write_text() 方法寫入字串，read_text() 方法讀取檔案的全部內容，因為 write_text() 方法會覆寫檔案內容，其執行結果的檔案內容只有最後寫入的字串，如下所示：

```
>>> %Run ch10-1b.py

檔案內容: 江小魚
```

在文字檔案新增文字內容：ch10-1c.py

Path 物件在文字檔案新增文字內容，需要改用 with/as 程式區塊來開啟檔案，如下所示：

```
from pathlib import Path

path = Path("temp", "test.txt")
with path.open("a") as fp:
```

```
    fp.write("陳允傑")
print("檔案內容:", path.read_text())
```

上述 open() 函數的模式字串是新增,所以 write() 方法就是寫入字串至目前檔案的最後,其執行結果可以看到在最後新增的文字內容,如下所示:

> **>>> %Run ch10-1c.py**
>
> 檔案內容: 江小魚陳允傑

📍 取得檔名和副檔名:**ch10-1d.py**

Python 程式在建立 Path 物件後,可以使用 name 和 suffix 屬性來取得檔名和副檔名,如下所示:

```
from pathlib import Path

path = Path("temp", "test.txt")
print("檔名:", path.name)
print("副檔名:", path.suffix)
```

上述程式碼建立 Path 物件後,依序顯示檔名和副檔名,其執行結果如下所示:

> **>>> %Run ch10-1d.py**
>
> 檔名: test.txt
> 副檔名: .txt

📍 判斷 **Path** 物件是檔案或目錄:**ch10-1e.py**

Python 程式在建立 Path 物件後,可以使用 is_file() 方法和 is_dir() 方法來判斷 Path 物件是檔案或目錄,如下所示:

```
path = Path("temp", "test.txt")
print(path.is_file())
print(path.is_dir())

path2 = Path("examples", "Excel1")
print(path2.is_file())
print(path2.is_dir())
```

上述程式碼建立 2 個 Path 物件,第 1 個是檔案;第 2 個是目錄,可以測試 is_file() 和 is_dir() 方法的判斷結果,其執行結果如下所示:

```
>>> %Run ch10-1e.py
True
False
False
True
```

◉ 刪除檔案：**ch10-1f.py**

Python 程式在建立 Path 物件後，可以呼叫 unlink() 方法來刪除檔案，如下所示：

```
path = Path("temp", "test.txt")
path.unlink()
print(path.exists())
```

其執行結果顯示檔案已經不存在，如下所示：

```
>>> %Run ch10-1f.py
False
```

◉ 走訪取出所有子目錄和檔名：**ch10-1g.py**

在 Path 物件可以呼叫 iterdir() 方法，走訪取出所有子目錄和檔名清單，如下所示：

```
path = Path("examples")
for item in path.iterdir():
    print(item)
```

上述 for 迴圈可以顯示走訪取出的檔案和目錄清單，其執行結果如下所示：

```
>>> %Run ch10-1g.py
examples\Excel1
examples\Excel2
examples\Excel3
examples\Excel4
examples\stock.xlsx
```

◉ 使用 **Path** 物件的運算子：**ch10-1h.py**

Path 物件支援除法和比較運算子，除法運算子的功能如同連接運算子，可以用來建立路徑字串，如下所示：

```
path = Path("examples", "Excel1", "營業額1.xlsx")
print(path)
```

```
path2 = Path("examples") / Path("Excel1") / Path("營業額1.xlsx")
print(path2)
```

上述第 1 個 Path() 將參數的路徑和檔案字串建立成完整檔案路徑，第 2 個 path2 物件改用除法運算子來建立。Path 物件也支援比較運算子，可以比較 2 個 Path 物件是否相等，如下所示：

```
print(Path("/temp") == Path("/temp"))
print(Path("/temp/a") == Path("/temp/b"))
```

上述程式碼的執行結果在顯示 2 行路徑後，就是比較運算子的執行結果，如下所示：

```
>>> %Run ch10-1h.py

examples\Excel1\營業額1.xlsx
examples\Excel1\營業額1.xlsx
True
False
```

10-2　PIL 影像處理自動化

PIL（Python Imaging Library）是 Python 著名的影像處理套件，可以讓我們建立 Python 程式來自動化執行圖檔所需的影像處理。

10-2-1　PIL 套件的安裝與基本使用

PIL 套件目前只支援 Python 2 版，Python 3 版需安裝 PIL 分支的 Pillow 套件。在 Python 開發環境安裝 Pillow 套件 9.2.0 版的命令列指令，如下所示：

```
pip install Pillow==9.2.0  Enter
```

當成功安裝 Pillow 後，在 Python 程式可以匯入 Image 模組來進行影像處理，如下所示：

```
from PIL import Image
```

♀ 顯示圖檔內容和取得圖檔資訊：ch10-2-1.py

Python 程式在匯入影像處理的 Image 模組後，就可以呼叫 open() 方法開啟圖檔來建立 Image 物件，即 PIL Image 物件，然後使用 show() 方法以內建圖片工具來顯示圖片內容，或使用下表的相關屬性來取得圖檔資訊，如下表所示：

屬性	說明
`im.filename`	圖檔的檔名
`im.format`	圖檔格式：PNG、JPG、GIF 等
`im.size`	圖檔尺寸，回傳值是元組（寬,高）
`im.mode`	圖檔模式，回傳值 1、L、RGB 或 CMYK
`im.width`	圖檔的寬
`im.height`	圖檔的高

Python 程式在使用 Image 模組開啟 "koala.jpg" 圖檔後，顯示圖檔資訊與圖檔內容，如下所示：

```
from PIL import Image

im = Image.open("koala.jpg")
print("圖檔名稱:", im.filename)
print("圖檔格式:", im.format)
print("圖檔尺寸:", im.size)
print("圖檔模式:", im.mode)
print("圖檔的寬:", im.width)
print("圖檔的高:", im.height)
im.show()
```

上述程式碼匯入 PIL 套件的 Image 模組後，使用 open() 方法開啟參數的圖檔，然後使用相關屬性來顯示圖檔資訊後，呼叫 show() 方法以內建工具來顯示圖檔。其執行結果如下所示：

```
>>> %Run ch10-2-1.py
    圖檔名稱: koala.jpg
    圖檔格式: JPEG
    圖檔尺寸: (505, 707)
    圖檔模式: RGB
    圖檔的寬: 505
    圖檔的高: 707
```

上述執行結果顯示圖檔的相關資訊，然後自動開啟內建工具來顯示圖檔內容，如下圖所示：

儲存圖檔與轉換圖檔格式：ch10-2-1a.py

PIL Image 物件可以使用 save() 方法來儲存圖檔，並且在儲存時轉換成所需的圖檔格式，如下所示：

```python
from PIL import Image

im = Image.open("koala.jpg")
print(im.format, im.size, im.mode)
print("轉換輸出成PNG格式...")
im.save("koala.png")
print("轉換輸出成GIF格式...")
im.save("koala.gif", "GIF")
```

上述 save() 方法如果沒有第 2 個參數，就是以副檔名來決定圖檔格式，以此例是 .png 的 PNG 格式，如果加上第 2 個參數，就是強迫轉換成第 2 個參數的圖檔格式，以此例是 GIF 格式。其執行結果如下所示：

```
>>> %Run ch10-2-1a.py

JPEG (505, 707) RGB
轉換輸出成PNG格式...
轉換輸出成GIF格式...
```

上述訊息顯示成功從 JPEG 轉換成 PNG 和 GIF 格式的 koala.png 和 koala.gif，在 Python 程式的相同目錄可以看到這 2 個圖檔。

10-2-2　更改圖片尺寸和製作縮圖

PIL Image 物件可以使用 resize() 方法更改圖片尺寸，和 thumbnail() 方法來製作縮圖。

📍 更改成特定的圖片尺寸：**ch10-2-2.py**

PIL Image 物件可以使用 resize() 方法更改圖片尺寸成為指定的尺寸，例如：正方形，參數的元組是新尺寸的 (寬 , 高)，如下所示：

```
im2 = im.resize((400, 400))
```

📍 保持比例來更改圖片尺寸：**ch10-2-2a.py**

為了保持圖片原始寬／高的比例，當決定新圖片的寬度是 350 後，可以計算出原始比例，然後計算出此比例下的高度後，使用 resize() 方法更改成保持比例的圖片尺寸，如下所示：

```
new_width = 350
ratio = float(new_width)/im.width
new_height = int(im.height*ratio)
im2 = im.resize((new_width, new_height))
```

♀ 製作縮圖：ch10-2-2b.py

PIL Image 物件可以使用 thumbnail() 方法製作縮圖，此方法只能等比例縮小圖片，因為是直接修改原 Image 物件，執行效率比較高，如下所示：

```
im.thumbnail((300, 200))
```

上述 thumbnail() 方法的參數是尺寸的元組，可以將原來 (505, 707) 的圖縮小成 (143, 200)，縮小原則是以寬和高中比較小的值為標準，所以是使用高 200 來等比例縮小成 (143, 200)。

10-2-3　在圖片上加上浮水印 – 合併圖片

PIL Image 物件可以使用 paste() 方法貼上圖片至 Image 物件的指定位置，即合併圖片，如果是去背圖片，就是在圖片上加上浮水印。

♀ 合併圖片：ch10-2-3.py

在 Python 程式首先開啟 2 張圖檔，name.jpg 是準備合併至 koala_small.png 圖檔中的文字圖片「無尾熊」，然後計算出合併圖片的插入點 (x, y)，如下所示：

```
b_im = Image.open("koala_small.png")
n_im = Image.open("name.jpg")
x = int(b_im.width / 2)
y = int(b_im.height / 2)
x = x - int(n_im.width / 2)
y = y - int(n_im.height / 2)
b_im.paste(n_im,(x, y))
```

上述程式碼先計算出各 1/2 的中心點後，分別減掉 name.jpg 尺寸的 1/2 寬和高，即可呼叫 paste() 方法合併圖片是正中央，第 1 個參數是欲合併圖片的 Image 物件，第 2 個參數是貼上的位置，如下圖所示：

🔍 在圖片加上浮水印：**ch10-2-3a.py**

　　如果是一張去背的圖片，Python 程式可以在圖片加上浮水印，筆者是使用【小畫家 3D】建立去背的文字圖片，其步驟如下所示：

Step 1　啟動後按【新增】鈕新增圖片，在上方選【畫布】後開啟【透明畫布】。

Step 2　插入紅色字的筆者姓名後，縮小尺寸即可儲存成去背文字圖片 myname.png。

　　現在，我們可以使用 Python 程式在圖片加上浮水印，如下所示：

```
x = int(b_im.width - n_im.width)
y = int(b_im.height - n_im.height)
b_im.paste(n_im,(x, y),n_im)
```

　　上述程式碼計算出位置是位在右下角後，在 paste() 方法需加上第 3 個遮罩參數的 Image 物件，即將去背圖片自己當成遮罩，如下圖所示：

10-2-4 旋轉與剪裁圖片

PIL Image 物件可以使用 rotate() 方法和 transpose() 方法來旋轉圖片，crop() 方法是剪裁圖片。

📍 旋轉圖片（一）：ch10-2-4.py

Python 程式建立 Image 物件 im 後，可以使用 rotate() 方法來旋轉圖片，參數是逆時鐘的角度，例如：逆時鐘旋轉 45 度，可以看到產生的圖片擁有黑邊，如下所示：

```
im2 = im.rotate(45)
```

📍 旋轉圖片（二）：ch10-2-4a.py

如果旋轉圖片時希望連圖片尺寸也一起更動，請使用 transpose() 方法，如下所示：

```
im2 = im.transpose(Image.Transpose.ROTATE_90)
```

上述方法的參數值有：Image.Transpose.FLIP_LEFT_RIGHT 左右翻轉、Image.Transpose.FLIP_TOP_DOWN 上下翻轉，和逆時鐘旋轉 90、180 和 270 度的 Image.Transpose.ROTATE_90、Image.Transpose.ROTATE_180 和 Image.Transpose.ROTATE_270，以此例是逆時鐘旋轉 90 度，如下圖所示：

剪裁圖片：**ch10-2-4b.py**

PIL Image 物件可以使用 crop() 方法來剪裁圖片，參數元組有 4 個元素，分別是左上角和右下角座標剪裁圖片的長方形範圍，如下所示：

```
im2 = im.crop((50,100,300,400))
```

 10-3 os 與 shutil 模組的檔案操作自動化

Python 的 os 和 shutil 模組可以用來處理大量檔案的批次操作，shutil 模組可以補足第 9-2 節的 os 模組，支援檔案複製和多檔案刪除與移動。在 Python 程式需要匯入 os 和 shutil 模組，如下所示：

```
import os
import shutil
```

新增多層目錄：**ch10-3.py**

在 os 模組的 makedirs() 方法可以建立多層目錄（在執行前請先刪除「\ch10\img」目錄），如下所示：

```
os.makedirs("./img/a")
os.makedirs("./img/a/b")
os.makedirs("./img/a/b", exist_ok=True)
```

上述 makedirs() 方法的第 1 個參數是多層目錄字串，「./」是指目前目錄，第 2 個 exit_ok 參數 True 是目錄存在也沒問題，預設值 False 是當目錄不存在時，會產生錯誤，其執行結果的目錄結構，如下圖所示：

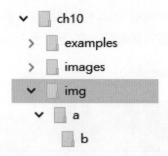

批次顯示檔名：**ch10-3a.py**

在 os 模組的 listdir() 方法可以顯示參數路徑下的所有檔案和目錄清單，如下所示：

```
path = "./tmp"
for fname in os.listdir(path):
    print(os.path.join(path, fname))
```

上述 path 變數是目標路徑，使用 for 迴圈顯示 listdir() 方法取得的檔案和目錄，和使用 os.path.join() 方法合併建立檔案的完整路徑，其執行結果如下所示：

```
>>> %Run ch10-3a.py

./tmp\Arduino機器人手臂 雲台版01.mp4
./tmp\Arduino機器人手臂 雲台版02.mp4
./tmp\Arduino機器人手臂 雲台版03.mp4
```

批次複製檔案：**ch10-3b.py**

因為 os 模組沒有支援檔案複製功能，Python 程式可以改用 shutil 模組的 copyfile() 方法來複製檔案，如下所示：

```
s_path = "./tmp"
d_path = "./videos"
if not os.path.isdir(d_path):
    os.mkdir(d_path)
```

上述 s_path 變數是來源路徑；d_path 是目的路徑，if 條件判斷目的路徑是否存在，不存在，就使用 mkdir() 方法建立此目錄，然後使用 for 迴圈取得來源路徑下的所有檔案，如下所示：

```
for fname in os.listdir(s_path):
    s_fname = os.path.join(s_path, fname)
    d_fname = os.path.join(d_path, fname)
    shutil.copyfile(s_fname, d_fname)
```

　　上述程式碼取出檔名後，依序建立來源和目的檔案完整路徑，就可以呼叫 shutil. copyfile() 方法複製檔案，第 1 個參數是來源檔案，第 2 個參數是目的檔案，其執行結果可以看到複製到「\ch10\videos」目錄下的 3 個影片，如下圖所示：

> PythonExcel > ch10 > videos

Arduino機器人
手臂 雲台版
01.mp4

Arduino機器人
手臂 雲台版
02.mp4

Arduino機器人
手臂 雲台版
03.mp4

📍 批次修改檔名：ch10-3c.py

　　在 os 模組可以使用 rename() 方法更改檔名，我們可以建立 Python 程式將「\ videos」目錄下的所有影片檔，依序重新更名成 video?.mp4，「?」是計數值，如下所示：

```
path = "./videos"
bname = "video"
count = 1
```

　　上述變數依序是影片檔路徑、更改的名稱字串和計數變數 count，在下方 for 迴圈取得目錄下的所有檔案名稱，如下所示：

```
for fname in os.listdir(path):
    s_fname = os.path.join(path, fname)
    name  = os.path.splitext(fname)
    new_fname = bname + str(count) + name[1]
    count = count + 1
```

　　上述 s_fname 是原始檔案全名 (含路徑)，在呼叫 os.path.splitext() 方法分割檔名和副檔名後，建立新檔名的格式是："video" 開頭，中間是計數變數的字串，最後是原副檔名，然後在下方使用 os.path.join() 方法建立新檔案的全名，如下所示：

```
new_fname = os.path.join(path, new_fname)
print(s_fname, new_fname)
os.rename(s_fname, new_fname)
```

上述 os.rename() 方法更改檔名成新檔名，其執行結果顯示原檔名和更改後的新檔名是 video1.mp4、video2.mp4 和 video3.mp4，如下所示：

```
>>> %Run ch10-3c.py

./videos\Arduino機器人手臂 雲台版01.mp4 ./videos\video1.mp4
./videos\Arduino機器人手臂 雲台版02.mp4 ./videos\video2.mp4
./videos\Arduino機器人手臂 雲台版03.mp4 ./videos\video3.mp4
```

♀ 遞迴取出所有子目錄和檔名：ch10-3d.py

在 os 模組可以使用 walk() 方法遞迴取出路徑下所有子目錄和檔名元組，如下所示：

```
path = "./jpgs"
for root, dirs, files in os.walk(path):
    print(root)
    for fname in files:
        print(os.path.join(root, fname))
```

上述 path 變數是目的路徑，walk() 方法的參數就是此路徑，可以回傳元組：(根路徑, 目錄清單, 檔案清單)，其執行結果可以顯示 2 層目錄下的所有圖檔，如下所示：

```
>>> %Run ch10-3d.py

./jpgs
./jpgs\ball0.jpg
./jpgs\ball1.jpg
./jpgs\ball2.jpg
./jpgs\ball3.jpg
./jpgs\color
./jpgs\color\color0.jpg
./jpgs\color\color1.jpg
./jpgs\color\color2.jpg
./jpgs\color\color3.jpg
./jpgs\color\color4.jpg
./jpgs\color\color5.jpg
./jpgs\color\color6.jpg
./jpgs\color\color7.jpg
./jpgs\color\color8.jpg
./jpgs\color\color9.jpg
```

♀ 複製目錄下所有檔案至另一目錄：ch10-3e.py

在 shutil 模組支援 copytree(A, B) 方法，可以將參數目錄 A 下的所有檔案複製到目錄 B（如果 B 存在，就會產生錯誤），如下所示：

```
s_path = "./jpgs"
d_path = "./figures"
shutil.copytree(s_path, d_path)
```

上述 copytree() 方法將 s_path 路徑的檔案複製到 d_path 路徑。

🔾 刪除目錄和之下的所有檔案：ch10-3f.py

因 為 Python 程 式 ch10-3e.py 已 經 建 立「ch10\figures」目 錄，在 shutil 模 組 的 rmtree() 方法，可以將參數目錄下的所有檔案和子目錄都刪除掉，如下所示：

```
path = "./figures"
shutil.rmtree(path)
```

上述 rmtree() 方法刪除 path 路徑下的所有檔案和子目錄。

🔾 移動整個目錄和檔案：ch10-3g.py

在 shutil 模組的 move(A, B) 方法可以移動檔案或整個目錄，參數 A 和 B 可以是檔案或目錄，如下所示：

▷ 如果 B 是存在的目錄，就將 A 移動至 B 之下。

▷ 如果 B 和 A 都是存在的檔案，就將 A 覆寫 B。

▷ 如果 B 不存在，就將 A 更名成 B。

因為在「ch10\videos」目錄下有已更名後的 video1.mp4、video2.mp4 和 video3. mp4 檔案，Python 程式首先將 video1.mp4 檔案移動至「ch10\img」目錄後，再將整個目錄移動至「ch10\img\a」目錄下，如下所示：

```
path = "./videos"
shutil.move(path+"/video1.mp4", "./img")
shutil.move(path, "./img/a")
```

上述執行結果可以在「ch10\img」目錄下看到 video1.mp4，和在「ch10\img\a」目錄下看到「videos」子目錄，如下圖所示：

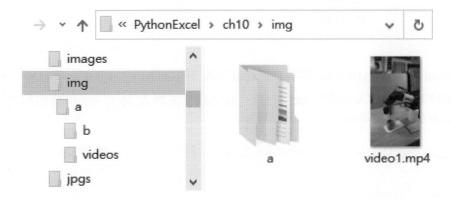

10-4 自動化批次重新命名和移動檔案

我們準備將整個目錄的 Excel 檔案重新命名後，移動這些 Excel 檔案至另一個新目錄，首先請開啟 Windows 檔案總管，自行複製「\ch10\examples」目錄成為「\ch10\test」目錄，如下圖所示：

上述 Excel 檔案分別儲存在「Excel1~4」子目錄，例如：「Excel1」子目錄，如下圖所示：

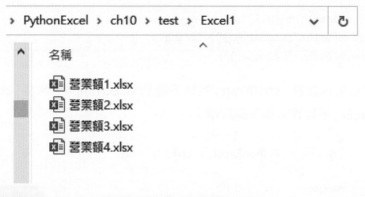

Python 程式：ch10-4.py 準備在 Excel 檔案前依序加上「a_~d_」字首後，將全部的 Excel 檔案移動至「\ch10\Excel」目錄，程式碼首先匯入 os 和 shutil 模組和指定來源和目的地路徑，如下所示：

```
import os, shutil

path = "./test"
d_path = "./Excel"

def batch_move_and_rename(s_path, d_path, prefix):
```

```
count = 0
for fname in os.listdir(s_path):
    old_fname = os.path.join(s_path, fname)
    new_fname = os.path.join(s_path, prefix+fname)
    os.rename(old_fname, new_fname)
    shutil.move(new_fname, d_path)
    count = count + 1
return count
```

上述 batch_move_and_rename() 函數的參數依序是來源路徑、目的路徑和更名字首，在 for 迴圈取出來源路徑的所有檔案，變數 count 記錄共處理幾個檔案，然後建立原檔案的完整檔名 old_fname，接著加上字首 prefix 建立新檔名 new_fname，即可呼叫 rename() 方法來更名，最後呼叫 move() 方法移動至目的地路徑。在下方 if 條件判斷目的路徑是否存在，如果不存在，就呼叫 mkdir() 方法建立此目錄，如下所示：

```
if not os.path.isdir(d_path):
    os.mkdir(d_path)


a = batch_move_and_rename(path+"/Excel1", d_path, "a_")
b = batch_move_and_rename(path+"/Excel2", d_path, "b_")
c = batch_move_and_rename(path+"/Excel3", d_path, "c_")
d = batch_move_and_rename(path+"/Excel4", d_path, "d_")
shutil.rmtree(path)
print("總共更名和搬移: ", a+b+c+d, "個檔案...")
```

上述程式碼共呼叫 4 次 batch_move_and_rename() 函數來處理 4 個目錄，在呼叫 rmtree() 方法刪除來源路徑，可以顯示共更名和搬移多少個 Excel 檔案。其執行結果可以看到共處理 17 個檔案，如下所示：

```
>>> %Run ch10-4.py
總共更名和搬移:  17 個檔案...
```

在「\ch10\Excel」目錄可以看到更名後的 Excel 檔案，如下圖所示：

10-5 批次圖檔處理自動化

Python 程式可以使用 os 模組和 shutil 模組搭配 PIL 套件，輕鬆使用 Python 程式碼來自動化處理圖檔。在執行本節 Python 程式前，請先開啟 Windows 檔案總管，複製「\ch10\images」目錄成為「\ch10\test2」目錄，如下圖所示：

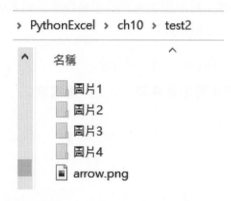

批次處理縮圖：ch10-5.py

Python 程式可以使用 os 和 Image 模組批次處理「\ch10\test2\ 圖片 1」目錄下圖檔，將圖片都縮圖成為 20x20，這是使用 for 迴圈取出目錄下的所有圖檔，如下所示：

```
import os
from PIL import Image

path = "./test2/圖片1"
for img_name in os.listdir(path):
    print(img_name)
    im = Image.open(os.path.join(path, img_name))
    im.thumbnail((20,20))
    im.save(os.path.join(path, img_name))
```

上述 open() 方法載入圖檔成為 Image 物件 im 後，呼叫 thumbnail() 方法進行縮圖，即可呼叫 save() 方法取代原來的圖檔。其執行結果共處理 4 張圖片檔案，如下所示：

```
>>> %Run ch10-5.py

ball0.jpg
ball1.jpg
ball2.jpg
ball3.jpg
```

在「\ch10\test2\ 圖片 1」目錄可以看到 4 張縮圖，如下圖所示：

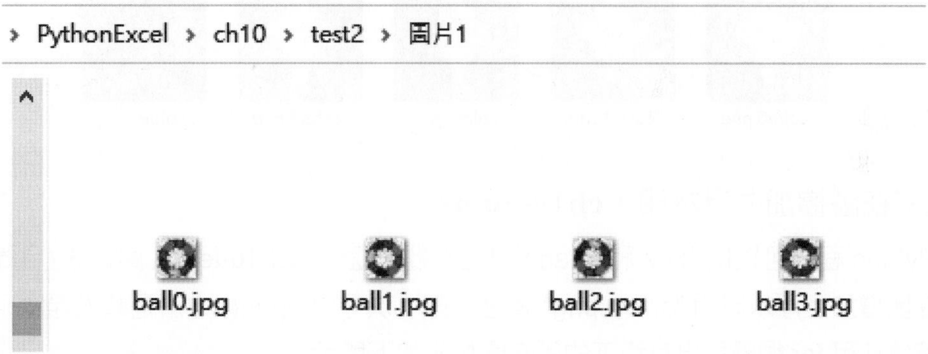

> PythonExcel › ch10 › test2 › 圖片1

ball0.jpg　　ball1.jpg　　ball2.jpg　　ball3.jpg

批次處理轉換圖檔格式：ch10-5a.py

Python 程式可以使用 os 和 Image 模組來批次處理「\ch10\test2\ 圖片 2」目錄下圖檔，將所有圖檔都轉換成 PNG 格式的圖檔。這是使用下方 for 迴圈取出目錄下的所有圖檔，如下所示：

```
import os
from PIL import Image

path = "./test2/圖片2"
for img_name in os.listdir(path):
```

```
    print(img_name)
    fname  = os.path.splitext(img_name)
    im = Image.open(os.path.join(path, img_name))
    im.save(os.path.join(path, fname[0] + ".png"))
    os.remove(os.path.join(path, img_name))
```

上述 os.path.splitext() 方法分割圖檔的副檔名後，呼叫 open() 方法載入圖檔成為 Image 物件 im，然後呼叫 save() 方法儲存成副檔名 .png 的 PNG 圖檔，最後呼叫 remove() 方法刪除原圖檔。其執行結果共處理 5 張圖片，如下所示：

```
>>> %Run ch10-5a.py

    color0.jpg
    color1.jpg
    color2.jpg
    color3.jpg
    color4.jpg
```

在「\ch10\test\ 圖片 2」目錄可以看到圖檔格式已經變更成 PNG，如下圖所示：

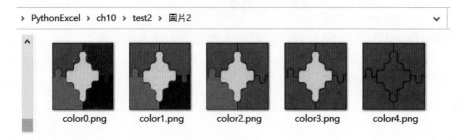

批次在圖檔加上浮水印：ch10-5b.py

Python 程式可以使用 os 和 Image 模組來批次處理「\ch10\test2\ 圖片 3」目錄下圖檔，在圖檔加上浮水印的 "arrow.png" 圖檔。第 1 次呼叫 open() 方法是載入浮水印的圖檔，然後使用 for 迴圈取出目錄下的所有圖檔，如下所示：

```
import os
from PIL import Image

path = "./test2/圖片4"
n_im = Image.open("./test2/arrow.png")
for img_name in os.listdir(path):
    print(img_name)
    im = Image.open(os.path.join(path, img_name))
    x = int(im.width - n_im.width)
    y = int(im.height - n_im.height)
```

```
im.paste(n_im,(x, y),n_im)
im.save(os.path.join(path, img_name))
```

上述 for 迴圈呼叫 open() 方法載入圖檔成為 Image 物件 im 後，計算貼上右下角的位置座標 (x, y)，即可呼叫 paste() 方法貼上浮水印的圖檔，最後呼叫 save() 方法取代原圖檔。其執行結果共處理 3 個圖檔，如下所示：

```
>>> %Run ch10-5b.py

Butterfly.png
koala.jpg
penguins.png
```

在「\ch10\test2\ 圖片 4」目錄可以看到圖檔已經在右下角加上箭頭的浮水印，如下圖所示：

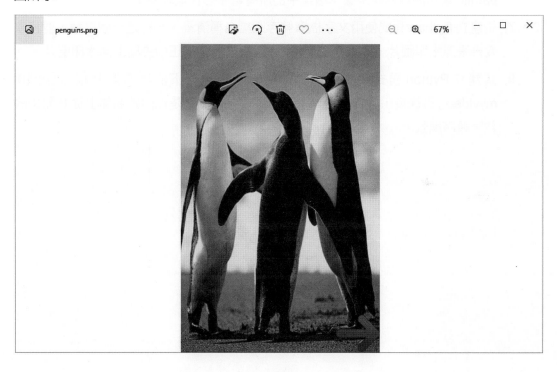

學習評量

1. 請問什麼是 pathlib 模組？其功能為何？

2. 請問 Python 的 os 和 shutil 模組可以作什麼？

3. 請問 PIL 是什麼？Pillow 模組的用途為何？

4. 請建立 Python 程式開啟一張圖檔，首先更改圖片尺寸成最小邊長的正方形後，使用【小畫家 3D】建立讀者姓名的去背文字圖片，即浮水印後，在圖片的正中央加上此浮水印。

5. 請建立 Python 程式顯示「ch10」目錄下的所有子目錄和檔案清單。

6. 請先自行建立擁有多個電子郵件地址的文字檔案，然後建立 Python 程式使用 pathlib 模組開啟檔案來顯示檔案中的所有電子郵件地址清單。

7. 請建立 Python 程式使用文字檔案儲存圖檔名稱清單，一行是一個檔案，並且準備一張浮水印圖片，然後建立 Python 程式來在圖檔正中央貼上浮水印圖片。

8. 請建立 Python 程式，首先複製「ch10\tmp」目錄下的所有影片檔至「ch10\myvideo」目錄後，更名此目錄下的檔案，新檔名就是你的姓名加上從 0 開始的數字順序編號。

CHAPTER **11**

自動化下載網路HTML、 CSV和JSON資料

🎯本章內容

11-1 認識 HTTP 通訊協定、JSON 和 CSV

HTTP 通訊協定可以讓我們取得網路資料，主要是取得 HTML 網頁資料，例如：使用 Chrome 瀏覽器瀏覽 Web 網頁，除 HTML 網頁資料外，我們還可以使用 HTTP 通訊協定取得 CSV 和 JSON 網路資料。

11-1-1 HTTP 通訊協定

基本上，瀏覽器和網路爬蟲都是使用「HTTP 通訊協定」（Hypertext Transfer Protocol）送出 HTTP 的 GET 請求（目標是 URL 網址的網站），可以向 Web 伺服器請求 HTML 網頁資源，如下圖所示：

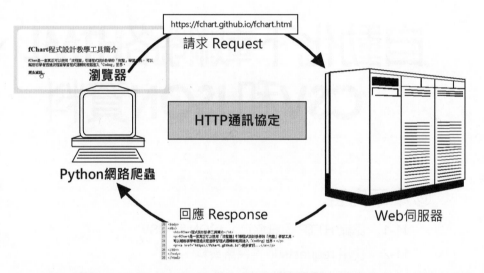

上述過程以瀏覽器來說，如同你（瀏覽器）向父母要零用錢 500 元，使用 HTTP 通訊協定的國語向父母要零用錢，父母是伺服器，也懂 HTTP 通訊協定的國語，所以聽得懂要 500 元，最後 Web 伺服器回傳資源 500 元，也就是父母將 500 元交到你手上。

11-1-2 認識 CSV

CSV 是使用純文字方式來表示表格資料，在檔案中的每一行是表格的一列，每一個欄位是使用「,」逗號來分隔。例如：現在有一個表格資料，我們準備將此表格轉換成 CSV 資料，如下表所示：

程式語言	開發者	上市年	副檔名
Python	Cuido van Rossum	1991	.py
Java	James Gosling	1995	.java
C++	Bjarne Stroustrup	1983	.cpp

上述表格資料轉換成的 CSV 資料，如下所示：

```
程式語言,開發者,上市年,副檔名
Python,Cuido van Rossum,1991,.py
Java,James Gosling,1995,.java
C++,Bjarne Stroustrup,1983,.cpp
```

上述 CSV 資料的每一列最後有新行字元「\n」來換行，每一個欄位使用「,」逗號分隔，如下圖所示：

11-1-3　認識 JSON

「JSON」的全名為（JavaScript Object Notation），這是一種類似 XML 的資料交換格式，事實上，JSON 就是 JavaScript 物件的文字表示法，其內容只有文字（Text Only）。

JSON 是由 Douglas Crockford 創造的一種輕量化資料交換格式，因為比 XML 來的快速且簡單，JSON 資料結構就是 JavaScript 物件文字表示法，不論是 JavaScript 語言或其他程式語言都可以輕易解讀，這是一種和語言無關的資料交換格式。

JSON 是一種可以自我描述和容易了解的資料交換格式，使用大括號定義成對的鍵和值（Key-value Pairs），相當於物件的屬性和值，如下所示：

```
{
    "key1": "value1",
    "key2": "value2",
    "key3": "value3",
    ...
}
```

♀ JSON 的語法規則

JSON 語法並沒有任何關鍵字，其基本語法規則，如下所示：

▷ 資料是成對的鍵和值（Key-value Pairs），使用「:」符號分隔。

▷ 資料之間是使用「,」符號分隔。

▷ 使用大括號定義物件。

▷ 使用方括號定義物件陣列。

JSON 檔案的副檔名為 .json；MIME 型態為 "application/json"。

♀ JSON 的鍵和值

JSON 資料是成對的鍵和值（Key-value Pairs），首先是欄位名稱的鍵，接著「:」符號後是值，如下所示：

```
"author": "陳會安"
```

上述 "author" 是欄位名稱的鍵，" 陳會安 " 是值，JSON 的值可以是整數、浮點數、字串（使用「"」括起）、布林值（true 或 false）、陣列（使用方括號括起）和物件（使用大括號括起）。

♀ JSON 物件

JSON 物件是使用大括號包圍的多個 JSON 鍵和值，如下所示：

```
{
  "title": "C語言程式設計",
  "author": "陳會安",
  "category": "Programming",
  "pubdate": "06/2018",
  "id": "P101"
}
```

♀ JSON 物件陣列

JSON 物件陣列可以擁有多個 JSON 物件，例如："Employees" 欄位的值是一個物件陣列，擁有 3 個 JSON 物件，如下所示：

```
{
  "Boss": "陳會安",
  "Employees": [
    { "name" : "陳允傑", "tel" : "02-22222222" },
    { "name" : "江小魚", "tel" : "02-33333333" },
    { "name" : "陳允東", "tel" : "04-44444444" }
  ]
}
```

11-2 # 使用 requests 取得網路資料

Python 程式可以使用 requests 模組送出 HTTP 請求來取得網路資料。在 Python 開發環境安裝 requests 套件的命令列指令，如下所示：

```
pip install requests==2.28.1  Enter
```

當成功安裝 requests 套件後，在 Python 程式可以匯入模組，如下所示：

```
import requests
```

11-2-1　requests 的 GET 和 POST 請求

HTTP 請求是使用 HTTP 通訊協定送出請求，主要有兩種方法，其簡單說明如下所示：

▷ GET 方法：在瀏覽器輸入 URL 網址送出的請求就是 GET 方法的 HTTP 請求，這是向 Web 伺服器要求資源的 HTTP 請求。

▷ POST 方法：在瀏覽器顯示的 HTML 表單輸入欄位資料後，按下按鈕送出欄位資料，就是使用 POST 方法的 HTTP 請求，將欄位輸入資料送至 Web 伺服器，可以取得表單送回的網路資料。

♀ requests 的 GET 請求：ch11-2-1.py

Python 程式是使用 get() 方法送出 HTTP 請求，其回應是 Response 物件，我們可以使用下表的相關屬性來取得回應資料，如下表所示：

屬性	說明
text	編碼的 HTML 標籤字串，可以使用 encoding 屬性指定使用的編碼，例如：utf8（utf-8）或 big5 等
contents	沒有編碼的位元組資料，適用非文字內容的 HTTP 請求
encoding	取得 HTML 標籤字串的編碼
status_code	狀態碼，值 200 或 requests.codes.ok 表示請求成功，值 4xx 表示客戶端錯誤，例如：404 是請求資源不存在；5xx 是伺服器錯誤

在 Python 程式使用 requests 模組送出 GET 請求，可以取得 URL 網址 https://fchart.github.io/test.html 的 HTML 網頁標籤內容，如下所示：

```
import requests
```

```
url = "https://fchart.github.io/test.html"
response = requests.get(url)
if response.status_code == 200:
    print(response.text)
    print("編碼: ", response.encoding)
else:
    print("錯誤！ HTTP請求失敗...")
```

上述程式碼匯入 requests 模組後，呼叫 requests.get() 方法送出 HTTP 請求，在 if/else 條件判斷是否請求成功，成功，就顯示回應的 HTML 網頁內容和編碼。其執行結果可以看到 HTML 標籤和最後的編碼 utf-8，如下所示：

```
>>> %Run ch11-2-1.py
<html>
<head>
<meta charset="utf-8"/>
<title>測試的HTML5網頁</title>
</head>
<body>
<h3>從網路取得資料</h3><hr/>
<div><p>使用Requests套件送出HTTP請求</p></div>
</body>
</html>
編碼:  utf-8
```

📍 requests 的 POST 請求：ch11-2-1a.py

為了方便測試 HTTP 請求和回應，我們可以使用 httpbin.org 服務來進行測試。在 httpbin.org 網站提供 HTTP 請求／回應的測試服務，類似 Echo 服務，可以將送出的 HTTP 請求，使用 JSON 回應送出的 HTTP 請求資料，支援 GET 和 POST 方法等多種方法，其 URL 網址如下所示：

http://httpbin.org

　　請捲動上述網頁，可以看到分類列出目前支援的服務，請點選【HTTP Methods】展開清單，可以看到各種 HTTP 方法。

　　在 Python 程式是使用 post() 方法送出 http://httpbin.org/post 的 POST 請求，POST 請求就是 HTML 表單送回（詳見第 11-5 節），我們需要同時送出表單欄位的輸入資料，如下所示：

```
post_data = {'name': '陳會安', 'grade': 95}
r = requests.post("http://httpbin.org/post", data=post_data)
print(r.text)
```

　　上述 post_data 是表單送出的 Python 字典，name 和 grade 是欄位名稱，post() 方法是送出請求至 http://httpbin.org/post，可以將送出的請求自動以 JSON 格式來回傳，data 參數是送出的表單欄位資料。其執行結果可以在回傳 JSON 資料的 form 鍵看到送出的表單欄位資料，如下所示：

```
>>> %Run ch11-2-1a.py

{
  "args": {},
  "data": "",
  "files": {},
  "form": {
    "grade": "95",
    "name": "\u9673\u6703\u5b89"
  },
  "headers": {
```

　　上述中文內容顯示的是亂碼，因為這是 unicode 編碼字串，我們可以複製字串至 https://dencode.com/string/unicode-escape 來進行解碼。

11-2-2　URL 參數與 Cookie

　　在 HTTP GET 請求可以加上 URL 參數、附加 Cookie 來送出 HTTP 請求，和偽裝成瀏覽器送出的 HTTP 請求。

◉ 處理 URL 網址參數：ch11-2-2.py

　　在 get() 方法參數的 URL 網址最後可以加上 URL 參數，這是位在「?」問號之後的成對 URL 參數值，如下所示：

```
http://httpbin.org/get?a=15
```

　　上述超連結有 1 個名為 a 的 URL 參數，其值為 15。如果參數不只一個，請使用「&」符號分隔，如下所示：

```
http://httpbin.org/get?a=15&b=22
```

　　上述 URL 網址傳遞參數 a 和 b，其值分別是「=」等號後的 15 和 22。Python 程式和 ch11-2-1.py 相似，只有 URL 網址字串不同，如下所示：

```
url = "http://httpbin.org/get?a=15&b=22"
r = requests.get(url)
if r.status_code == 200:
    print(r.text)
else:
    print("錯誤! HTTP請求失敗...")
```

　　上述程式碼使用 get() 方法送出請求，其執行結果可以回傳 URL 參數值 a 和 b，如下圖所示：

```
>>> %Run ch11-2-2.py
  {
    "args": {
      "a": "15",
      "b": "22"
    },
    "headers": {
```

📍 requests 的 Cookie：ch11-2-2a.py

　　Cookies 英文原義是小餅乾，可以在瀏覽器保留使用者的瀏覽資訊，如果 HTTP 請求需要加入 Cookie 資料，我們可以在 get() 方法使用 cookies 參數來指定 Python 字典的 cookies 值，如下所示：

```
url = "http://httpbin.org/cookies"

cookies = dict(name='Joe Chen')
r = requests.get(url, cookies=cookies)
print(r.text)
```

　　上述程式碼建立 Cookie 資料的字典（請注意！Cookie 值一定是字串；不能是數字）後，在 cookies 參數指定加入的 Cookie，其執行結果可以回傳我們加入的 Cookie 資料，如下所示：

```
>>> %Run ch11-2-2a.py
{
    "cookies": {
        "name": "Joe Chen"
    }
}
```

◈ 偽裝成瀏覽器送出的 HTTP 請求：ch11-2-2b.py

Python 程式送出的 HTTP 請求可以在 get() 方法指定 User-agent，偽裝成是從 Chrome 瀏覽器送出的 HTTP 請求，如下所示：

```
url = "http://httpbin.org/user-agent"

headers = {'user-agent': 'Mozilla/5.0 (Windows NT 10.0; Win64; x64)
AppleWebKit/537.36 (KHTML, like Gecko)
Chrome/63.0.3239.132 Safari/537.36'}
r = requests.get(url, headers=headers)
print(r.text)
```

上述程式碼的 headers 變數是 user-agent 的標頭資訊，然後在 get() 方法指定送出自訂標頭資訊，其執行結果可以回傳 User-agent 是 Chrome 瀏覽器。

11-3　自動化下載網路圖檔

我們可以使用 requests 開啟串流來下載圖檔，也就是將 Web 網站顯示的圖片下載儲存成電腦的圖檔。Python 程式：ch11-3.py 可以從 URL 網址 https://fchart.github.io/img/Butterfly.png 下載 PNG 格式的圖檔，如下所示：

```
import requests

url = "https://fchart.github.io/img/Butterfly.png"
path = "Butterfly.png"
response = requests.get(url, stream=True)
if response.status_code == 200:
    with open(path, 'wb') as fp:
        for chunk in response:
            fp.write(chunk)
    print("圖檔已經下載")
else:
    print("錯誤! HTTP請求失敗...")
```

上述 requests.get() 方法的第 1 個參數是圖檔的 URL 網址，第 2 個參數 stream=True 表示回應串流，在 if/else 條件判斷是否請求成功，成功就開啟二進位檔案，open() 函數的第 2 個參數 'wb' 是寫入二進位檔，然後使用 for 迴圈讀取 response 回應串流，和呼叫 write() 方法將資料寫入檔案，其執行結果如下所示：

```
>>> %Run ch11-3.py
圖檔已經下載
```

上述訊息表示已經成功下載，在 Python 程式的相同目錄可以看到下載的圖檔 "Butterfly.png"。

11-4 自動化下載 Web API 和 Open Data 資料

Open Data 開放資料可以從網站手動下載，或建立 Python 程式來自動下載 Open Data 資料和儲存成 CSV 或 JSON 檔案，然後就可以在第 12 章將 CSV 或 JSON 資料存成 Excel 檔案。

Web API 就是 REST API，REST（REpresentational State Transfer）是架構在 WWW 的 Web 應用程式架構，目前政府機構和各大軟體廠商都提供有付費或免費的 Web API，Python 程式可以透過 Web API 來取得網路資料，其回應資料大多是 JSON 資料。Web API 可以分成兩種，如下所示：

▷ 公開 API（Public/Open API）：不需註冊帳號就可以使用的 Web API。

▷ 認證 API（Authenticated API）：需要先註冊帳號後才能使用的 Web API，帳號可能需付費或免費註冊，在註冊後，可以得到 API 金鑰（API Key），執行 Web API 時，需要附上 API 金鑰的認證資料。

11-4-1　直接下載網路的 Open Data 資料

目前很多網站或政府單位的 Open Data 開放資料網站都可以直接下載資料，我們不用撰寫任何 Python 程式碼就可以取得所需的資料。

♀ 下載台灣期交所未平倉量

台灣期交所三大法人未平倉量的下載網址，如下所示：

https://www.taifex.com.tw/cht/3/futAndOptDateView

在上述表格輸入日期範圍，按【下載】鈕，可以下載三大法人未平倉量。下載大額交易人未平倉量的 URL 網址，如下所示：

https://www.taifex.com.tw/cht/3/largeTraderFutView

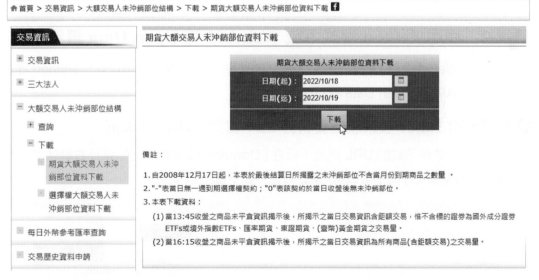

在上述表格輸入日期範圍，按【下載】鈕，可以下載大額交易人未平倉量。

● 下載美國 Yahoo 的股票歷史資料

在美國 Yahoo 財經網站可以下載股票的歷史資料，例如：台積電，其 URL 網址，如下所示：

https://finance.yahoo.com/quote/2330.TW

上述網址最後的 2330 是台積電的股票代碼，.TW 是台灣股市，如下圖所示：

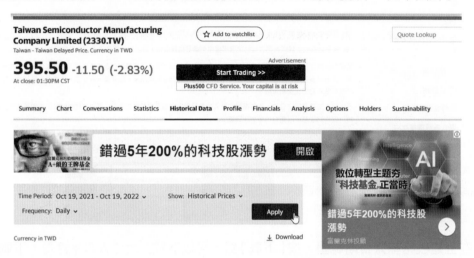

請在上述網頁選【Historical Data】標籤後，在下方左邊選擇時間範圍，右邊按【Apply】鈕顯示股票的歷史資料後，點選下方【Download】超連結，可以下載以股票名稱為名的 CSV 檔案。

11-4-2　使用 Python 程式下載 Web API 和 Open Data 資料

當取得 Web API 或 Open Data 資料的 URL 網址後，我們就可以建立 Python 程式來下載 Web API 或 Open Data 資料。

● 取得美國 Yahoo 股票歷史資料的 CSV 檔案：ch11-4-2.py

首先需要取得下載的 URL 網址，請在【Download】超連結上，執行右鍵快顯功能表的【複製連結網址】命令來取得 URL 網址，如下圖所示：

Python 程式是使用 requests 模組送出 HTTP 請求，首先依序指定輸出檔名、URL 網址和 User-agent，以便偽裝成瀏覽器，如下所示：

```
fname = "2330TW.csv"
url =
"https://query1.finance.yahoo.com/v7/finance/download/2330.TW?period1=16346243
07&period2=1666160307&interval=1d&events=history&includeAdjustedClose=true"
headers = {'user-agent': 'Mozilla/5.0 (Windows NT 10.0; Win64; x64)
AppleWebKit/537.36 (KHTML, like Gecko) Chrome/63.0.3239.132 Safari/537.36'}
r = requests.get(url, stream=True, headers=headers)
```

上述程式碼呼叫 get() 方法送出 HTTP 請求，第 1 個參數是下載的 URL 網址，stream 參數值 True 取得檔案串流。在下方 if 條件判斷 status_code 是否是 200，如果是，表示 HTTP 請求成功，如下所示：

```
if r.status_code == 200:
    r.raw.decode_content = True
    with open(fname, 'wb') as fp:
        shutil.copyfileobj(r.raw, fp)
    print("已經成功下載CSV檔案:", fname)
```

上述程式碼指定解碼回傳的原料資料 r.raw 後，使用 with/as 程式區塊呼叫 open() 函數開啟二進位檔案，即可呼叫 shutil.copyfileobj() 方法將資料寫入 CSV 檔案。其執行結果可以建立 CSV 檔案 "2330TW.csv"。

取得 Youbike 即時資料的 JSON 檔案：ch11-4-2a.py

在臺北市資料大平台的 Open Data 開放資料可以搜尋和下載 Youbike 2.0 即時資料，請在官方網址輸入 YouBike2.0 進行搜尋，即可看到此資料集，其 URL 網址如下所示：

https://data.taipei/

上述 Youbike 2.0 即時資料是每分鐘更新，其 URL 網址如下所示：

https://tcgbusfs.blob.core.windows.net/dotapp/youbike/v2/youbike_immediate.json

Youbike 2.0 即時資料是每分鐘都會更新的 JSON 檔案，Python 程式可以自動取得 JSON 資料儲存成 JSON 檔案 "Youbike2.json"。首先指定輸出檔名和 URL 網址，如下所示：

```
fname = "Youbike2.json"
url = "https://tcgbusfs.blob.core.windows.net/dotapp/youbike/v2/youbike_
immediate.json"

r = requests.get(url)
```

上述程式碼呼叫 get() 方法送出 HTTP 請求，第 1 個參數是下載的 URL 網址。在下方 if 條件判斷 status_code 是否是 200，如果是，表示 HTTP 請求成功，如下所示：

```
if r.status_code == 200:
    r.encoding = "utf-8"
    with open(fname, 'w', encoding="utf8") as fp:
        fp.write(r.text)
```

上述程式碼指定編碼 "utf-8" 後，在 with/as 程式區塊呼叫 open() 函數開啟文字檔案來寫入 JSON 檔案 "Youbike2.json" 檔案。

11-5 自動化取得 HTML 表單送回的網路資料

如果 requests 模組送出的是 POST 請求的 HTML 表單送回，我們需要使用開發人員工具先找出 HTML 表單欄位值後，再使用 requests 模組來送出 POST 請求。

11-5-1 使用 RestMan 擴充功能測試 HTTP 請求

在分析 HTML 表單送回時，我們常常需要使用取得的欄位值來測試 HTTP 請求，RestMan 的 Chrome 擴充功能提供圖形化介面來幫助我們測試 HTTP 請求，和格式化檢視 HTTP 請求的回應資料。

♀ 安裝 RestMan 擴充功能

在 Chrome 瀏覽器安裝 RestMan 需要進入 Chrome 應用程式商店，其步驟如下所示：

Step 1 請啟動 Chrome 輸入網址 https://chrome.google.com/webstore/，進入
Chrome 應用程式商店，在左上方欄位輸入【RestMan】搜尋擴充功能，可
以在右邊看到搜尋結果，選【RestMan】。

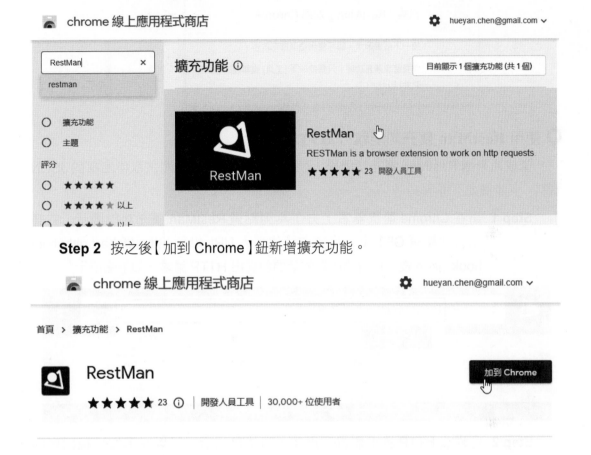

Step 2 按之後【加到 Chrome】鈕新增擴充功能。

Step 3 可以看到權限說明對話方塊，按【新增擴充功能】鈕安裝 RestMan。

Step 4 稍等一下，可以看到在工具列新增擴充功能的圖示，如下圖所示：

使用 RestMan 擴充功能執行 HTTP 請求

當成功新增 RestMan 擴充功能後，就可以使用 RestMan 測試取得回應的 JSON 資料，其步驟如下所示：

Step 1 請在 Chrome 瀏覽器右上方工具列點選 RestMan 擴充功能圖示，在請求方法欄選 GET 後，在後方欄位填入 URL 網址 https://fchart.github.io/books.json 後，按游標所在的箭頭鈕送出 HTTP 請求，如下圖所示：

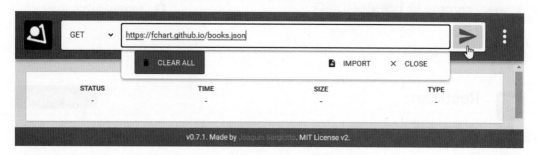

Step 2 在送出 HTTP 請求取得回應後，請捲動視窗，可以在下方檢視回應的 JSON 資料，【JSON】標籤是格式化顯示的 JSON 資料，如下圖所示：

11-5-2　取得 **HTML** 表單送回的網路資料

在本節我們準備使用開發人員工具來分析找出表單送回的欄位資料後，建立 Python 程式來送出 HTTP POST 請求。

🟠 步驟一：找出 **HTML** 表單送回的欄位資料

HTML 表單標籤 \<form> 的 method 屬性值是 POST 或 post，就是 POST 方法。例如：在台灣期貨交易所查詢三大法人依日期的交易資訊，可以看到一個查詢表單，其 URL 網址如下所示：

https://www.taifex.com.tw/cht/3/totalTableDate

請按 F12 鍵開啟開發人員工具後，選【Elements】標籤，在選擇上述 HTML 表單後，可以看到 POST 方法的查詢表單，如下所示：

```
<form id="uForm" … action="totalTableDate" method="post">
</form>
```

接著，選【Network】標籤後，在上述表單選擇日期後，按【送出查詢】鈕，可以看到網路擷取的 HTTP 請求，在【All】標籤，選第 1 個【totalTableDate】請求（即 action 屬性值），可以在右邊【Headers】標籤看到是 POST 請求，如下圖所示：

點選【Payload】標籤，可以看到送出的 HTML 表單欄位輸入資料，queryDate 就是查詢日期欄位，如下圖所示：

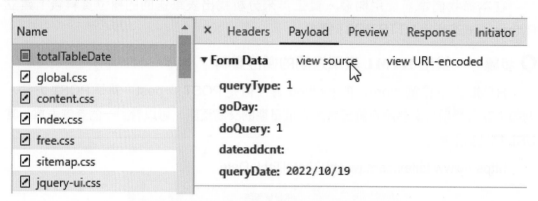

我們可以找出使用者輸入 HTML 表單的欄位名稱和值，以此例是 4 個欄位 queryType、goDay、doQuery 和 dateaddcnt，這些欄位是用來回傳 Web 網站的系統資訊，只有 queryDate 是使用者輸入的日期資料。點選【view source】可以顯示 HTTP 標頭送回的原始資料，如下圖所示：

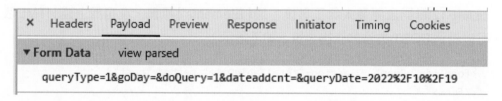

然後從上述【Headers】標籤找出 POST 請求的 URL 網址（位在「General」區段），如下所示：

```
https://www.taifex.com.tw/cht/3/totalTableDate
```

HTML 表單送回欄位值的標頭原始資料，如下所示：

```
queryType=1&goDay=&doQuery=1&dateaddcnt=&queryDate=2022%2F10%2F19
```

步驟二：測試 HTTP POST 請求的表單送回

在找到目標資料的 HTTP POST 請求和 HTTP 表單送回的欄位資料後，就可以使用 RestMan 擴充功能測試表單送回的 HTTP POST 請求。

請啟動瀏覽器點選工具列圖示，開啟 RestMan，選【POST】方法和輸入 URL 網址 https://www.taifex.com.tw/cht/3/totalTableDate，展開 Headers 區段，如下圖所示：

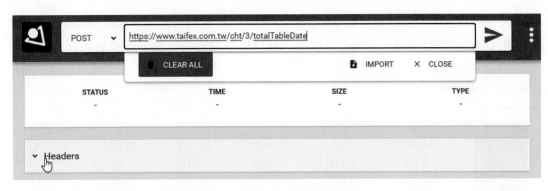

按【ADD HEADER】鈕新增標頭資料，如下圖所示：

在 Header 輸入【Content-Type】；Value 輸入【application/x-www-form-urlencoded】，新增表單送回的標頭資訊，如下圖所示：

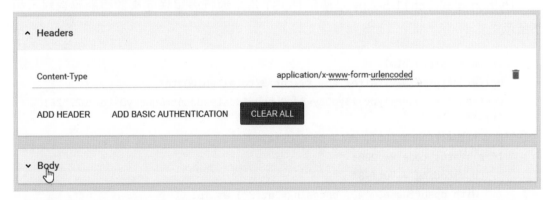

然後展開 Body 區段選【RAW】，即可輸入之前取得表單送回欄位值的標頭原始資料，按上方箭頭鈕來送出 HTTP 請求，如下圖所示：

稍等一下，請捲動視窗，在 Response 區段可以看到回應的 HTML 網頁內容，選【HTML PREVIEW】標籤，可以看到取回的 HTML 表格資料，如下圖所示：

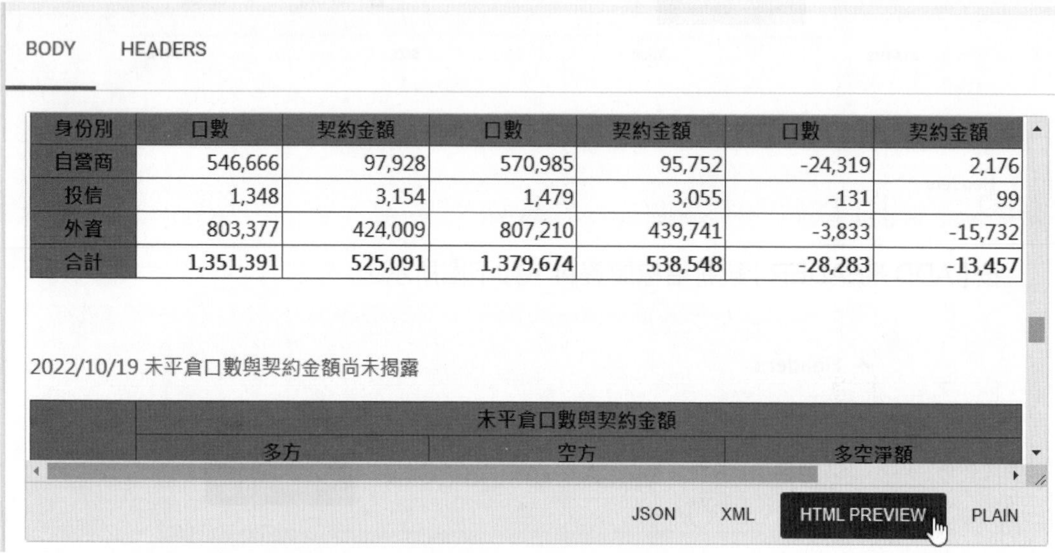

BODY　　HEADERS

身份別	口數	契約金額	口數	契約金額	口數	契約金額
自營商	546,666	97,928	570,985	95,752	-24,319	2,176
投信	1,348	3,154	1,479	3,055	-131	99
外資	803,377	424,009	807,210	439,741	-3,833	-15,732
合計	1,351,391	525,091	1,379,674	538,548	-28,283	-13,457

2022/10/19 未平倉口數與契約金額尚未揭露

未平倉口數與契約金額		
多方	空方	多空淨額

JSON　XML　**HTML PREVIEW**　PLAIN

步驟三：使用 requests 模組送出 POST 請求

Python 程式：ch11-5-2.py 是使用 POST 請求執行表單送回來取得網路資料，如下所示：

```
fname = "stock.html"
url = "https://www.taifex.com.tw/cht/3/totalTableDate"
post_data = "queryType=1&goDay=&doQuery=1&dateaddcnt=&queryDate=2022%2F10%2F19"
r = requests.post(url, data=post_data)
if r.status_code == 200:
    r.encoding = "utf-8"
    with open(fname, 'w', encoding="utf8") as fp:
        fp.write(r.text)
```

上述 post_data 是之前 HTML 表單送回欄位值的標頭原始資料，然後在 post() 方法的 data 參數指定此標頭原始資料，其執行結果可以將 HTML 標籤資料儲存成 "stock.html" 檔案，在第 12 章我們就可以將取得的 HTML 表格資料匯入 Excel 工作表。

11-6 CSV 與 JSON 檔案處理

一般來說，我們從網路取得的資料除了 HTML 標籤外，大部分資料是 CSV 與 JSON 兩種常用格式，在這一節我們準備說明 Python 程式是如何處理這兩種檔案格式。

11-6-1 使用 Python 處理 CSV 資料

我們可以直接使用 Excel 開啟 CSV 檔案（請注意！因為編碼問題，在 CSV 檔案如果內含中文內容，Excel 可能會需要使用匯入文字檔案方式來開啟 CSV 檔案）。

◎ 讀取 CSV 檔案：ch11-6-1.py

Python 程式存取 CSV 檔案是使用 csv 模組，例如：讀取 pl.csv 檔案的內容（即第 11-1-2 節的表格資料），如下所示：

```python
import csv

csvfile = "pl.csv"
with open(csvfile, 'r') as fp:
    reader = csv.reader(fp)
    for row in reader:
        print(','.join(row))
```

上述程式碼匯入 csv 模組後，呼叫 open() 函數開啟檔案，然後使用 csv.reader() 方法讀取檔案內容，for 迴圈讀取每一列資料後，呼叫 join() 方法，可以建立使用「,」逗號分隔的字串，其執行結果可以顯示檔案內容，如下所示：

```
>>> %Run ch11-6-1.py

程式語言,開發者,上市年,副檔名
Python,Guido van Rossum,1991,.py
Java,James Gosling,1995,.java
C++,Bjarne Stroustrup,1983,.cpp
```

◎ 寫入資料至 CSV 檔案：ch11-6-1a.py

Python 程式也可以將 CSV 資料的串列寫入 CSV 檔案，例如：將 CSV 串列寫入 pl2.csv 檔案，如下所示：

```python
import csv

csvfile = "pl2.csv"
```

```
lst1 = [["Python","Cuido van Rossum",1991,".py"],
        ["Java","James Gosling",1995,".java"],
        ["C++","Bjarne Stroustrup",1983,".cpp"]]
with open(csvfile, 'w+', newline='') as fp:
    writer = csv.writer(fp)
    writer.writerow(["程式語言","開發者","上市年","副檔名"])
    for row in lst1:
        writer.writerow(row)
```

上述程式碼呼叫 open() 函數開啟檔案，參數 newline='' 是刪除每一列的多餘換行，然後使用 csv.writer() 方法寫入檔案，writerow() 方法可以寫入一列 CSV 資料，其參數是串列，for 迴圈可以將 list1 串列的每一個項目寫入檔案，其執行結果可以看到 Excel 開啟的檔案內容，如下圖所示：

	A	B	C	D
1	程式語言	開發者	上市年	副檔名
2	Python	Cuido van	1991	.py
3	Java	James Gosl	1995	.java
4	C++	Bjarne Stro	1983	.cpp

pl2

11-6-2　使用 Python 處理 JSON 資料

JSON 是使用大括號定義成對的鍵和值（Key-value Pairs），相當於物件的屬性和值，類似 Python 字典和串列。如果是 JSON 物件陣列，每一個物件就是一筆記錄，可以使用方括號「[ ]」來定義多筆記錄，如同是一個表格資料，如下圖所示：

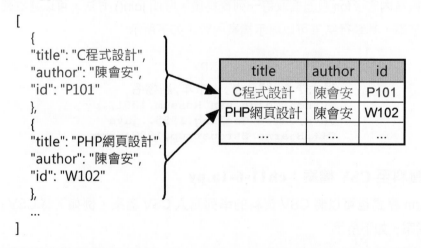

Python 的 JSON 處理是使用 json 模組，只需配合檔案處理即可將 JSON 資料寫入檔案，和讀取 JSON 檔案內容。

JSON 和 Python 字典的轉換：**ch11-6-2.py**

Python 程式可以使用 json 模組的 dumps() 方法，將 JSON 字典轉換成 JSON 字串，loads() 方法是從 JSON 字串轉換成 JSON 字典，如下所示：

```python
import json

data = {
    "name": "Joe Chen",
    "score": 95,
    "tel": "0933123456"
}

json_str = json.dumps(data)
print(json_str)
data2 = json.loads(json_str)
print(data2)
```

上述程式碼首先呼叫 dumps() 方法，將字典轉換成 JSON 資料內容的字串，然後呼叫 loads() 方法，再將字串轉換成字典，其執行結果如下所示：

```
>>> %Run ch11-6-2.py

{"name": "Joe Chen", "score": 95, "tel": "0933123456"}
{'name': 'Joe Chen', 'score': 95, 'tel': '0933123456'}
```

將 JSON 資料寫入檔案：**ch11-6-2a.py**

Python 程式可以使用 json 模組的 dump() 方法，將 Python 字典寫入 JSON 檔案，如下所示：

```python
import json

data = {
    "name": "Joe Chen",
    "score": 95,
    "tel": "0933123456"
}

jsonfile = "Example.json"
with open(jsonfile, 'w') as fp:
    json.dump(data, fp)
```

上述程式碼建立字典 data 後，使用 open() 函數開啟寫入檔案，然後呼叫 dump() 方法將第 1 個參數的 data 字典寫入第 2 個參數的檔案，可以在 Python 程式的目錄看到建立的 "Example.json" 檔案。

♀ 讀取 JSON 檔案：ch11-6-2b.py

Python 程式可以使用 json 模組的 load() 方法，將 JSON 檔案內容讀取成 Python 字典，如下所示：

```python
import json

jsonfile = "Example.json"
with open(jsonfile, 'r') as fp:
    data = json.load(fp)
json_str = json.dumps(data)
print(json_str)
```

上述程式碼開啟 JSON 檔案 "Example.json" 後，呼叫 load() 方法讀取 JSON 檔案轉換成字典，接著轉換成 JSON 字串後顯示 JSON 內容，其執行結果如下所示：

```
>>> %Run ch11-6-2b.py

 {"name": "Joe Chen", "score": 95, "tel": "0933123456"}
```

1. 請問什麼 HTTP 通訊協定？什麼是 CSV 檔案？什麼是 JSON？

2. 請問 requests 套件的功能和用途？我們可以使用哪 2 種方法來送出 GET 和 POST 請求？

3. 請說明如何找出 HTML 表單送回的表單欄位資料？請問什麼是 RestMan 擴充功能？

4. 請簡單說明 Open Data 和 Web API？Python 程式是如何處理 CSV 檔案和 JSON 檔案？

5. 請建立 Python 程式擷取下列 URL 網址的網路資料，如下所示：

   https://fchart.github.io/Example.html

   https://fchart.github.io/books.html

6. 請使用文字檔案儲存圖檔的 URL 清單，每一行是一個 URL 網址，然後建立 Python 程式一次就下載這些圖檔。

7. 請參閱第 11-4-1 節從 Yahoo 網站下載一家國內公司的今年股價資料，然後建立 Python 程式自動下載股價資料。

8. 在 URL 網址：https://fchart.github.io/json/TaiwanRailway.json 是 JSON 資料，請建立 Python 程式下載此網址的 JSON 檔案。

Note

CHAPTER

12

自動化Excel
活頁簿編輯操作

⊚ 本章內容

12-1　Excel 自動化與 openpyxl 套件

　　Python 可以使用 openpyxl 套件來自動化處理 Excel 活頁簿 (或稱試算表) 的新增、開啟和儲存，Excel 工作表的編輯，Excel 儲存格的讀取、寫入和走訪等相關編輯操作。

12-1-1　認識 Excel 試算表軟體

　　微軟 Excel 是 Office 辦公室軟體的一員，這是一套著名的電子試算表軟體，提供直觀的使用介面、功能強大的計算功能和圖表工具，再加上成功的市場行銷，Excel 已經成為目前最流行的資料處理軟體之一。

　　Python+Excel 自動化在本書是使用 openpyxl 套件，此套件支援處理多種副檔名的 Excel 檔案，其說明如下表所示：

副檔名	檔案格式說明
.xlsx	基於 Office Open XML 標準的檔案格式，這也是目前 Excel 預設的檔案格式
.xlsm	啟用巨集的 Excel 檔案
.xltx	保留使用者設定的 Excel 範本檔案
.xltm	啟用巨集的 Excel 範本檔案

　　在 Excel 活頁簿 (Workbook) 或稱為試算表檔案，可以擁有多個工作表 (Worksheet 或 Sheet)，每一個工作表是使用橫的列 (Row) 和直的欄 (Column) 定位儲存格 (Cell) 所組成，如下圖所示：

	A	B	C	D	E	F
1	公司	聯絡人	國家	營業額		
2	USA one	Tom Lee	USA	3,000		
3	Centro c	Francisco Chang	China	5,000		
4	Internat		Austria	6,000		
5	Island Trading		UK	3,000		
6	Laughing Bacchus	Yoshi Tannamuri	Canada	4,000		
7	Alimentari Riuniti	Giovanni Rovelli	Italy	8,000		
8						
9						

工作表1

上述欄是從 A 開始；列是從 1 開始，位在下方是工作表名稱的標籤頁，在工作表可以使用欄和列來定位儲存格，例如：定位「Alimentari Riuniti」資料的儲存格是 A7（先欄後列），即第 7 列的第 1 欄。Excel 相關名詞術語的說明，如下表所示：

中文術語	英文術語	說明
試算表或活頁簿	Spreadsheet 或 Workbook	Excel 建立的檔案是試算表或活頁簿，預設副檔名是 .xlsx
工作表	Worksheet 或 Sheet	每一個試算表或活頁簿可以有多個工作表，用來管理不同分類的資料
列	Row	水平的一整列儲存格，索引是從 1 開始
欄	Column	垂直的一整欄儲存格，索引是從 A 開始
儲存格	Cell	使用欄和列定位的資料儲存單位，例如：左上角儲存格是 A1（先欄後列）

12-1-2　安裝 openpyxl 套件與 Workbook 物件結構

在實際建立 Python 程式執行 Excel 自動化前，我們需要先安裝 openpyxl 套件和了解 Excel 活頁簿的 Workbook 物件結構。

◎ 安裝 openpyxl 套件

在 Python 開發環境安裝 3.0.9 版 openpyxl 套件的命令列指令，如下所示：

```
pip install openpyxl==3.0.9 Enter
```

◎ Excel 活頁簿的 Workbook 物件結構

當成功安裝 openpyxl 後，Python 程式就可以匯入相關類別和模組，然後建立 Workbook 物件來執行自動化，其物件結構如下圖所示：

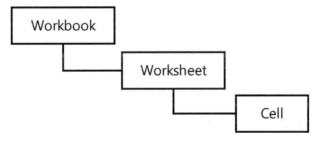

上述 Workbook 活頁簿物件可以有多個 Worksheet 工作表物件，每一個工作表擁有多個 Cell 儲存格物件組成的表格。

12-2 自動化建立 Excel 檔案和工作表

在 Python 程式新增空白 Excel 檔案，就是使用 openpyxl 套件建立 Workbook 物件，如果是存在的 Excel 檔案，可以呼叫 load_workbook() 函數來載入，在編輯後，使用 save() 方法儲存 Excel 檔案。

📍 使用 Python 程式建立空白的 Excel 檔案：ch12-2.py

在 Python 程式只需建立空白 Workbook 物件，就可以儲存成空白的 Excel 檔案，首先匯入 Workbook 類別的活頁簿，如下所示：

```
from openpyxl import Workbook

wb = Workbook()
ws = wb.active

wb.save("成績管理.xlsx")
wb.close()
```

上述程式碼建立空白 Workbook 物件 wb 後，active 屬性是切換至目前的工作表，然後呼叫 save() 方法儲存 Excel 檔案，最後呼叫 close() 方法關閉活頁簿，其執行結果可以在 Python 程式的相同目錄看到 " 成績管理 .xlsx" 的空白 Excel 檔案，預設工作表名稱是 "Sheet"，如下圖所示：

	A	B	C	D	E	F
1						
2						
3						
4						
5						

Sheet

📍 使用 Python 串列和元組建立 Excel 工作表：ch12-2a.py

對於現成的表格資料，例如：記錄班上 2 位學生成績的表格，如下所示：

姓名	國文	英文
陳會安	89	76
江小魚	78	90

上述表格可以儲存成 Python 串列，每一個串列項目是一個元組的單筆記錄資料，

如下所示：

```
records = [("姓名", "國文", "英文"),
           ("陳會安", 89, 76),
           ("江小魚", 78, 90) ]
```

　　在 Python 程式建立空白 Excel 活頁簿後，即可在目前工作表呼叫 append() 方法一次新增一筆記錄，只需走訪上述串列即可將表格資料轉換成 Excel 工作表。

　　Python 程式碼首先建立空白 Workbook 物件和使用 active 屬性切換至目前工作表後，records 變數是欲新增的上述表格資料，如下所示：

```
from openpyxl import Workbook

wb = Workbook()
ws = wb.active
records = [("姓名", "國文", "英文"),
           ("陳會安", 89, 76),
           ("江小魚", 78, 90) ]

for item in records:
    ws.append(item)
```

　　上述 for 迴圈將串列的每一個元組新增至工作表。在下方呼叫 save() 方法儲存 Excel 檔案，如下所示：

```
wb.save("成績管理.xlsx")
wb.close()
```

　　請注意！如果已經開啟上一小節的 Excel 檔，請先關閉檔案，再執行 Python 程式，其執行結果可以建立 Excel 檔案 " 成績管理 .xlsx"，如下圖所示：

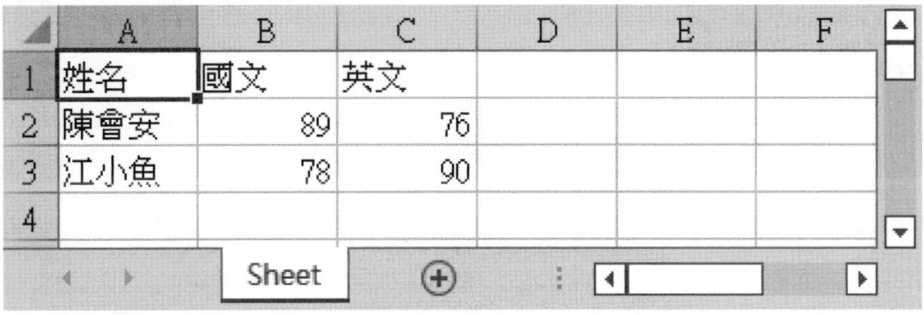

	A	B	C	D	E	F
1	姓名	國文	英文			
2	陳會安	89	76			
3	江小魚	78	90			
4						

Sheet ⊕

♀ 使用 Python 字典建立 Excel 工作表：ch12-2b.py

　　如果將前述表格資料改用 Python 字典來儲存，欄位的標題是鍵，每一欄的值是一個串列，如下所示：

```
records = { "姓名": ["陳會安","江小魚"],
            "國文": [89, 78],
            "英文": [76, 90]}
```

Python 程式需要分別使用 keys() 和 values() 方法取出字典的鍵和值，在值的部分需將巢狀串列拆成多個串列後，才能呼叫 append() 方法新增記錄至工作表，如下所示：

```
wb = Workbook()
ws = wb.active
records = { "姓名": ["陳會安","江小魚"],
            "國文": [89, 78],
            "英文": [76, 90]}

ws.append(list(records.keys()))
```

上述 append() 方法將字典的鍵建立成串列後新增至工作表，即表格的標題列。在下方呼叫 zip() 函數來打包字典，如下所示：

```
data = list(zip(*records.values()))
```

上述 zip(*) 函數的「*」可以將 values() 方法字典值的二維巢狀串列拆開成多個串列，原巢狀串列有 3 個串列項目，如下所示：

```
[['陳會安', '江小魚'], [89, 78], [76, 90]]
```

所以，zip(*records.values()) 函數拆開項目成為 3 個串列的 3 個參數，相當於呼叫下列 zip() 函數，如下所示：

```
zip(['陳會安', '江小魚'], [89, 78], [76, 90])
```

上述 zip() 函數將每一個參數的串列，一一走訪取出對應位置的項目來打包成 2 個元組，如下所示：

```
("陳會安", 89, 76), ("江小魚", 78, 90)
```

上述 2 個元組就是 2 筆記錄，可以使用 for 迴圈呼叫 append() 方法來新增至工作表，如下所示：

```
for item in data:
    ws.append(item)
```

Python 程式的執行結果會建立和 ch12-2a.py 相同的 Excel 檔案 " 成績管理 .xlsx"。

● 開啟 Excel 檔案取得工作表的資訊：**ch12-2c.py**

Python 程式載入 Excel 檔案是呼叫 load_workbook() 函數，在取得 Worksheet 工作表物件 **ws** 後，可以使用下表的相關屬性來取得工作表資訊，其說明如下表所示：

屬性	說明
ws.title	取得工作表的名稱字串
ws.min_column	取得工作表有資料儲存格的最小欄索引
ws.max_column	取得工作表有資料儲存格的最大欄索引
ws.min_row	取得工作表有資料儲存格的最小列索引
ws.max_row	取得工作表有資料儲存格的最大列索引
ws.dimensions	取得工作表有資料儲存格的尺寸範圍，例如：A1:C3（在「:」前是左上角；後是右下角）

Python 程式開啟 Excel 檔案 " 成績管理 .xlsx" 後，切換至目前工作表 **ws**，即可顯示上表的工作表相關資訊，如下所示：

```
from openpyxl import load_workbook

wb = load_workbook("成績管理.xlsx")
ws = wb.active
```

上述 load_workbook() 函數開啟 " 成績管理 .xlsx" 的 Excel 檔案後，使用 active 屬性切換至目前工作表，然後顯示相關屬性值，如下所示：

```
print("工作表名稱:", ws.title)
print("最小欄索引:", ws.min_column)
print("最大欄索引:", ws.max_column)
print("最小列索引:", ws.min_row)
print("最大列索引:", ws.max_row)
print("工作表尺寸:", ws.dimensions)
wb.close()
```

上述程式碼的執行結果可以顯示工作表資訊，最小和最大欄索引 1~3，就是 A~C，最後是工作表的尺寸範圍，如下所示：

```
>>> %Run ch12-2c.py
工作表名稱: Sheet
最小欄索引: 1
最大欄索引: 3
最小列索引: 1
最大列索引: 3
工作表尺寸: A1:C3
```

將 Excel 儲存格的索引值轉換成英文字母：ch12-2d.py

在 Excel 工作表的欄位是使用字母 "A" 代表欄索引 1，"B" 是 2，以此類推，ch12-2c.py 執行結果的 Excel 工作表最小欄索引是 1；最大欄索引是 3，openpyxl.utils 提供相關函數將索引值轉換成英文字母，如下所示：

```python
from openpyxl import load_workbook
from openpyxl.utils import get_column_letter, column_index_from_string

wb = load_workbook("成績管理.xlsx")
ws = wb.active

print("索引1的字母:", get_column_letter(1))
print("字母C的索引:", column_index_from_string("C"))
print("最小欄字母:", get_column_letter(ws.min_column))
print("最大欄字母:", get_column_letter(ws.max_column))
wb.close()
```

上述程式碼匯入 get_column_letter() 和 column_index_from_string() 函數後，就可以呼叫函數將索引值轉換成字母；字母轉換成索引值，最後將最小欄索引和最大欄索引轉換成字母，其執行結果如下所示：

```
>>> %Run ch12-2d.py
    索引1的字母: A
    字母C的索引: 3
    最小欄字母: A
    最大欄字母: C
```

12-3 自動化讀取、更新與走訪 Excel 儲存格資料

當成功建立 Excel 檔案和取得工作表後，就可以使用 openpyxl 套件來顯示 Excel 工作表的每一列、每一欄、指定範圍和編輯儲存格資料。

12-3-1 在 Excel 儲存格寫入和更改資料

Excel 工作表如同二維陣列，Python 程式可以使用欄和列索引來定位指定的儲存格，我們共有 2 種方式來定位儲存格，如下所示：

▷ 方法一：使用欄列組合字串，例如："A1" 的 A 是欄；1 是列。

▷ 方法二：呼叫 cell() 方法，使用列和欄索引的 row 和 column 參數，例如：cell(row=2, column=2)。

在 Excel 工作表寫入整欄的儲存格資料：**ch12-3-1.py**

在 Python 程式可以使用方法一，在 Excel 工作表的最後新增一整欄的數學成績，首先呼叫 load_workbook() 函數載入 Excel 檔案 " 成績管理 .xlsx"，和切換至目前工作表，如下所示：

```
wb = load_workbook("成績管理.xlsx")
ws = wb.active

ws["D1"] = "數學"
ws["D2"] = 80
ws["D3"] = 76

wb.save("成績管理2.xlsx")
wb.close()
```

上述程式碼使用欄列組合字串，"D1"、"D2" 和 "D3" 定位儲存格，可以建立整個 "D" 欄的儲存格資料，最後呼叫 save() 方法儲存 Excel 檔案 " 成績管理 2.xlsx"，其內容如下圖所示：

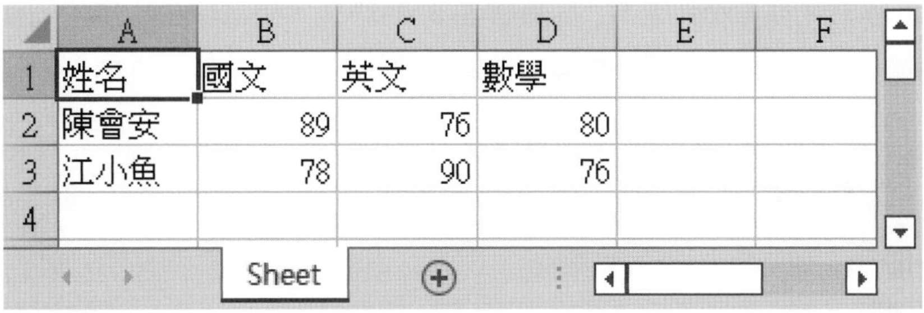

	A	B	C	D	E	F
1	姓名	國文	英文	數學		
2	陳會安	89	76	80		
3	江小魚	78	90	76		
4						

Sheet ⊕

在 Excel 工作表寫入整列的儲存格資料：**ch12-3-1a.py**

在 Python 程式使用方法一和 Python 字典，可以在 Excel 工作表的最後新增一整列的學生成績資料，首先呼叫 load_workbook() 函數載入 Excel 檔案 " 成績管理 2.xlsx"，和切換至目前工作表，如下所示：

```
wb = load_workbook("成績管理2.xlsx")
ws = wb.active

data = { "A4": "王陽明",
         "B4": 65,
         "C4": 66,
         "D4": 55 }

for key, value in data.items():
```

```
        ws[key] = value

    wb.save("成績管理3.xlsx")
    wb.close()
```

上述 data 變數是儲存格資料，鍵就是欄列定位字串，"A4"~"D4"，for 迴圈取出字典的鍵和值後，在字典鍵定位的儲存格寫入字典的值，可以建立索引 4 的整列儲存格資料，最後呼叫 save() 方法儲存 Excel 檔案 " 成績管理 3.xlsx"，其內容如下圖所示：

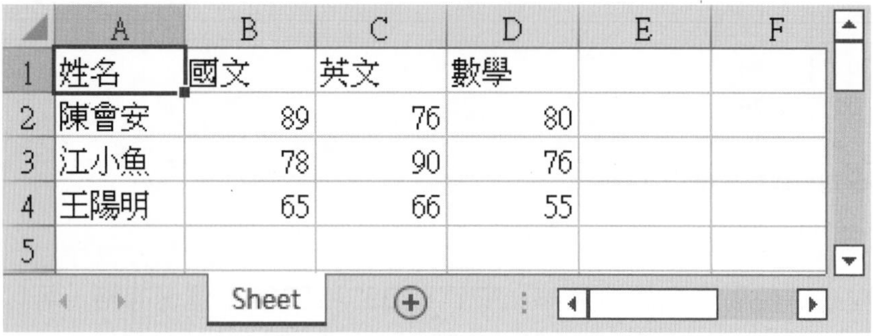

	A	B	C	D	E	F
1	姓名	國文	英文	數學		
2	陳會安	89	76	80		
3	江小魚	78	90	76		
4	王陽明	65	66	55		
5						

Sheet

📍 更改指定 Excel 儲存格的資料：ch12-3-1b.py

Python 程式開啟 Excel 檔案 " 成績管理 3.xlsx" 後，更改學生王陽明的國文成績是 75，數學成績是 66，最後將學生陳會安的數學成績改成 82，如下所示：

```
wb = load_workbook("成績管理3.xlsx")
ws = wb.active

ws["B4"] = 75
ws["D4"] = 66

ws.cell(row=2, column=4).value = 82

wb.save("成績管理4.xlsx")
wb.close()
```

上述程式碼使用方法一定位儲存格後，更改學生王陽明的國文和數學成績，然後使用方法二更改學生陳會安的數學成績，cell() 方法的參數是 row 列和 column 欄的索引值 (從 1 開始)，然後使用 value 屬性指定儲存格的資料，最後呼叫 save() 方法儲存 Excel 檔案 " 成績管理 4.xlsx"，其內容如下圖所示：

	A	B	C	D	E	F
1	姓名	國文	英文	數學		
2	陳會安	89	76	82		
3	江小魚	78	90	76		
4	王陽明	75	66	66		
5						

Sheet　⊕

12-3-2　讀取 Excel 儲存格的資料

在 Python 程式使用與第 12-3-1 節相同的方式定位儲存格後，我們就可以讀取指定的儲存格資料。

○ 讀取指定 Excel 儲存格的資料：ch12-3-2.py

Python 程式在使用工作表名稱 wb["Sheet"] 取得工作表物件 ws，"sheet" 就是工作表名稱字串，然後就可以使用欄和列索引值來讀取指定的儲存格資料，如下所示：

```python
from openpyxl import load_workbook

wb = load_workbook("成績管理4.xlsx")
ws = wb["Sheet"]
v = ws["A1"].value
print("A1儲存格:", v)
v = ws["B2"].value
print("B2儲存格:", v)
v = ws.cell(row=3, column=3).value
print("C3儲存格:", v)
v = ws.cell(row=3, column=4).value
print("D3儲存格:", v)
wb.close()
```

上述程式碼的 ws["A1"] 是第 1 列的第 1 欄；ws["B2"] 是第 2 列的第 2 欄儲存格，然後使用 value 屬性取得儲存格內容，接著使用 cell() 方法的 row 和 column 參數來定位 "C3" 和 "D3" 儲存格，和使用 value 屬性取得儲存格內容，其執行結果如下所示：

```
>>> %Run ch12-3-2.py
    A1儲存格: 姓名
    B2儲存格: 89
    C3儲存格: 90
    D3儲存格: 76
```

📍 讀取多個 Excel 儲存格資料：ch12-3-2a.py

Python 程式在使用工作表名稱 wb["Sheet"] 取得工作表物件 ws 後，可以使用欄和列索引範圍來一次讀取多個儲存格資料，如下所示：

```
wb = load_workbook("成績管理4.xlsx")
ws = wb["Sheet"]
cells = ws["A1:D3"]
for i1, i2, i3, i4 in cells:
    print(i1.value, i2.value,
            i3.value, i4.value)
wb.close()
```

上述程式碼的 ws["A1:D3"] 是儲存格範圍，即 3 列 × 4 欄的表格資料，for 迴圈每次讀取一列的一筆記錄，每筆記錄有 4 個欄位，所以使用 i1、i2、i3、i4 變數取得 4 個儲存格後，使用 value 屬性取得儲存格內容，其執行結果如下所示：

```
>>> %Run ch12-3-2a.py

姓名 國文 英文 數學
陳會安 89 76 82
江小魚 78 90 76
```

12-3-3　走訪顯示每一列和每一欄的儲存格資料

Excel 工作表就是一個表格資料，Python 程式可以使用 openpyxl 套件來走訪顯示每一列和每一欄的儲存格資料。

📍 顯示工作表每一列的儲存格資料：ch12-3-3.py

Python 程式使用 active 屬性取得目前 Worksheet 工作表物件 ws 後，可以使用 rows 屬性取得每一列，然後顯示每一列的儲存格資料，如下所示：

```
wb = load_workbook("成績管理4.xlsx")
ws = wb.active
for row in ws.rows:
    for cell in row:
        print(cell.value, end=" ")
    print()
wb.close()
```

上述二層 for 迴圈的外層走訪工作表的每一列；在內層走訪列的每一欄來顯示儲存格資料，其執行結果如下所示：

```
>>> %Run ch12-3-3.py
姓名 國文 英文 數學
陳會安 89 76 82
江小魚 78 90 76
王陽明 75 66 66
```

📍 顯示工作表每一欄的值：**ch12-3-3a.py**

Python 程式使用 active 屬性取得目前 Worksheet 工作表物件 ws 後，可以使用 columns 屬性取得每一欄，和顯示每一欄的儲存格資料，如下所示：

```
wb = load_workbook("成績管理4.xlsx")
ws = wb.active
for column in ws.columns:
    for cell in column:
        print(cell.value, end=" ")
    print()
wb.close()
```

上述二層 for 迴圈的外層走訪工作表的每一欄；在內層走訪列的每一列來顯示儲存格資料，其執行結果如下所示：

```
>>> %Run ch12-3-3a.py
姓名 陳會安 江小魚 王陽明
國文 89 78 75
英文 76 90 66
數學 82 76 66
```

📍 顯示工作表的所有資料：**ch12-3-3b.py**

當 Python 程式使用工作表名稱 wb["Sheet"] 取得指定工作表物件 ws 後，可以使用 values 屬性取得工作表的所有資料，如下所示：

```
wb = load_workbook("成績管理4.xlsx")
ws = wb["Sheet"]
data = ws.values
for v in data:
    print(v)
wb.close()
```

上述 values 屬性取得工作表儲存格資料的二層巢狀元組後，使用 for 迴圈顯示每一列的元組內容，其執行結果如下所示：

```
>>> %Run ch12-3-3b.py

('姓名', '國文', '英文', '數學')
('陳會安', 89, 76, 82)
('江小魚', 78, 90, 76)
('王陽明', 75, 66, 66)
```

📍 使用 iter_rows() 方法走訪每一列的儲存格：ch12-3-3c.py

Python 程式在取得工作表的 Worksheet 物件 ws 後，可以呼叫 iter_rows() 方法來走訪每一列，這是 Python 產生器物件，可以依序回傳工作表的每一列，如下所示：

```python
wb = load_workbook("成績管理4.xlsx")
ws = wb["Sheet"]
for row in ws.iter_rows():
    for cell in row:
        print(cell.value, end=" ")
    print()
```

上述巢狀 for 迴圈的第一層呼叫 iter_rows() 方法走訪工作表的每一列，第二層走訪和顯示每一列的儲存格內容，其執行結果如下所示：

```
>>> %Run ch12-3-3c.py

姓名 國文 英文 數學
陳會安 89 76 82
江小魚 78 90 76
王陽明 75 66 66
```

📍 使用 iter_rows() 方法走訪指定範圍的儲存格：ch12-3-3d.py

在 iter_rows() 方法可以指定 min_row、max_row、min_col 和 max_col 參數來指定走訪工作表的列欄範圍，如下所示：

```python
for row in ws.iter_rows(min_row=1,
                        max_row=2,
                        min_col=1,
                        max_col=3):
    for cell in row:
        print(cell.value, end=" ")
    print()
```

上述 iter_rows() 方法只走訪工作表的前 2 列和前 3 欄，其執行結果如下所示：

```
>>> %Run ch12-3-3d.py
姓名 國文 英文
陳會安 89 76
```

使用 iter_cols() 方法走訪每一欄的儲存格：ch12-3-3e.py

Python 程式在取得工作表的 Worksheet 物件 ws 後，可以呼叫 iter_cols() 方法來走訪每一欄，這是 Python 產生器物件，可以依序回傳工作表的每一欄，如下所示：

```python
wb = load_workbook("成績管理4.xlsx")
ws = wb["Sheet"]
for col in ws.iter_cols():
    for cell in col:
        print(cell.value, end=" ")
    print()
```

上述巢狀 for 迴圈的第一層呼叫 iter_cols() 方法走訪工作表的每一欄，第二層走訪和顯示每一欄的儲存格內容，其執行結果如下所示：

```
>>> %Run ch12-3-3e.py
姓名 陳會安 江小魚 王陽明
國文 89 78 75
英文 76 90 66
數學 82 76 66
```

使用 iter_cols() 方法走訪指定範圍的儲存格：ch12-3-3f.py

在 iter_cols() 方法一樣可以指定 min_row、max_row、min_col 和 max_col 參數來指定走訪工作表的列欄範圍，如下所示：

```python
for col in ws.iter_cols(min_row=1,
                        max_row=2,
                        min_col=1,
                        max_col=3):
    for cell in col:
        print(cell.value, end=" ")
    print()
```

上述 iter_cols() 方法只走訪工作表的前 3 欄和前 2 列，其執行結果如下所示：

```
>>> %Run ch12-3-3f.py
姓名 陳會安
國文 89
英文 76
```

12-4　自動化 Excel 工作表管理

當成功新增空白活頁簿，或開啟存在 Excel 檔案後，就可以使用 Python 程式碼來新增、插入、切換、更名和刪除 Excel 工作表。

◉ 在 Excel 活頁簿新增工作表：ch12-4.py

當開啟 Excel 檔案後，Python 程式可以使用 create_sheet() 方法新增工作表至目前的工作表之後，參數 title 是工作表名稱，如下所示：

```python
wb = load_workbook("各班的成績管理.xlsx")
ws = wb.create_sheet(title="C班")

records = [("姓名", "國文", "英文"),
           ("張三", 78, 66),
           ("李四", 88, 85) ]
for item in records:
    ws.append(item)

wb.save("各班的成績管理2.xlsx")
```

上述程式碼建立工作表的成績資料後，呼叫 save() 方法儲存 Excel 檔案 " 各班的成績管理 2.xlsx"，其執行結果的 Excel 檔案內容，如下圖所示：

	A	B	C	D	E	F	G
1	姓名	國文	英文				
2	張三	78	66				
3	李四	88	85				
4							

Sheet　C班

◉ 在 Excel 活頁簿插入新工作表：ch12-4a.py

在 openpyxl 的 create_sheet() 方法可以新增參數 title 工作表名稱的工作表，如果是插入新工作表，請使用 index 參數指定插入位置 (從 0 開始)，如下所示：

```python
wb = load_workbook("各班的成績管理2.xlsx")
ws = wb.create_sheet(title="B班", index=1)

records = [("姓名", "國文", "英文"),
           ("王美麗", 68, 55)]
```

```
for item in records:
    ws.append(item)

wb.save("各班的成績管理3.xlsx")
```

上述程式碼插入索引 1 即第 2 頁位置的工作表，其執行結果 Excel 檔案 " 各班的成績管理 3.xlsx" 的內容，如下圖所示：

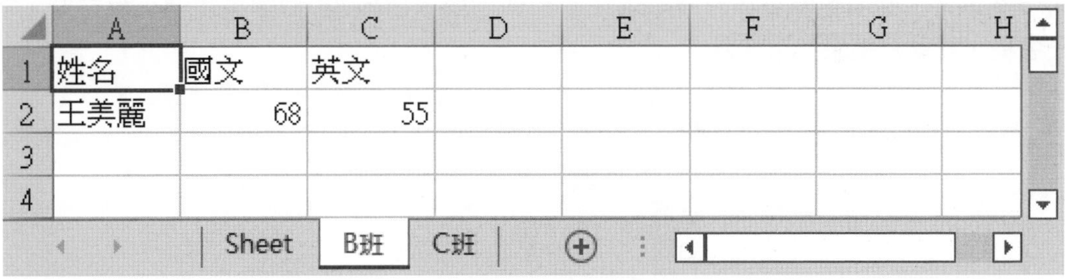

	A	B	C	D	E	F	G	H
1	姓名	國文	英文					
2	王美麗	68	55					
3								
4								

Sheet　**B班**　C班　⊕

📍 更名 Excel 工作表：ch12-4b.py

Python 程式可以使用 title 屬性來更改 Excel 工作表名稱。因為 Excel 檔案 " 各班的成績管理 3.xlsx" 的第 1 個工作表名稱是【 Sheet 】，請更名成【 A 班 】。首先切換至 active 目前工作表，如下所示：

```
wb = load_workbook("各班的成績管理3.xlsx")
ws = wb.active
ws.title = "A班"
wb.save("各班的成績管理4.xlsx")
```

上述程式碼使用 title 屬性更改工作表名稱後，呼叫 save() 方法儲存 Excel 檔案 " 各班的成績管理 4.xlsx"，其執行結果可以看到工作表名稱已經更改，如下圖所示：

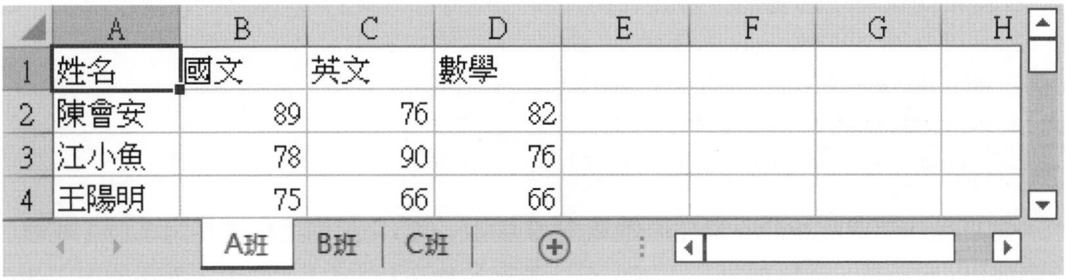

	A	B	C	D	E	F	G	H
1	姓名	國文	英文	數學				
2	陳會安	89	76	82				
3	江小魚	78	90	76				
4	王陽明	75	66	66				

A班　B班　C班　⊕

📍 顯示活頁簿的工作表名稱清單：ch12-4c.py

Python 程 式 在 開 啟 Excel 檔 案 " 各 班 的 成 績 管 理 4.xlsx" 後， 可 以 使 用 sheetnames 屬性顯示工作表名稱清單，這是一個串列，如下所示：

```
wb = load_workbook("各班的成績管理4.xlsx")
```

```
print("工作表數=", len(wb.sheetnames))
print(wb.sheetnames[0])
print(wb.sheetnames[1])
for ws_name in wb.sheetnames:
    print(ws_name, end="")
```

上述程式碼因為工作表清單是一個串列，可以呼叫 len() 函數取得工作表數，然後使用索引一一取出和顯示活頁簿的工作表名稱，最後使用 for 迴圈走訪顯示每一個工作表名稱，其執行結果如下所示：

```
>>> %Run ch12-4c.py
    工作表數= 3
    A班
    B班
    A班B班C班
```

📍 切換 Excel 工作表：ch12-4d.py

Python 程式在開啟 Excel 檔案 " 各班的成績管理 4.xlsx"，和取得工作表名稱清單後，可以使用 active 屬性或工作表名稱來切換 Excel 工作表。首先是切換至 active 的目前工作表，如下所示：

```
wb = load_workbook("各班的成績管理4.xlsx")
ws = wb.active
print("目前工作表名稱:", ws.title)
```

上述程式碼使用 active 屬性切換至目前工作表（active 預設值是 0，即第一個），可以看到切換至【A 班】工作表。然後指定 active 屬性值來切換至指定工作表，如下所示：

```
wb.active = 2
ws = wb.active
print("目前工作表名稱:", ws.title)
```

上述程式碼指定 active 屬性值是 2(從 0 開始)，即目前的工作表是第 3 個工作表，然後使用 wb.active 取得目前工作表，可以看到切換至【C 班】工作表。最後使用工作表名稱來切換 Excel 工作表，如下所示：

```
ws2 = wb["B班"]
print("切換至B班:", ws2.title)
```

上述程式碼使用 "B 班 " 名稱切換至第 2 個工作表，其執行結果如下所示：

```
>>> %Run ch12-4d.py
    目前工作表名稱： A班
    目前工作表名稱： C班
    切換至B班： B班
```

刪除 Excel 工作表：ch12-4e.py

Python 程式可以使用 remove() 方法來刪除工作表，如下所示：

```
wb = load_workbook("各班的成績管理4.xlsx")
ws = wb["C班"]
wb.remove(ws)
wb.save("各班的成績管理5.xlsx")
```

上述程式碼使用 remove() 方法刪除【C 班】工作表，其執行結果可以看到此工作表已經刪除了。

12-5 自動化將外部資料匯入 Excel

對於不同格式的外部資料檔案，例如：在第 11 章下載的 CSV 檔案、JSON 檔案和 HTML 表格的網頁檔案，我們都可以建立 Python 程式將這些外部資料匯入 Excel 檔案。

12-5-1　將 CSV 資料匯入 Excel

在第 11-4-2 節下載台積電股票資訊的 CSV 檔案 "2330TW.csv" 後，Python 程式：ch12-5-1.py 可以自動將此 CSV 檔案轉換匯入成 Excel 工作表，這是使用 csv 模組讀取 CSV 檔案內容的每一列來寫入 Excel 工作表。首先匯入相關模組，然後建立 Workbook 物件和取得目前工作表，如下所示：

```
import csv
from openpyxl import Workbook


wb = Workbook()
ws = wb.active
csvfile = "2330TW.csv"
```

上述 csvfile 變數是 CSV 檔名。在下方 with/as 程式區塊呼叫 open() 函數開啟 CSV 檔，然後使用 reader() 方法讀取檔案內容，如下所示：

```
with open(csvfile, 'r') as fp:
    reader = csv.reader(fp)
    for row in reader:
        ws.append(row)


wb.save("2330TW.xlsx")
wb.close()
```

上述 for 迴圈讀取每一列資料後，呼叫 append() 方法新增每一列資料至 Excel 工作表，最後呼叫 save() 方法寫入 Excel 檔案。其執行結果可以建立 Excel 檔案 "2330TW.xlsx"，其內容是轉換成 Excel 工作表的 CSV 檔案內容，如下圖所示：

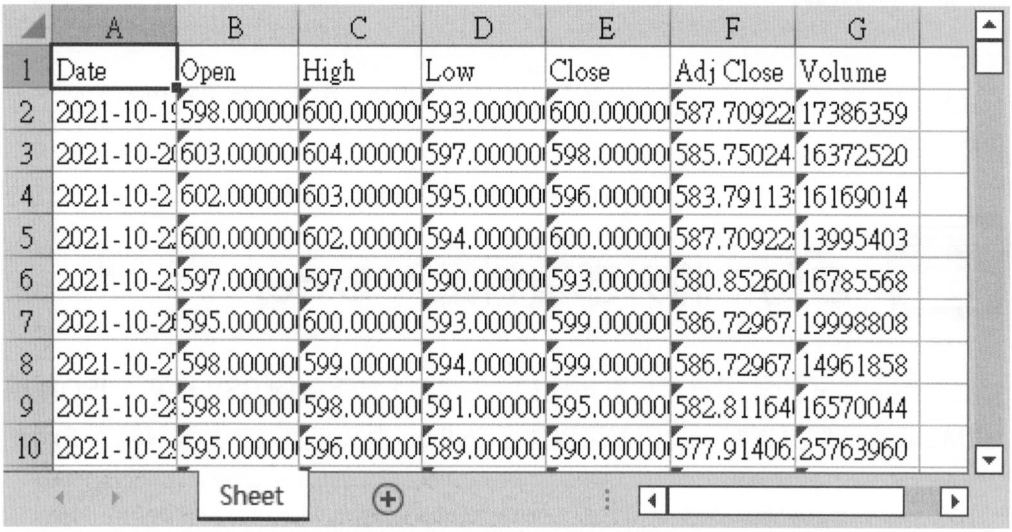

	A	B	C	D	E	F	G
1	Date	Open	High	Low	Close	Adj Close	Volume
2	2021-10-19	598.00000	600.00000	593.00000	600.00000	587.70922	17386359
3	2021-10-2	603.00000	604.00000	597.00000	598.00000	585.75024	16372520
4	2021-10-2	602.00000	603.00000	595.00000	596.00000	583.79113	16169014
5	2021-10-2	600.00000	602.00000	594.00000	600.00000	587.70922	13995403
6	2021-10-2	597.00000	597.00000	590.00000	593.00000	580.85260	16785568
7	2021-10-2	595.00000	600.00000	593.00000	599.00000	586.72967	19998808
8	2021-10-2	598.00000	599.00000	594.00000	599.00000	586.72967	14961858
9	2021-10-2	598.00000	598.00000	591.00000	595.00000	582.81164	16570044
10	2021-10-2	595.00000	596.00000	589.00000	590.00000	577.91406	25763960

Sheet

12-5-2　將 JSON 資料匯入 Excel

JSON 檔案內容如果是 JSON 物件陣列，此時每一個 JSON 物件就是一筆記錄，可以轉換成 Excel 工作表的一列。我們可以使用線上 JSON 編輯器來顯示 JSON 檔案 "Youbike2.json" 的階層結構，如下所示：

https://jsoneditoronline.org/

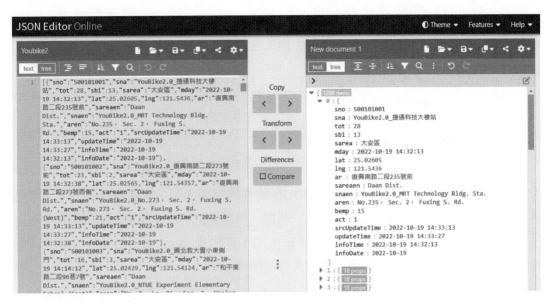

請在右方框點選上方工具列的第 2 個圖示，執行【Open from disk】命令開啟 "Youbike2.json" 檔案，按中間 Transform 下的【>】鈕，再按【Transform】鈕，可以在右邊顯示 JSON 資料的階層結構，這是 JSON 物件陣列，每一個 JSON 物件是一個 Youbike 站點資訊。

Python 程式：ch12-5-2.py 可以將 JSON 檔案轉換匯入成 Excel 工作表。首先匯入相關模組，然後建立 Workbook 物件和取得目前工作表，如下所示：

```python
import json
from openpyxl import Workbook

keys = []
wb = Workbook()
ws = wb.active
```

上述 keys 變數是 JSON 物件的鍵值串列。在下方 with/as 程式區塊使用 open() 函數開啟 JSON 檔案 "Youbike2.json"，如下所示：

```python
with open("Youbike2.json", encoding="utf8") as f:
    json_data = json.load(f)
```

上述程式碼呼叫 load() 方法將 JSON 資料轉換成 Python 字典串列。然後在下方 for 迴圈走訪字典串列的每一個字典，即每一個 Youbike 站點資料，如下所示：

```python
for i in range(len(json_data)):
    json_obj = json_data[i]
```

上述 json_obj 是每一個站點的 Python 字典。在下方 if 條件判斷變數 i 的值是 0 時，表示是讀取第一個站點，我們需要先寫入 Excel 工作表的標題列後，才寫入站點的資料列，如下所示：

```
if i == 0:
    keys = list(json_obj.keys())
    for k in range(len(keys)):
        ws.cell(row=1, column=(k+1)).value = keys[k]
```

上述程式碼使用 keys() 方法建立 JSON 物件的鍵值串列，即標題列的內容，然後使用 for 迴圈寫入標題列 keys 串列的每一個鍵，變數 k 的值 0~(鍵數 -1)，cell() 方法定位第 1 列 (row 參數值是 1)，column 參數值加 1 是因為 range() 函數是從 0 開始，儲存格索引是 k+1 從 1 開始，即可依序寫入各欄的鍵值。

然後在下方使用 for 迴圈寫入 Python 字典的內容，即每一個站點欄位的資料列，如下所示：

```
for j in range(len(keys)):
    ws.cell(row=(i+2), column=(j+1)).value = json_obj[keys[j]]

wb.save("Youbike2.xlsx")
wb.close()
```

上述 cell() 方法的 row 參數值是加 2，因為資料列是從第 2 列開始，for 迴圈可以依序指定資料列的每一個儲存格的內容，最後呼叫 save() 方法寫入 Excel 檔案。其執行結果會建立 Excel 檔案 "Youbike2.xlsx"，其內容是轉換成 Excel 工作表的 JSON 檔案內容，如下圖所示：

12-5-3　將 HTML 表格資料匯入 Excel

如果資料是網頁的 HTML 表格，我們可以使用 Pandas 套件將網頁的 HTML 表格轉換成 Excel 工作表，在 Python 開發環境安裝 pandas 套件 1.5.0 版和剖析 HTML 表格的 lxml 套件的命令列指令，如下所示：

```
pip install pandas==1.5.0  Enter
pip install lxml==4.9.1  Enter
```

Python 程式：ch12-5-3.py 首先匯入 Pandas 套件別名 pd，然後呼叫 read_html() 方法讀取網頁的 HTML 表格，參數是網頁的 URL 網址字串或 HTML 檔案路徑，如下所示：

```
import pandas as pd

tables = pd.read_html("stock.html")

for i in range(len(tables)):
    df = tables[i]
    df.to_excel("stock_table"+str(i)+".xlsx",
                        index=False,
                        engine="openpyxl")
```

上述程式碼因為 HTML 表格可能不只一個，所以使用 for 迴圈一一取出每一個表格，即 tables[0]、tables[1]…，然後呼叫 to_excel() 方法儲存成 Excel 檔案，參數 index 值 False 不儲存列索引，engine 參數指定使用 openpyxl 套件來儲存 Excel 檔案。

Python 程式的執行結果是一個 HTML 表格建立 1 個 Excel 檔案，共建立 7 個 Excel 檔案 "stock_table0.xlsx" ～ "stock_table7.xlsx"，例如："stock_table3.xlsx" 的內容是其中一個 HTML 表格資料，如下圖所示：

	A	B	C	D	E	F	G	H	I
1	0	1	2	3	4	5	6		
2		交易口數	交易口數	交易口數	交易口數	交易口數	交易口數與契約金額		
3		多方	多方	空方	空方	多空淨額	多空淨額		
4	身份別	口數	契約金額	口數	契約金額	口數	契約金額		
5	自營商	546666	97928	570985	95752	-24319	2176		
6	投信	1348	3154	1479	3055	-131	99		
7	外資	803377	424009	807210	439741	-3833	-15732		
8	合計	1351391	525091	1379674	538548	-28283	-13457		
9									

Sheet1 ⊕

1. 請問本章 Python 的 Excel 自動化是使用什麼套件？Workbook 物件結構為何？

2. 請建立 Python 程式新增業績管理的 Excel 檔案 "季業績資料 .xlsx"，工作表名稱是【業務部】，其一月和二月份的業績資料如下表所示：

月份	網路商店	實體店面
一月	35	25
二月	24	43

3. 請建立 Python 程式開啟學習評量 2. 的 Excel 檔案 "季業績資料 .xlsx "，新增整欄【業務直銷】的業績資料：33、25 後，儲存成 "季業績資料 2.xlsx"。

4. 請建立 Python 程式開啟學習評量 3. 的 Excel 檔案 "季業績資料 2.xlsx"，新增【三月】的業績資料：15、32、12 後，儲存成 "季業績資料 3.xlsx"。

5. 請建立 Python 程式開啟學習評量 4. 的 Excel 檔案 "季業績資料 3.xlsx"，更改【二月】的網路商店業績是 26，業務直銷是 30，【三月】的實體店面改成 35 後，儲存成 "季業績資料 4.xlsx"。

6. 請建立 Python 程式分別走訪顯示 Excel 檔案 "季業績資料 4.xlsx" 的每一列和每一欄資料。

7. 請問 Python 是如何將 CSV 和 JSON 檔案轉換成 Excel 工作表？

8. 在 URL 網址：https://fchart.github.io/ML/table.html 是 HTML 表格，請建立 Python 程式，將表格資料轉換成 Excel 檔案。

CHAPTER

13

自動化Excel資料統計 與VBA

🎯 本章內容

13-1 自動化統計 Excel 工作表的整欄與整列資料

在第 12-3-3 節已經說明過如何走訪 Excel 工作表的儲存格，我們只需活用走訪整列或整欄儲存格，即可計算出整列和整欄的總和與平均。

🔎 自動化統計 Excel 工作表的整列資料：ch13-1.py

在 Excel 檔案 " 成績管理 4.xlsx" 是三位學生的三科成績，我們只需分別走訪學生的每一列成績，即可計算出學生三科總分的小計，如下圖所示：

	A	B	C	D	E	F
1	姓名	國文	英文	數學		
2	陳會安	89	76	82		
3	江小魚	78	90	76		
4	王陽明	75	66	66		
5						

上述學生陳會安只需走訪 "B2~D2" 儲存格，即可計算出三科總分來儲存至 "E2" 儲存格，重複 3 次可以計算出三位學生的總分。Python 程式首先載入 Excel 檔案 " 成績管理 4.xlsx"，和切換至目前工作表，如下所示：

```python
wb = load_workbook("成績管理4.xlsx")
ws = wb.active

cols = ["B", "C", "D"]
ws["E1"] = "成績總分"
```

上述 cols 串列是三欄字母索引，"E1" 是欄位標題文字。在下方使用二層巢狀 for 迴圈，在外層 for 迴圈是列索引 2~4，如下所示：

```python
for idx in range(2, 5):
    total = 0
    for col in cols:
        total = total + ws[col+str(idx)].value
    ws["E"+str(idx)] = total

wb.save("成績管理5.xlsx")
```

上述內層 for 迴圈是欄索引字母，可以建立 "B2~D2"、"B3~D3" 和 "B4~D4" 來定位每一列的 3 個儲存格範圍，col+str(idx) 建立索引位置，可以取出儲存格的值來執行加總，然後在 "E"+str(idx) 儲存格存入計算出的總分。最後呼叫 save() 方法儲存 Excel 檔案 " 成績管理 5.xlsx"，其內容如下圖所示：

自動化統計 Excel 工作表的整欄資料：ch13-1a.py

在 Excel 檔案 " 成績管理 5.xlsx" 是三位學生的三科成績，我們只需分別走訪各科的每一欄成績，即可計算出全班各科成績的總分和平均，如下圖所示：

上述國文只需走訪 "B2~B4" 儲存格，即可計算出三位學生總分來儲存至 "B5" 儲存格；成績平均是儲存在 "B6" 儲存格，重複 3 次可以計算出三科總分和平均。Python 程式首先載入 Excel 檔案 " 成績管理 5.xlsx"，和切換至目前工作表，如下所示：

```
wb = load_workbook("成績管理5.xlsx")
ws = wb.active

cols = ["B", "C", "D"]
ws["A5"] = "成績總分"
ws["A6"] = "成績平均"
```

上述 cols 串列是三欄字母索引，"A5~A6" 是列標題文字。在下方使用二層 for 巢狀迴圈，外層 for 迴圈是欄位字母索引 "B~D"，如下所示：

```
for col in cols:
    total = 0
    for idx in range(2, 5):
```

```
            total = total + ws[col+str(idx)].value
        ws[col+"5"] = total
        ws[col+"6"] = total / 3

wb.save("成績管理6.xlsx")
```

上述內層 for 迴圈是列索引 2~4，可以建立 "B2~B4"、"C2~C4" 和 "D2~D4" 來定位每一欄的 3 個儲存格範圍，col+str(idx) 建立索引位置，可以取出儲存格的值來執行加總，然後在 col+"5" 儲存格存入計算出的總分；col+"6" 儲存格存入計算出的平均。最後呼叫 save() 方法儲存 Excel 檔案 " 成績管理 6.xlsx"，其內容如下圖所示：

	A	B	C	D	E	F
1	姓名	國文	英文	數學	成績總分	
2	陳會安	89	76	82	247	
3	江小魚	78	90	76	244	
4	王陽明	75	66	66	207	
5	成績總分	242	232	224		
6	成績平均	80.66667	77.33333	74.66667		

Sheet

13-2 在 Excel 儲存格自動化套用公式和 Excel 函數

Excel 資料處理上的強大功能之一，就是可以在 Excel 儲存格套用「公式」（Formulas），讓我們套用數學運算至指定範圍的儲存格。

13-2-1 在 Excel 儲存格套用公式

Python 可以使用 openpyxl 套件在 Excel 儲存格指定公式等數學運算，其作法和實際 Excel 操作相同，就是將儲存格指定成公式字串。

📍 在 Excel 儲存格指定套用 SUM() 函數的公式：ch13-2-1.py

Excel 計算總和是使用 SUM() 函數，可以計算參數儲存格範圍的總和，其語法如下所示：

```
=SUM(cell1:cell2)
```

Python 程式在開啟 Excel 檔案 " 成績管理 4.xlsx" 和取得目前工作表 ws 後，在儲存格使用 SUM() 函數計算指定儲存格範圍的總和，如下所示：

```
wb = load_workbook("成績管理4.xlsx")
ws = wb.active
ws["E1"] = "成績總分"
ws["E2"] = "=SUM(B2:D2)"
ws["E3"] = "=SUM(B3:D3)"
ws["E4"] = "=SUM(B4:D4)"
wb.save("成績管理_SUM.xlsx")
```

上述程式碼指定 Excel 儲存格 "E2~E4" 套用 SUM() 公式來計算總分，其執行結果可以儲存 Excel 檔案 " 成績管理 _SUM.xlsx"，顯示計算出的每一列總和，如下圖所示：

	A	B	C	D	E	F
1	姓名	國文	英文	數學	成績總分	
2	陳會安	89	76	82	247	
3	江小魚	78	90	76	244	
4	王陽明	75	66	66	207	
5						

Sheet

♀ openpyxl 套件支援的 Excel 函數：ch13-2-1a.py

Python 程 式 可 以 顯 示 openpyxl 套 件 支 援 的 Excel 函 數 清 單。 首 先 匯 入 FORMULAE，如下所示：

```
from openpyxl.utils import FORMULAE

print(FORMULAE)
```

上述程式碼顯示 frozenset 物件的內容，可以看到支援的 Excel 函數清單，如下所示：

```
>>> %Run ch13-2-1a.py
```

```
frozenset({'PMT', 'MONTH', 'LCM', 'SINH', 'DEC2HEX', 'ERF', 'BESSELY', …
```

♀ 在 Excel 工作表的整欄儲存格套用相同公式：ch13-2-1b.py

如果是整欄的 Excel 儲存格都需要套件相同的公式，Python 程式可以使用 for 迴圈來處理。首先載入 Excel 檔案 " 成績管理 4.xlsx" 和取得 "Sheet" 工作表物件 ws，如下所示：

```
wb = load_workbook("成績管理4.xlsx")
```

```
ws = wb["Sheet"]
ws["E1"] = "成績總分"
for i in range(2, 5):
    ws["E"+str(i)] = "=SUM(B"+str(i)+":D"+str(i)+")"

wb.save("成績管理_SUM2.xlsx")
```

上述程式碼新增 "E1" 儲存格值是 " 成績總分 " 後，使用 for 迴圈套用 "E2:E4" 儲存格範圍是相同的公式 SUM() 函數，即套用一整欄，在 for 迴圈的計數器變數 i 的值依序是：2、3、4，"E"+str(i) 建立定位的欄列字串，依序是："E2"、"E3" 和 "E4"，然後在此儲存格指定 SUM() 函數，如下所示：

```
ws["E"+str(i)] = "=SUM(B"+str(i)+":D"+str(i)+")"
```

上述 SUM() 函數的範圍依序是："B2:D2"、"B3:D3" 和 "B4:D4"，可以計算此列之前儲存格的總和。然後儲存 Excel 檔案 " 成績管理 _SUM2.xlsx"，可以看到最後一欄顯示的成績總和，如下圖所示：

	A	B	C	D	E	F
1	姓名	國文	英文	數學	成績總分	
2	陳會安	89	76	82	247	
3	江小魚	78	90	76	244	
4	王陽明	75	66	66	207	
5						

在 Excel 工作表的整列儲存格套用相同公式：ch13-2-1c.py

Python 程式 ch13-2-1b.py 是計算同一列儲存格的總分，同理，我們可以在 Excel 整列的儲存格都套用相同的公式 SUM() 函數，改為計算整欄儲存格的小計。首先載入 Excel 檔案 " 成績管理 4.xlsx" 和取得 "Sheet" 工作表物件 ws，如下所示：

```
wb = load_workbook("成績管理4.xlsx")
ws = wb["Sheet"]
cols =["B", "C", "D"]
for col in cols:
    ws[col+"5"] = "=SUM("+col+"2:"+col+"4)"

wb.save("成績管理_SUM3.xlsx")
```

上述程式碼建立欄位串列 cols，這是準備套用公式計算整欄總和的欄位字串串列，然後使用 for 迴圈套用 "B5:D5" 儲存格的公式，即在一整列套用相同的公式，在 for

迴圈的計數器變數 i 的值依序是："B", "C", "D"，col+"5" 建立定位的欄列字串，依序是："B5"、"C5" 和 "D5"，然後在此儲存格指定 SUM() 函數，如下所示：

```
ws[col+"5"] = "=SUM("+col+"2:"+col+"4)"
```

上述 SUM() 函數的範圍依序是："B2:B4"、"C2:C4" 和 "D2:D4"，可以計算此列之前整欄儲存格的總和。然後儲存 Excel 檔案 " 成績管理 _SUM3.xlsx"，可以看到最後一列顯示的總和，如下圖所示：

	A	B	C	D	E	F
1	姓名	國文	英文	數學		
2	陳會安	89	76	82		
3	江小魚	78	90	76		
4	王陽明	75	66	66		
5		242	232	224		
6						

Sheet

13-2-2　在 Excel 儲存格套用常用的 Excel 函數

在說明如何在 Excel 儲存格套用公式 SUM() 函數後，這一節我們就來看一看一些儲存格常用的其他數學運算。Excel 範例檔案 " 全班成績管理 .xlsx" 的內容，如下圖所示：

	A	B	C	D	E	F
1	姓名	國文	英文	數學	數學加權	
2	陳會安	89	76	82	1.1	
3	江小魚	78	90	76	1.2	
4	王陽明	75	66	66	1	
5	張三	68		55	1.4	
6						

A班

計算乘積：ch13-2-2.py

Excel 計算乘積是使用 PRODUCT() 函數，可以計算參數儲存格範圍的乘積，其語法如下所示：

```
=PRODUCT(cell1:cell2)
```

Python 程式的 Excel 工作表因為數學成績有加權調整，所以使用 PRODUCT() 函數計算指定儲存格範圍的乘積。首先載入 Excel 檔案 " 全班成績管理 .xlsx" 和取得 "A班 " 工作表物件 ws，如下所示：

```
wb = load_workbook("全班成績管理.xlsx")
ws = wb["A班"]
ws["F1"] = "調整分數"
for i in range(2, 6):
    ws["F"+str(i)] = "=PRODUCT(D"+str(i)+":E"+str(i)+")"

wb.save("全班成績管理_PRODUCT.xlsx")
```

上述程式碼新增 "F1" 儲存格值是 " 調整分數 " 後，使用 for 迴圈套用 "F2:F5" 儲存格範圍是相同的公式 PRODUCT() 函數，即套用一整欄，其執行結果可以建立 Excel 檔案 " 全班成績管理 _PRODUCT.xlsx"，可以看到計算乘積值的調整分數，如下圖所示：

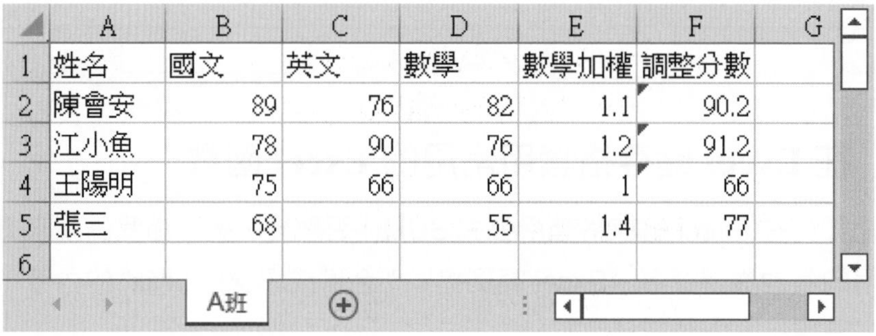

	A	B	C	D	E	F	G
1	姓名	國文	英文	數學	數學加權	調整分數	
2	陳會安	89	76	82	1.1	90.2	
3	江小魚	78	90	76	1.2	91.2	
4	王陽明	75	66	66	1	66	
5	張三	68		55	1.4	77	
6							

A班

📍 計算平均：ch13-2-2a.py

Excel 計算平均是使用 AVERAGE() 函數，可以計算參數儲存格範圍的平均，其語法如下所示：

```
=AVERAGE(cell1:cell2)
```

Python 程式使用 AVERAGE() 函數計算學生成績的平均，首先載入 Excel 檔案 " 全班成績管理 .xlsx" 和取得 "A 班 " 工作表物件 ws，如下所示：

```
wb = load_workbook("全班成績管理.xlsx")
ws = wb["A班"]
ws["F1"] = "成績平均"
for i in range(2, 6):
    ws["F"+str(i)] = "=AVERAGE(B"+str(i)+":D"+str(i)+")"

wb.save("全班成績管理_AVERAGE.xlsx")
```

上述程式碼新增 "F1" 儲存格值是 " 成績平均 " 後，使用 for 迴圈套用 "F2:F5" 儲存格範圍是相同的公式 AVERAGE() 函數，即套用一整欄，其執行結果可以建立 Excel 檔案 " 全班成績管理 _AVERAGE.xlsx"，可以看到計算出成績的平均值，如下圖所示：

	A	B	C	D	E	F	G
1	姓名	國文	英文	數學	數學加權	成績平均	
2	陳會安	89	76	82	1.1	82.33333	
3	江小魚	78	90	76	1.2	81.33333	
4	王陽明	75	66	66	1	69	
5	張三	68		55	1.4	61.5	
6							

A班

📍 計算出有值儲存格的計數：**ch13-2-2b.py**

Excel 是使用 COUNT() 函數計算多少個儲存格是有值的，可以計算參數儲存格範圍的儲存格擁有值的數量，其語法如下所示：

```
=COUNT(cell1:cell2)
```

Python 程式使用 COUNT() 函數計算指定儲存格範圍的計數，即有成績的儲存格有多少個，首先載入 Excel 檔案 " 全班成績管理 .xlsx" 和取得 "A 班 " 工作表物件 ws，如下所示：

```
wb = load_workbook("全班成績管理.xlsx")
ws = wb["A班"]
ws["A6"] = "計數="
ws["B6"] = "= COUNT(B2:D5)"

wb.save("全班成績管理_COUNT.xlsx")
```

上述程式碼指定 "B6" 儲存格的公式是 COUNT() 函數，可以計算 "B2:D5" 範圍儲存格資料的計數，其執行結果可以建立 Excel 檔案 " 全班成績管理 _COUNT.xlsx"，可以看到計算出有值的儲存格計數值，因為有 1 位學生沒有英文成績，所以計數是 11，如下圖所示：

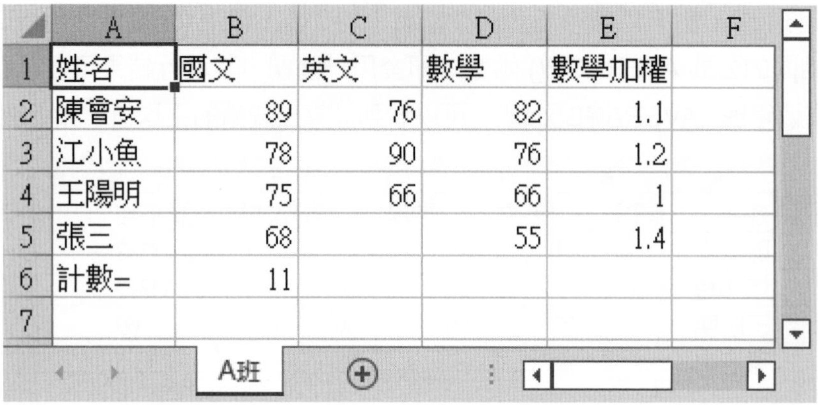

	A	B	C	D	E	F
1	姓名	國文	英文	數學	數學加權	
2	陳會安	89	76	82	1.1	
3	江小魚	78	90	76	1.2	
4	王陽明	75	66	66	1	
5	張三	68		55	1.4	
6	計數=	11				
7						

A班

計算出符合條件儲存格的計數：ch13-2-2c.py

Excel 可以使用 COUNTIF() 函數指定條件來計算出有多少個儲存格是符合條件，即計算參數儲存格範圍的儲存格符合條件的數量，其語法如下所示：

```
=COUNTIF(cell1:cell2, condition)
```

Python 程式使用 COUNTIF() 函數計算指定儲存格範圍的值大於 70 的計數，即成績大於 70 分的儲存格有多少個，首先載入 Excel 檔案 " 全班成績管理 .xlsx" 和取得 "A 班 " 工作表物件 ws，如下所示：

```
wb = load_workbook("全班成績管理.xlsx")
ws = wb["A班"]
ws["A6"] = "條件計數="
ws["B6"] = "= COUNTIF(B2:D5, \">70\")"

wb.save("全班成績管理_COUNTIF.xlsx")
```

上述程式碼指定 "B6" 儲存格的公式是 COUNTIF() 函數，可以計算 "B2:D5" 範圍儲存格資料符合條件的計數，條件是使用 Escape 逸出字元，如下所示：

```
\">70\"
```

上述條件「>70」是使用雙引號括起（請注意！只能使用雙引號），因為 Python 字串是使用雙引號，所以條件只能使用 Escape 逸出字元「\"」。其執行結果的 " 全班成績管理 _COUNTIF.xlsx" 內容，可以看到計算出符合條件的儲存格數量，如下圖所示：

	A	B	C	D	E	F
1	姓名	國文	英文	數學	數學加權	
2	陳會安	89	76	82	1.1	
3	江小魚	78	90	76	1.2	
4	王陽明	75	66	66	1	
5	張三	68		55	1.4	
6	條件計數:	7				
7						

A班

Python 程式：ch13-2-2d.py 改用單引號來建立儲存格內容，此時就不需要使用 Escape 逸出字元「\"」，如下所示：

```
ws["B6"] = '= COUNTIF(B2:D5, ">70")'
```

13-3 自動化 Python+Excel 建立樞紐分析表

在說明如何使用 Python 程式碼在 Excel 儲存格套用公式的數學運算後，我們可以整合第 12 章 Excel 活頁簿操作來自動化進行資料彙整，和建立樞紐分析表。整個 Python X Excel 建立樞紐分析表的過程共分成二部分，如下所示：

▷ 第一步：進行多個 Excel 檔案的資料彙整和統計。

▷ 第二步：建立 Excel 樞紐分析表來進行交叉分析。

13-3-1　Excel 檔案的資料彙整和統計

國內某家中小企業為了管理各部門的文具用品採購,在各部門是使用 Excel 記錄需採購的文具用品清單,如下圖所示:

	A	B	C	D	E
1	文具商品採購清單				
2	部門:	人事部			
3	分類 ▼	項目 ▼	姓名 ▼	單價 ▼	數量 ▼
4	辦公用品	剪刀	志成	55	5
5	辦公用品	美工刀	志成	45	2
6	辦公用品	釘書機	志成	48	2
7	辦公用品	剪刀	詩情	55	2
8	辦公用品	美工刀	詩情	45	3
9	辦公用品	釘書機	詩情	48	4
10	書寫用品	原子筆(黑)	志成	10	4
11	書寫用品	原子筆(紅)	志成	10	6
12	書寫用品	原子筆(藍)	志成	10	6
13	書寫用品	原子筆(黑)	詩情	10	5
14	書寫用品	原子筆(紅)	詩情	10	5
15	書寫用品	原子筆(藍)	詩情	10	5
16	紙類用品	信封	志成	40	2
17	紙類用品	筆記本	志成	20	5

工作表1

上述表格欄位分別是分類、項目、姓名、單價和數量,在「ch13\ 文具商品採購」目錄下是公司四個部門文具用品採購清單的四個 Excel 檔,如下圖所示:

> PythonExcel > ch13 > 文具商品採購　　　　　　🔍 搜尋 文具商品採購

文具商品採購清單_1_人事部.xlsx　　文具商品採購清單_2_業務部.xlsx　　文具商品採購清單_3_研發部.xlsx　　文具商品採購清單_4_製造部.xlsx

在進行 Python+Excel 建立樞紐分析表前，我們需要彙整資料成為下列格式，同時計算出商品小計，也就是將四個檔案內容整合成一個 Excel 工作表，新增第 1 欄的【部門】欄位和最後 1 個欄位小計的【金額】，如下圖所示：

部門	分類	項目	數量	金額
人事部	辦公用品	剪刀	5	275
人事部	辦公用品	美工刀	2	90
人事部	辦公用品	釘書機	2	96
人事部	辦公用品	剪刀	2	110

Python 程式：ch13-3-1.py 彙整「ch13\ 文具商品採購」目錄下的四個 Excel 檔案，可以建立上述格式的 Excel 工作表，如下所示：

```python
from pathlib import Path
from openpyxl import Workbook, load_workbook


wb_output = Workbook()
ws_output = wb_output.active
curr_row = 1
```

上述程式碼匯入相關模組，使用 Path 物件走訪目錄下的所有 Excel 檔案，在建立 Workbook 物件和取得目前工作表後，這是輸出的活頁簿，curr_row 變數記錄目前的列數。在下方新增第一列的標題列，共有 5 個欄位，如下所示：

```python
ws_output.cell(curr_row,1).value = "部門"
ws_output.cell(curr_row,2).value = "分類"
ws_output.cell(curr_row,3).value = "項目"
ws_output.cell(curr_row,4).value = "數量"
ws_output.cell(curr_row,5).value = "金額"
curr_row = curr_row + 1

path = Path("文具商品採購/")
for item in path.iterdir():
    if item.match("*.xlsx"):
        wb = load_workbook(item)
        ws = wb.active
```

上述 path 變數是「ch13\ 文具商品採購」目錄的 Path 物件，然後使用 for 迴圈走訪此目錄下的所有檔案，if 條件判斷是否是 Excel 檔案，如果是，就載入 Excel 檔案來彙整文具商品採購清單，wb 和 ws 是讀取的活頁簿和工作表。

在下方首先取得部門名稱，即 "B2" 儲存格的值，然後使用 for 迴圈走訪從第 4 列開始至工作表 max_row 最大列數的資料列，如下所示：

```
        department = ws["B2"].value
        for row in range(4, ws.max_row + 1):
            ws_output.cell(curr_row,1).value = department
            ws_output.cell(curr_row,2).value = ws["A"+str(row)].value
            ws_output.cell(curr_row,3).value = ws["B"+str(row)].value
            price = ws["D"+str(row)].value
            quantity = ws["E"+str(row)].value
            ws_output.cell(curr_row,4).value = quantity
            ws_output.cell(curr_row,5).value = price*quantity
            curr_row = curr_row + 1
        wb.close()

wb_output.save("文具商品採購清單.xlsx")
wb_output.close()
```

上述 for 迴圈在建立第 1 欄的部門名稱後，一一讀取 Excel 工作表的 "A" 和 "B" 二欄輸出成 "B" 和 "C" 前二欄，即分類和項目，在讀取 "D" 欄的單價 price，和 "E" 欄的數量 quantity 後，輸出成 "D" 和 "E" 二欄的數量和計算出的小計，最後將 curr_row 變數值加 1，以便寫入下一列資料。

Python 程式的執行結果可以建立名為 " 文具商品採購清單 .xlsx" 的 Excel 檔案，這就是我們彙整建立的 Excel 檔案，其內容如下圖所示：

	A	B	C	D	E
1	部門	分類	項目	數量	金額
2	人事部	辦公用品	剪刀	5	275
3	人事部	辦公用品	美工刀	2	90
4	人事部	辦公用品	釘書機	2	96
5	人事部	辦公用品	剪刀	2	110
6	人事部	辦公用品	美工刀	3	135
7	人事部	辦公用品	釘書機	4	192
8	人事部	書寫用品	原子筆(黑	4	40

13-3-2　使用 Excel 資料建立樞紐分析表

樞紐分析表（Pivot Table）是十分重要的商業分析工具，我們可以透過樞紐分析表，從原本雜亂無章的表格資料，快速找出所需的資訊。

目前 openpyxl 套件的樞紐分析表功能並不完整，我們可以使用第 12-5-3 節的 Pandas 套件，呼叫 DataFrame 物件的 pivot_table() 方法來產生樞紐分析表。在 Python 開發環境安裝 pandas 套件 1.5.0 版的命令列指令，如下所示：

```
pip install pandas==1.5.0 Enter
```

使用 Pandas 建立樞紐分析表（一）：ch13-3-2.py

樞紐分析表需要指定欄標籤區域、列標籤區域和值區域的欄位，如下圖所示：

我們準備使用第 13-3-1 節建立的 Excel 檔案 " 文具商品採購清單 .xlsx" 來建立樞紐分析表，列標籤是【部門】欄；欄標籤是【分類】和【項目】欄，值區域是【數量】欄的加總。首先匯入 Pandas 套件別名 pd，如下所示：

```
import pandas as pd

df = pd.read_excel("文具商品採購清單.xlsx",
                       engine="openpyxl")
pivot_products = df.pivot_table(index="部門",
                                    columns=["分類","項目"],
                                    values="數量",
                                    aggfunc="sum")
```

上述 read_excel() 方法可以讀取參數的 Excel 檔案，engine 參數指定使用 openpyxl，可以回傳 DataFrame 物件 df，然後呼叫 pivot_table() 方法建立樞紐分析表，index 參數是列標籤區域欄位，columns 參數是欄標籤區域欄位，values 參數是值區域欄位，aggfunc 聚合函數是加總 sum。

在下方呼叫 to_excel() 方法將樞紐分析表建立成 Excel 檔案，如下所示：

```
print(pivot_products)
pivot_products.to_excel("文具商品採購清單樞紐分析表.xlsx",
                            engine="openpyxl")
```

Python 程式的執行結果可以建立 Excel 檔案 " 文具商品採購清單樞紐分析

表 .xlsx"，其內容就是建立的樞紐分析表，如下圖所示：

	A	B	C	D	E	F	G	H	I	J
1	分類	書寫用品			紙類用品			辦公用品		
2	項目	原子筆(紅	原子筆(藍	原子筆(黑	便利貼	信封	筆記本	剪刀	美工刀	釘書機
3	部門									
4	人事部	11	11	9	15	7	20	7	5	6
5	業務部	5	5	6	2	2	5	3	3	3
6	研發部	5	5	5	3	1	3	3	3	3
7	製造部	2	2	2	2	2	2	2	2	2

Sheet1

♀ 使用 Pandas 建立樞紐分析表（二）：ch13-3-2a.py

第一個樞紐分析表可以統計出各部門的商品數量，如果需要向廠商下訂單，我們需要各項商品的數量總計，在第二個樞紐分析表沒有列標籤；欄標籤是【分類】和【項目】欄，值區域是【數量】欄的加總，如下所示：

```
pivot_products = df.pivot_table(columns=["分類","項目"],
                                values="數量",
                                aggfunc="sum")
```

Python 程式的執行結果可以建立 Excel 檔案 " 文具商品採購清單樞紐分析表 2.xlsx"，其內容就是建立的樞紐分析表，如下圖所示：

	A	B	C	D	E	F	G	H	I	J
1	分類	書寫用品			紙類用品			辦公用品		
2	項目	原子筆(紅	原子筆(藍	原子筆(黑	便利貼	信封	筆記本	剪刀	美工刀	釘書機
3										
4	數量	23	23	22	22	12	30	15	13	14

Sheet1

♀ 使用 Pandas 建立樞紐分析表（三）：ch13-3-2b.py

樞紐分析表可以不指定欄標籤區域，而在列標籤區域指定多個欄位，可以幫助我們統計出各項目的總金額，如下所示：

```
pivot_products = df.pivot_table(index=["分類","項目"],
                                values="金額",
                                aggfunc="sum")
```

上述 pivot_table() 方法的 index 參數是串列的 2 個欄位。Python 程式的執行結果可以建立 Excel 檔案 " 文具商品採購清單樞紐分析表 3.xlsx"，其內容就是建立的樞紐分析表，如下圖所示：

	A	B	C	D	E
1	分類	項目	金額		
2	書寫用品	原子筆(紅)	230		
3		原子筆(藍)	230		
4		原子筆(黑)	220		
5	紙類用品	便利貼	660		
6		信封	480		
7		筆記本	600		
8	辦公用品	剪刀	825		
9		美工刀	585		
10		釘書機	672		

Sheet1

13-4 使用 Python 程式自動化執行 Excel VBA

目前 Python 的 openpyxl 套件並沒有支援執行 Excel VBA 程式，我們需要使用第 9-5 節的 pywin32 套件來自動化執行 Excel VBA，在開啟 Excel 檔案後，呼叫 Application.Run() 方法執行 Excel VBA 程序或函數。

♀ Excel VBA 程序和函數：Hello() 和 Add()

我們首先需要建立 VBA 程式的 Excel 檔案，即 "ExcelVBA 測試程式 .xlsm"（請注意！副檔名是 .xlsm），在 Module1 模組新增一個 Hello() 程序和一個 Add() 函數，如下圖所示：

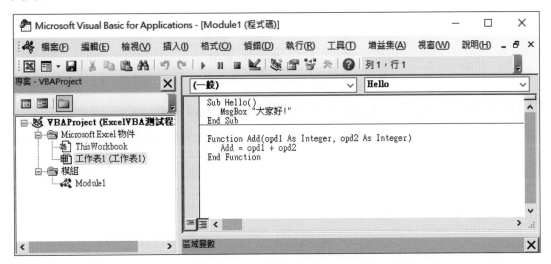

使用 Python 執行 VBA 程序：ch13-4.py

Python 程式在使用 pywin32 套件開啟 Excel 檔案 "ExcelVBA 測試程式 .xlsm" 後，可以呼叫名為 Hello() 的 VBA 程序，如下所示：

```python
from win32com.client import Dispatch
import os


app = Dispatch("Excel.Application")
app.Visible = 1
app.DisplayAlerts = 0
xlsx = app.Workbooks.Open(os.getcwd()+"/ExcelVBA測試程式.xlsm")
app.Application.Run("ExcelVBA測試程式.xlsm!Module1.Hello")
xlsx.Close(False)
app.Quit()
```

上述 Application.Run() 方法的參數字串是欲執行的程序或函數，以此例是呼叫 Hello() 程序，其完整程序和函數名稱的語法格式，如下所示：

```
Excel檔案名稱!模組名稱.程序/函數名稱
```

上述 Excel 檔名是 "ExcelVBA 測試程式 .xlsm"；模組名稱是 "Module1"；程序名稱是 "Hello"。Python 程式的執行結果可以顯示一個訊息視窗，如下圖所示：

使用 Python 執行 VBA 函數來取得回傳值：ch13-4a.py

Python 程式在使用 pywin32 套件開啟 Excel 檔案 "ExcelVBA 測試程式 .xlsm" 後，可以呼叫名為 Add() 的 VBA 函數來取得回傳值，如下所示：

```python
from win32com.client import Dispatch
import os


app = Dispatch("Excel.Application")
app.Visible = 1
```

```
app.DisplayAlerts = 0
xlsx = app.Workbooks.Open(os.getcwd()+"/ExcelVBA測試程式.xlsm")
result = app.Application.Run("ExcelVBA測試程式.xlsm!Module1.Add", 10, 20)
print(result)
xlsx.Close(False)
app.Quit()
```

上述 Application.Run() 方法呼叫 Add() 函數，函數的第 2 個和第 3 個參數是傳入 Add() 函數的參數值，可以回傳 2 個參數的相加結果，其執行結果顯示計算結果是 30，如下所示：

```
>>> %Run ch13-4a.py

30
```

13-5　自動化執行 Excel VBA 網路爬蟲

我們已經在 Excel 檔案 "ExcelVBA 網路爬蟲 .xlsm" 建立 Excel VBA 網路爬蟲程式，按下按鈕可以爬取網路上的 HTML 表格資料，如下圖所示：

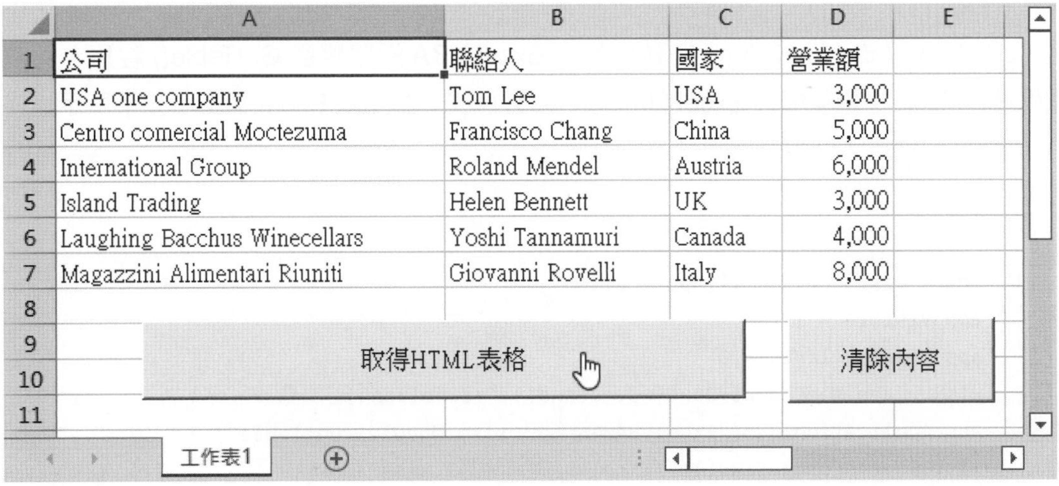

	A	B	C	D	E
1	公司	聯絡人	國家	營業額	
2	USA one company	Tom Lee	USA	3,000	
3	Centro comercial Moctezuma	Francisco Chang	China	5,000	
4	International Group	Roland Mendel	Austria	6,000	
5	Island Trading	Helen Bennett	UK	3,000	
6	Laughing Bacchus Winecellars	Yoshi Tannamuri	Canada	4,000	
7	Magazzini Alimentari Riuniti	Giovanni Rovelli	Italy	8,000	
8					
9		取得HTML表格		清除內容	
10					
11					

工作表1 　⊕

VBA 網路爬蟲程式是呼叫 GetTable() 程序來取得 HTML 表格資料，如下圖所示：

```
(一般)                                              GetTable

Sub GetTable()
    Dim xmlhttp As New MSXML2.XMLHTTP60
    Dim html As New HTMLDocument
    Dim table As Object
    Dim i As Integer, j As Integer

    Dim myurl As String

    myurl = "https://fchart.github.io/vba/ex3_03.html"

    xmlhttp.Open "GET", myurl, False
    xmlhttp.send

    If xmlhttp.Status = 200 Then
        html.body.innerHTML = xmlhttp.responseText

        Set table = html.getElementsByTagName("table")(0)

        For i = 0 To table.Rows.Length - 1
            For j = 0 To table.Rows(i).Cells.Length - 1
                Sheets(1).Cells(i + 1, j + 1).Value = table.Rows(i).Cells(j).innerText
            Next
        Next
    End If

    Set xmlhttp = Nothing
    Set html = Nothing
    Set table = Nothing
End Sub
```

Python 程式：ch13-5.py 自動化執行 Excel VBA 網路爬蟲 GetTable() 程序，可以取回 HTML 表格資料填入 Excel 儲存格，和另存成一個新的 Excel 檔案，如下所示：

```python
from win32com.client import Dispatch
import os


app = Dispatch("Excel.Application")
app.Visible = 1
app.DisplayAlerts = 0
xlsx = app.Workbooks.Open(os.getcwd()+"/ExcelVBA網路爬蟲.xlsm")
app.Application.Run("ExcelVBA網路爬蟲.xlsm!Module1.GetTable")
xlsx.SaveAs(os.getcwd()+"/ExcelVBA網路爬蟲2.xlsm")
xlsx.Close(False)
app.Quit()
```

上述程式碼開啟 Excel 檔案後，呼叫 Application.Run() 方法執行 GetTable() 程序，然後呼叫 SaveAs() 方法另存成 Excel 檔案 "ExcelVBA 網路爬蟲 2.xlsm"，可以看到和本節前相同內容的 Excel 工作表。

13-6 自動化執行 Excel VBA 建立樞紐分析表

小明家是四口小康之家，為了管理家中日常花費帳目，平常就是使用 Excel 檔案 "ExcelVBA 家庭收支流水帳 .xlsm" 來記錄日常花費的流水帳，如下圖所示：

在上述工作表按下按鈕，可以新增一個全新工作表，其內容是日常花費分析的樞紐分析表，如下圖所示：

VBA 在 Excel 新增樞紐分析表的工作表是呼叫 CreatePivotTable() 程序，如下圖所示：

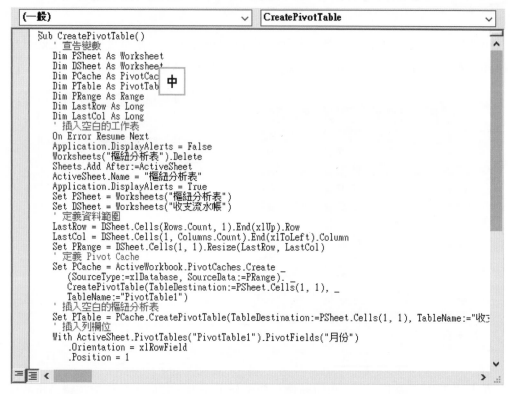

Python 程式：ch13-6.py 自動化執行 Excel VBA 樞紐分析表的 CreatePivotTable() 程序，可以建立一個樞紐分析表的全新工作表，然後另存成一個新的 Excel 檔案，如下所示：

```python
from win32com.client import Dispatch
import os


app = Dispatch("Excel.Application")
app.Visible = 1
app.DisplayAlerts = 0
xlsx = app.Workbooks.Open(os.getcwd()+"/ExcelVBA家庭收支流水帳.xlsm")
app.Application.Run("ExcelVBA家庭收支流水帳.xlsm!Module1.CreatePivotTable")
xlsx.SaveAs(os.getcwd()+"/ExcelVBA家庭收支流水帳2.xlsm")
xlsx.Close(False)
app.Quit()
```

上述程式碼開啟 Excel 檔案後，呼叫 Application.Run() 方法執行 CreatePivotTable() 程序，然後呼叫 SaveAs() 方法另存成 Excel 檔案 "ExcelVBA 家庭收支流水帳 2.xlsm"，可以看到和本節前相同內容的 Excel 工作表。

1. 請簡單説明什麼是樞紐分析表？Python 程式如何使用 Excel 工作表來建立樞紐分析表？

2. 請問 Python 程式是如何執行 Excel VBA 程序和函數？

3. 請建立 Python 程式開啟第 12 章學習評量的 Excel 檔案 "季業績資料 4.xlsx"，走訪每一個月三種通路的業績資料，可以在工作表的 E 欄新增每一個月的業績總和，F 欄是平均業績後，儲存成 " 季業績資料 5.xlsx"。

4. 請建立 Python 程式開啟學習評量 3. 的 Excel 檔案 " 季業績資料 5.xlsx"，走訪每一欄的通路業績資料，可以在工作表的第 5 列新增每一種通路的業績總和，第 6 列是平均業積後，儲存成 " 季業績資料 6.xlsx"。

5. 請建立 Python 程式載入 Excel 檔案 " 營業額 .xlsx"，可以套用公式來計算【營業額】欄位的總和和平均。

6. 請先建立「ch13\ 文具商品採購 2」目錄，然後在之下新增【文具商品採購清單 _1_ 財務部 .xlsx】和【文具商品採購清單 _1_ 採購部 .xlsx】兩份部門的文具用品採購清單後，即可修改第 13-3-1 節的 Python 程式來重新進行 Excel 檔案的資料彙整。

7. 請繼續學習評量 6. 重新執行第 13-3-2 節的 Python 程式來建立三種資料分析的樞紐分析表。

8. 請建立 Python 程式自動化執行 Excel 檔案 "ExcelVBA 爬蟲程式 .xlsm" 的 VBA 程序，和另存成新檔，可以將爬取的網路資料填入 Excel 儲存格。

Note

CHAPTER **14**

自動化Excel圖表繪製 與資料視覺化

◎本章內容

14-1 認識資料視覺化與基本圖表

「資料視覺化」(Data Visualization)是使用多種圖表來呈現資料,因為一張圖形勝過千言萬語,可以讓我們更有效率與其他人進行溝通(Communication),換句話說,資料視覺化可以讓複雜資料更容易呈現欲表達的資訊,也更容易讓我們了解這些資料代表的意義。

14-1-1 認識資料視覺化

資料視覺化(Data Visualization)是使用圖形化工具(例如:各式圖表等)運用視覺方式來呈現從大數據萃取出的有用資料,簡單的說,資料視覺化可以將複雜資料使用圖形抽象化成易於吸收的內容,讓我們透過圖形或圖表,更容易識別出資料中的模式(Patterns)、趨勢(Trends)和關聯性(Relationships)。

事實上,資料視覺化已經深入日常生活中,無時無刻你都可以在雜誌報紙、新聞媒體、學術報告和公共交通指示等發現資料視覺化的圖形和圖表。實務上,在進行資料視覺化時需要考量三個要點,如下所示:

▷ 資料的正確性:不能為了視覺化和視覺化,資料在使用圖形抽象化後,仍然需要保有資料的正確性。

▷ 閱讀者的閱讀動機:資料視覺化的目的是為了讓閱讀者快速了解和吸收,如何引起閱讀者的動機,讓閱讀者能夠突破心理障礙,理解不熟悉領域的資訊,這就是視覺化需要考量的重點。

▷ 傳遞有效率的資訊:資訊不只需要正確,還需要有效,資料視覺化可以讓閱讀者短時間理解圖表和留下印象,才是真正有效率的傳遞資訊。

—● 說明 ●—

資訊圖表(Infographic)是另一個常聽到的名詞,資訊圖表和資料視覺化的目的相同,都是使用圖形化方式來簡化複雜資訊。不過,兩者之間有些不一樣,資料視覺化是客觀的圖形化資料呈現,資訊圖表則是主觀呈現創作者的觀點、故事,並且使用更多圖形化方式來呈現,所以需要相當的繪圖功力。

14-1-2 資料視覺化的基本圖表

資料視覺化的主要目的是讓閱讀者能夠快速消化吸收資料,包含趨勢、異常值和關聯性等,因為閱讀者並不會花太多時間來消化吸收一張視覺化圖表,我們需要選擇最佳的圖表來建立最有效的資料視覺化。

散佈圖（Scatter Plots）

　　散佈圖（Scatter Plots）是二個變數分別為垂直 Y 軸和水平的 X 軸座標來繪出資料點，可以顯示一個變數受另一個變數的影響程度，也就是識別出兩個變數之間的關係，例如：使用房間數為 X 軸，房價為 Y 軸繪製的散佈圖，可以看出房間數與房價之間的關係，如下圖所示：

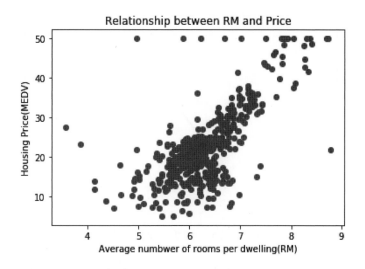

　　上述圖表可以看出房間數愈多（面積大），房價也愈高，不只如此，散佈圖還可以顯示資料的分佈，我們可以發現上方有很多異常點。

　　散佈圖另一個功能是顯示分群結果，例如：使用鳶尾花的花萼（Sepal）和花瓣（Petal）的長和寬為座標 (x, y) 的散佈圖，如下圖所示：

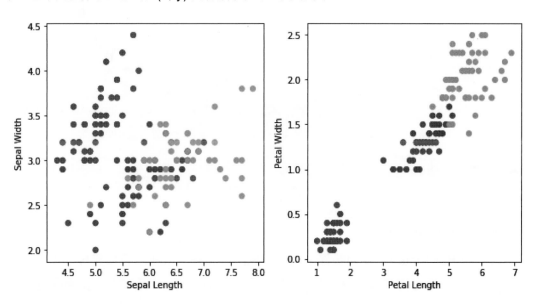

上述散佈圖已經顯示分類的線索，在右邊的圖可以看出紅色點的花瓣（Petal）比較小，綠色點是中等尺寸，最大的是黃色點，這就是三種鳶尾花的分類，請參考範例檔案內「ch14\iris.jpg」圖檔的彩色圖表。

折線圖（Line Plots）

折線圖（Line Plots）是我們最常使用的圖表，這是使用一序列資料點的標記，使用直線連接各標記建立的圖表，如下圖所示：

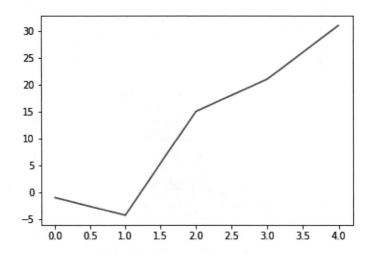

一般來說，折線圖可以顯示以時間為 X 軸的趨勢（Trends），例如：美國道瓊工業指數的走勢圖，如下圖所示：

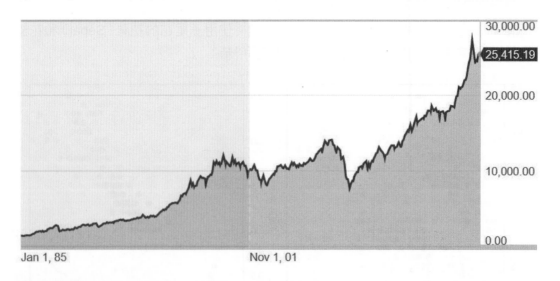

長條圖（Bar Plots）

長條圖（Bar Plots）是使用長條型色彩區塊的高和長度來顯示分類資料，我們可以顯示成水平或垂直方向的長條圖（水平方向也可稱為橫條圖）。基本上，長條圖是最適合用來比較或排序資料，例如：各種程式語言使用率的長條圖，如下圖所示：

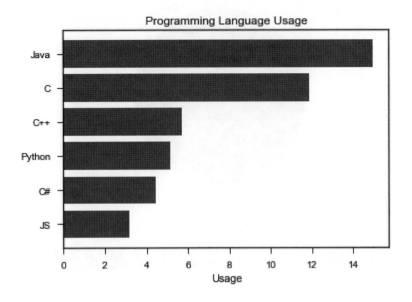

　　上述長條圖可以看出 Java 語言的使用率最高；JavaScript（JS）語言的使用率最低。再看一個例子，例如：2017~2018 金州勇士隊球員陣容，各位置球員數的長條圖，如下圖所示：

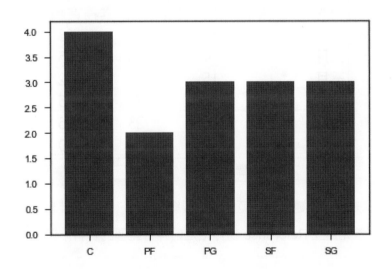

　　上述長條圖顯示中鋒（C）人數最多，強力前鋒（PF）人數最少。

派圖（Pie Plots）

　　派圖（Pie Plots）也稱為圓餅圖（Circle Plots），這是使用一個圓形來表示統計資料的圖表，如同在切一個圓形蛋糕，可以使用不同切片大小來標示資料比例，或成分。例如：各種程式語言使用率的派圖，如下圖所示：

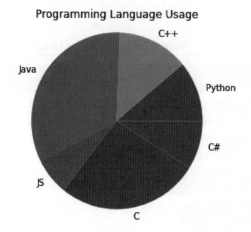

14-2 在 Excel 工作表自動化繪製統計圖表

Python 程式可以使用 openpyxl 套件在 Excel 工作表自動化繪製統計圖表,例如:
Excel 範例檔案 " 產品月銷售量 .xlsx" 的內容,如下圖所示:

	A	B	C	D
1	月份	網路商店	實體店面	業務直銷
2	一月	35	25	33
3	二月	24	43	25
4	三月	15	32	12
5	四月	58	78	45
6	五月	21	23	56
7	六月	16	52	30

銷售量

Python 程式是使用上述 Excel 範例來繪製統計圖表,其基本步驟如下所示:

▷ 步驟一:首先建立 Reference 物件指定儲存格範圍的資料來源。

▷ 步驟二:決定繪製的圖表種類,和設定圖表相關資訊與樣式。

▷ 步驟三:決定圖表插入顯示在工作表的哪一個儲存格。

繪製單一欄位的統計圖表:ch14-2.py

Python 程式準備繪製網路商店的產品銷售圖表,這是單一欄位的資料來源。首先
匯入相關模組,LineChart 是折線圖;Reference 是資料來源,然後開啟 Excel 檔案和
切換至目前工作表,如下所示:

```
from openpyxl import load_workbook
from openpyxl.chart import LineChart, Reference

wb = load_workbook("產品月銷售量.xlsx")
ws = wb.active
data = Reference(ws,
                 min_col = 2,
                 min_row = 1,
                 max_row = 7)
```

上述步驟一是建立資料範圍的 Reference 物件，第 1 個參數是工作表 ws，因為是單欄，只需指定 min_col 或 max_col 參數任擇 1 即可，多列就需要同時指定 min_row 和 max_row 參數，在 Excel 選擇的資料來源，如下圖所示：

在下方步驟二建立 LineChart 物件的折線圖後，呼叫 add_data() 方法新增資料來源的資料至圖表，如下所示：

```
chart = LineChart()
chart.add_data(data,
               titles_from_data=True)
```

上述 add_data() 方法的第 1 個參數是 Reference 物件，titles_from_data 參數 True，因為資料來源的範圍包含欄位標題的儲存格。然後在下方設定圖表的相關屬性，依序是 title 屬性的圖表標題文字、x_axis.title 的 X 軸和 y_axis.title 的 Y 軸標籤說明文字，如下所示：

```
chart.title = "網路商店產品銷售量圖表"
chart.x_axis.title = "月份"
chart.y_axis.title = "銷售量"
ws.add_chart(chart, "F2")
wb.save("產品月銷售量圖表.xlsx")
wb.close()
```

上述步驟三是呼叫 add_chart() 方法指定圖表位置，第 1 個參數是圖表物件，第 2 個參數是儲存格位置字串。其執行結果可以建立 Excel 檔案 " 產品月銷售量圖表 .xlsx"，在工作表看到插入的圖表，如下圖所示：

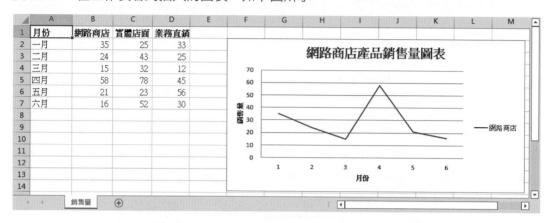

上述圖表的上方是標題文字，下方和右方可以看到標籤說明文字，位在最右邊是圖例（Legend）標示此線的色彩。

🔵 在統計圖表加上 X 軸刻度的標籤：ch14-2a.py

在 Python 程式 ch14-2.py 繪製的圖表並沒有 X 軸的刻度標籤（預設是資料數），我們需要自行新增 X 軸的 Reference 物件，和呼叫 set_categroies() 方法來指定 X 軸的刻度標籤是哪一個欄位，如下所示：

```python
wb = load_workbook("產品月銷售量.xlsx")
ws = wb.active
data = Reference(ws,
                min_col = 2,
                min_row = 1,
                max_row = 7)
chart = LineChart()
chart.add_data(data,
               titles_from_data=True)
labels = Reference(ws, min_col=1, min_row=2, max_row=7)
chart.set_categories(labels)
```

上述程式碼建立 Reference 物件 labels，min_col 參數是第 1 欄，min_row 和 max_row 參數是第 2~7 列，在 Excel 選擇的資料來源是 X 軸刻度標籤的欄位，如下圖所示：

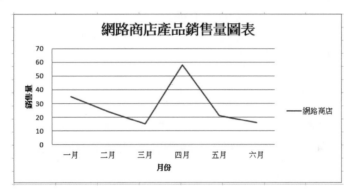

然後呼叫 set_categories() 方法指定 X 軸的刻度標籤欄位。其執行結果可以建立 Excel 檔案 " 產品月銷售量圖表 2.xlsx"，在工作表可以看到圖表下方顯示 X 軸的刻度標籤，如下圖所示：

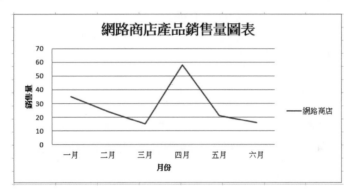

繪製多個欄位統計圖表和套用預設樣式：ch14-2b.py

Python 程式只需在建立 Reference 物件時選擇多個欄位，選擇的每一個欄位就是一個資料集，可以在圖表繪出一條線，如下所示：

```
wb = load_workbook("產品月銷售量.xlsx")
ws = wb.active
data = Reference(ws,
                min_col = 2,
                max_col = 4,
                min_row = 1,
                max_row = 7)
```

上述程式碼建立 Reference 物件 data，min_col 和 max_col 參數是 2~4 欄，min_row 和 max_row 參數是第 1~7 列，Excel 選擇的資料來源，如下圖所示：

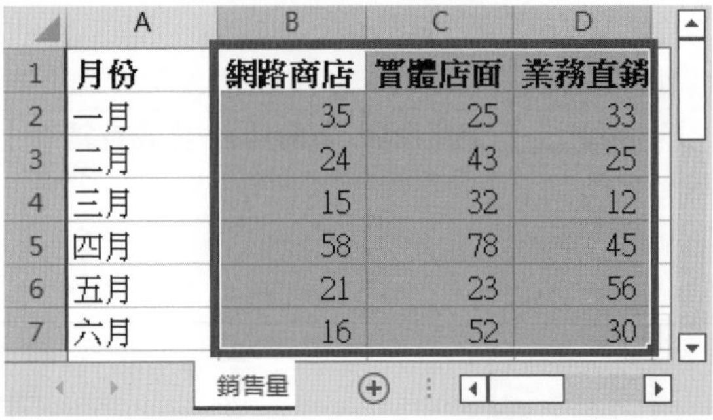

	A	B	C	D
1	月份	網路商店	實體店面	業務直銷
2	一月	35	25	33
3	二月	24	43	25
4	三月	15	32	12
5	四月	58	78	45
6	五月	21	23	56
7	六月	16	52	30

銷售量

在下方程式碼建立 LineChart 物件，新增資料和指定 X 軸的刻度標籤欄位，這部分和 ch14-2a.py 相同，如下所示：

```
chart = LineChart()
chart.add_data(data,
               titles_from_data=True)
labels = Reference(ws, min_col=1, min_row=2, max_row=7)
chart.set_categories(labels)
chart.title = "各通路產品銷售量圖表"
chart.style = 13
```

上述 title 屬性是圖表上方的標題文字，style 屬性是 Excel 圖表的預設樣式編號，其值是 1~48，值 1 是灰色；11 是藍色；28 是橙色；30 是黃色，37 的背景是灰色；45 的背景是黑色，以此例是 13。

在下方使用 x_asix.title 和 y_asix.title 屬性指定 X 軸和 Y 軸的標籤說明文字，並且新增圖表至工作表和儲存成 Excel 檔案，如下所示：

```
chart.x_axis.title = "月份"
chart.y_axis.title = "銷售量"
ws.add_chart(chart, "F2")
wb.save("產品月銷售量圖表3.xlsx")
wb.close()
```

Python 程式的執行結果可以建立 Excel 檔案 " 產品月銷售量圖表 3.xlsx"，在工作表可以看到圖表共有 3 條線和套用 13 號樣式，如下圖所示：

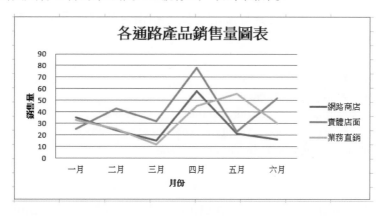

客製化統計圖表的色彩、圖例位置和樣式：ch14-2c.py

在 Python 程式 ch14-2b.py 共繪出三個欄位的 3 條線，我們可以客製化統計圖表每一條線的色彩、圖例位置和樣式，如下所示：

```python
from openpyxl import load_workbook
from openpyxl.chart import LineChart, Reference
from openpyxl.utils.units import pixels_to_EMU

wb = load_workbook("產品月銷售量.xlsx")
ws = wb.active
data = Reference(ws,
                 min_col = 2,
                 max_col = 4,
                 min_row = 1,
                 max_row = 7)
chart = LineChart()
chart.add_data(data,
               titles_from_data=True)
labels = Reference(ws, min_col=1, min_row=2, max_row=7)
chart.set_categories(labels)
chart.title = "各通路產品銷售量圖表"
```

上述程式碼建立 Reference 物件的資料來源、X 軸標籤後，建立折線圖。然後在下方指定圖表樣式的 style 屬性值是 6，如下所示：

```python
chart.style = 6
chart.x_axis.title = "月份"
chart.y_axis.title = "銷售量"
chart.legend.position = "b"
```

上述 legend.position 屬性值是圖例位置，屬性值可以是 "l"、"r"、"t"、"tr" 和 "b"，分別是位在左、右、上、右上和下。因為每一個欄位的一條線就是一個 Series 物件，我們可以取出每一條線來設定其專屬的樣式，和指定圖例顯示的位置，第 1 條線是 chart.series[0]，如下所示：

```
s1 = chart.series[0]
s1.marker.symbol = "triangle"
s1.marker.graphicalProperties.solidFill = "FF0000"
s1.marker.graphicalProperties.line.solidFill = "FF0000"
s1.graphicalProperties.line.noFill = True
```

上述程式碼指定 marker.symbol 符號是三角形 "triangle"，可用值有："triangle"、"dash"、"dot"、"star"、"circle"、"picture"、"square"、"x"、"plus"、"auto" 和 "diamond"，接著 marker.graphicalProperties.solidFill 和 marker.graphicalProperties.line.solidFill 屬性是符號的填充色彩和框線色彩，最後 graphicalProperties.line.noFill 屬性值 True 是隱藏線。在下方是第 2 條線 chart.series[1]，如下所示：

```
s2 = chart.series[1]
s2.graphicalProperties.line.solidFill = "00AAAA"
s2.graphicalProperties.line.dashStyle = "sysDot"
s2.graphicalProperties.line.width = pixels_to_EMU(2.5)
```

上述程式碼指定連接線色彩、虛線種類和線條寬度，寬度的單位是 EMUs，pixels_to_EMU() 函數可以將像素轉換成 EMUs，以此例是 2.5 像素。

在 graphicalProperties.line.dashStyle 屬性是虛線種類，其可用值有："sysDashDot"、"dashDot"、"sysDash"、"dash"、"dot"、"lgDashDotDot"、"lgDashDot"、"sysDot"、"sysDashDotDot"、"solid" 和 "lgDash"。在下方是第三條線 chart.series[2]，如下所示：

```
s3 = chart.series[2]
s3.smooth = True
```

上述 smooth 屬性值 True 可以建立平滑的連接線。最後在下方新增圖表至工作表和儲存 Excel 檔案，如下所示：

```
ws.add_chart(chart, "F2")
wb.save("產品月銷售量圖表4.xlsx")
wb.close()
```

Python 程式的執行結果可以建立 Excel 檔案 " 產品月銷售量圖表 4.xlsx"，在工作表可以看到圖表套用 6 號樣式，3 條線各擁有不同的樣式，而且圖例已經改顯示在下方，如下圖所示：

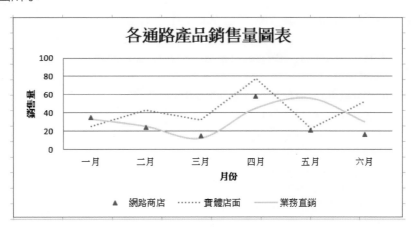

14-3 使用 Python 程式在 Excel 繪製常用圖表

Excel 支援資料視覺化所需的各種圖表，我們可以建立 Python 程式在 Excel 工作表自動化繪製常用圖表，例如：長條圖、折線圖、派圖和散佈圖等。

14-3-1 繪製長條圖和 3D 長條圖

在 openpyxl 套件是建立 BarChart 物件繪製長條圖（Bar Plots）；BarChart3D 物件繪製 3D 長條圖。使用的 Excel 檔案是 " 成績管理 4.xlsx"，其內容如下圖所示：

	A	B	C	D	E
1	姓名	國文	英文	數學	
2	陳會安	89	76	82	
3	江小魚	78	90	76	
4	王陽明	75	66	66	

Sheet

📍 繪製班上成績的長條圖：ch14-3-1.py

Python 程式是使用 Excel 檔案 " 成績管理 4.xlsx" 來繪製班上成績的長條圖。在匯入相關模組，開啟 Excel 檔案和切換至目前工作表後，建立 Reference 物件的儲存格範圍，和 X 軸標籤，如下所示：

```
from openpyxl import load_workbook
```

```
from openpyxl.chart import BarChart, Reference

wb = load_workbook("成績管理4.xlsx")
ws = wb.active
data = Reference(ws, min_col = 2, max_col = 4,
                 min_row = 1, max_row = 4)
labels = Reference(ws, min_col=1, min_row=2, max_row=4)
chart = BarChart()
chart.add_data(data, titles_from_data=True)
chart.set_categories(labels)
chart.title = "班上成績長條圖"
chart.x_axis.title = "學生"
chart.y_axis.title = "成績"
ws.add_chart(chart, "F2")
wb.save("成績管理4_barChart.xlsx")
wb.close()
```

上述程式碼建立 BarChart 物件的長條圖，add_data() 方法是新增資料，set_categories() 方法指定 X 軸標籤後，呼叫 add_chart() 方法新增圖表後，最後儲存成 Excel 檔案 " 成績管理 4_barChart.xlsx"，其執行結果可以看到繪製的長條圖，如下圖所示：

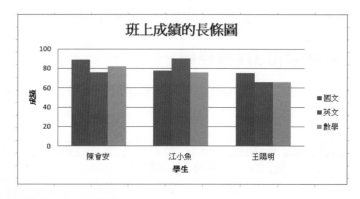

繪製班上成績的堆疊橫條圖：ch14-3-1a.py

Python 程式只需指定 BarChart 物件的相關屬性值，就可以繪製堆疊橫條圖，如下所示：

```
...
chart = BarChart()
chart.add_data(data, titles_from_data=True)
chart.set_categories(labels)
chart.type = "bar"
chart.grouping = "stacked"
```

```
chart.overlap = 100
...
```

上述 type 屬性值 "bar" 是水平橫條圖，grouping 屬性值是 "stacked" 即堆疊，需同時指定 overlap 屬性值 100 才能建立堆疊橫條圖。執行結果可以建立 Excel 檔案 " 成績管理 4_barChart2.xlsx"，其繪製的堆疊橫條圖，如下圖所示：

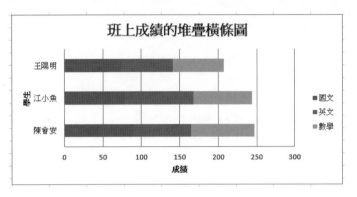

繪製班上成績的堆疊長條圖：ch14-3-1b.py

Python 程式只需指定 BarChart 物件的相關屬性值，就可以繪製堆疊長條圖，如下所示：

```
...
chart = BarChart()
chart.add_data(data, titles_from_data=True)
chart.set_categories(labels)
chart.type = "col"
chart.grouping = "stacked"
chart.overlap = 100
...
```

上述 type 屬性值 "col" 是垂直長條圖，grouping 屬性值是 "stacked" 即堆疊，需同時指定 overlap 屬性值 100 才能建立堆疊長條圖。執行結果可以建立 Excel 檔案 " 成績管理 4_barChart3.xlsx"，其繪製的堆疊長條圖，如下圖所示：

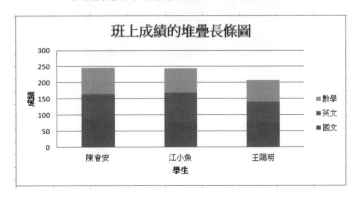

● 繪製班上成績的 3D 長條圖：ch14-3-1c.py

　　Python 程式是使用 Excel 檔案 " 成績管理 4.xlsx" 來繪製班上成績的 3D 長條圖。在匯入相關模組，開啟 Excel 檔案和切換至目前工作表後，建立 Reference 物件的儲存格範圍，如下所示：

```python
from openpyxl import load_workbook
from openpyxl.chart import BarChart3D, Reference

wb = load_workbook("成績管理4.xlsx")
ws = wb.active
data = Reference(ws, min_col = 2, max_col = 4,
                 min_row = 1, max_row = 4)
labels = Reference(ws, min_col=1, min_row=2, max_row=4)
chart = BarChart3D()
chart.add_data(data, titles_from_data=True)
chart.set_categories(labels)
chart.title = "班上成績的3D長條圖"
chart.style = 16
chart.x_axis.title = "學生"
chart.y_axis.title = "成績"
ws.add_chart(chart, "F2")
wb.save("成績管理4_barChart3D.xlsx")
wb.close()
```

　　上述程式碼建立 BarChart3D 物件的 3D 長條圖，add_data() 方法是新增資料，set_categories() 方法指定 X 軸標籤後，樣式編號是 16，在呼叫 add_chart() 方法新增圖表後，最後儲存成 Excel 檔案 " 成績管理 4_barChart3D.xlsx"，其執行結果可以看到繪製的 3D 長條圖，如下圖所示：

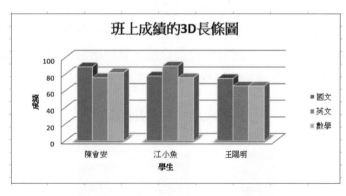

14-3-2 繪製折線圖和 3D 折線圖

在 openpyxl 套件是建立 LineChart 物件繪製折線圖（Line Plots）；LineChart3D 物件繪製 3D 折線圖。使用的 Excel 檔案是 " 台積電 2019 年 9 月股價 .xlsx"，其內容如下圖所示：

	A	B	C	D	E	F	G
1	Date	Open	High	Low	Close	Adj Close	Volume
2	2019/9/2	258	258	256	257.5	255.571167	14614854
3	2019/9/3	256.5	258	253	254	252.097382	25762495
4	2019/9/4	254	258	254	257.5	255.571167	22540733
5	2019/9/5	263	263	260.5	263	261.029968	48791728
6	2019/9/6	265	265	263	263.5	261.526215	25408515
7	2019/9/10	263.5	264	260.5	261.5	259.541199	29308866
8	2019/9/11	264	264.5	260.5	263	261.029968	36196015
9	2019/9/12	265	265	261.5	262.5	260.533722	26017293
10	2019/9/16	262	265.5	261.5	265.5	263.51123	32573966
11	2019/9/17	266.5	266.5	264.5	265	263.014984	27600844
12	2019/9/18	267	269.5	266.5	267	265	47684759

2330TW

📍 繪製台積電 2019 年 9 月股價的折線圖：ch14-3-2.py

Python 程式是使用 Excel 檔案 " 台積電 2019 年 9 月股價 .xlsx" 來繪製股票的折線圖。在匯入相關模組後，開啟 Excel 檔案和切換至目前工作表後，建立 Reference 物件的儲存格範圍，如下所示：

```
from openpyxl import load_workbook
from openpyxl.chart import LineChart,Reference

wb = load_workbook("台積電2019年9月股價.xlsx")
ws = wb.active
data = Reference(ws, min_col = 2, max_col = 5,
                 min_row = 1, max_row = 19)
labels = Reference(ws, min_col=1, min_row=2, max_row=19)
chart = LineChart()
chart.add_data(data, from_rows=False,
               titles_from_data=True)
chart.set_categories(labels)
chart.title = "台積電2019年9月股價的折線圖"
chart.style = 24
chart.x_axis.title = "日期"
chart.y_axis.title = "股價"
ws.add_chart(chart, "I2")
wb.save("台積電2019年9月股價_lineChart.xlsx")
wb.close()
```

上述程式碼建立 LineChart 物件的折線圖，樣式編號是 24，在呼叫 add_chart() 方法新增圖表後，儲存成 Excel 檔案 " 台積電 2019 年 9 月股價 _lineChart.xlsx"，其執行結果可以看到繪製的折線圖，如下圖所示：

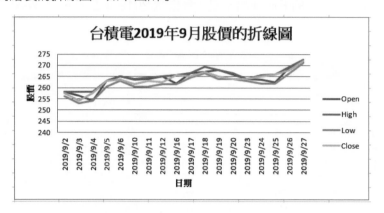

繪製台積電 2019 年 9 月股價的 3D 折線圖：ch14-3-2a.py

Python 程式是使用 Excel 檔案 " 台積電 2019 年 9 月股價 .xlsx" 來繪製股票的 3D 折線圖。在匯入相關模組，開啟 Excel 檔案和切換至目前工作表後，建立 Reference 物件的儲存格範圍，如下所示：

```python
from openpyxl import load_workbook
from openpyxl.chart import LineChart3D,Reference


wb = load_workbook("台積電2019年9月股價.xlsx")
ws = wb.active
data = Reference(ws, min_col = 2, max_col = 5,
                 min_row = 1, max_row = 19)
labels = Reference(ws, min_col=1, min_row=2, max_row=19)
chart = LineChart3D()
chart.add_data(data, from_rows=False,
               titles_from_data=True)
chart.set_categories(labels)
chart.title = "台積電2019年9月股價的3D折線圖"
chart.style = 14
chart.x_axis.title = "日期"
chart.y_axis.title = "股價"
ws.add_chart(chart, "I2")
wb.save("台積電2019年9月股價_lineChart3D.xlsx")
wb.close()
```

上述程式碼建立 LineChart3D 物件的 3D 折線圖，指定樣式編號是 14 後，呼叫 add_chart() 方法新增圖表，和儲存成 Excel 檔案 " 台積電 2019 年 9 月股價 _

lineChart3D.xlsx"，其執行結果可以看到繪製的 3D 折線圖，如下圖所示：

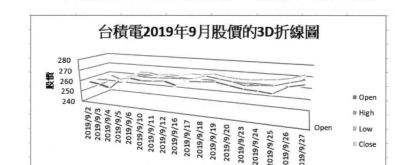

14-3-3 繪製派圖和 3D 派圖

在 openpyxl 套件是建立 PieChart 物件繪製派圖（Pie Plots）；PieChart3D 物件繪製 3D 派圖。使用的 Excel 檔案是 " 口味銷售量 .xlsx"，其內容如下圖所示：

	A	B	C	D	E
1	口味 ▼	銷售量 ▼			
2	蘋果	50			
3	葡萄	30			
4	香蕉	10			
5	巧克力	40			

Sheet

📍 繪製口味銷售量的派圖：ch14-3-3.py

Python 程式是使用 Excel 檔案 " 口味銷售量 .xlsx"，使用口味銷售量的比例來繪製派圖。在匯入相關模組，開啟 Excel 檔案和切換至目前工作表後，建立圖表資料和 X 軸的刻度標籤共 2 個 Reference 物件，如下所示：

```python
from openpyxl import load_workbook
from openpyxl.chart import PieChart, Reference


wb = load_workbook("口味銷售量.xlsx")
ws = wb.active
data = Reference(ws, min_col = 2, min_row = 1, max_row = 5)
labels = Reference(ws, min_col = 1, min_row = 2, max_row = 5)
chart = PieChart()
chart.add_data(data, titles_from_data = True)
chart.set_categories(labels)
```

```
chart.title = "口味銷售量的派圖"
ws.add_chart(chart, "D2")
wb.save("口味銷售量_pieChart.xlsx")
wb.close()
```

上述程式碼建立 PieChart 物件的派圖，在呼叫 add_chart() 方法新增圖表後，儲存成 Excel 檔案 " 口味銷售量 _pieChart.xlsx"，其執行結果可以看到繪製的派圖，如下圖所示：

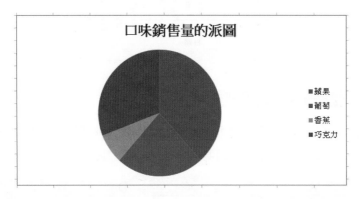

📍 繪製口味銷售量的 3D 派圖：ch14-3-3a.py

Python 程式是使用 Excel 檔案 " 口味銷售量 .xlsx" 來繪製口味銷售量比例的 3D 派圖。在匯入相關模組，開啟 Excel 檔案和切換至目前工作表後，建立圖表資料和 X 軸的刻度標籤共 2 個 Reference 物件，如下所示：

```
from openpyxl import load_workbook
from openpyxl.chart import PieChart3D, Reference

wb = load_workbook("口味銷售量.xlsx")
ws = wb.active
data = Reference(ws, min_col = 2, min_row = 1, max_row = 5)
labels = Reference(ws, min_col = 1, min_row = 2, max_row = 5)
chart = PieChart3D()
chart.add_data(data, titles_from_data = True)
chart.set_categories(labels)
chart.title = "口味銷售量的3D派圖"
ws.add_chart(chart, "D2")
wb.save("口味銷售量_pieChart3D.xlsx")
wb.close()
```

上述程式碼建立 PieChart3D 物件的 3D 派圖，在呼叫 add_chart() 方法新增圖表後，儲存成 Excel 檔案 "pieChart3D.xlsx"，其執行結果可以看到繪製的 3D 派圖，如下圖所示：

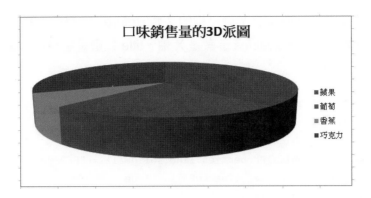

14-3-4　繪製散佈圖

在 openpyxl 套件是使用 ScatterChart 物件建立散佈圖（Scatter Plots），請注意！我們需要自行建立每一組資料集的 Series 物件來繪出每一個資料點。在本節使用的 Excel 檔案是 "NBA 球員薪水 .xlsx"，其內容如下圖所示：

	A	B	C	D	E	F	G	H
1	player	pos	salary	TEAM	PTS	REB	AST	
2	Stephen Curry	Point Guard	37457154	GSW	26.4	5.1	6.1	
3	Chris Paul	Point Guard	35654150	HOU	18.6	5.4	7.9	
4	LeBron James	Small Forward	35654150	CLE	27.5	8.6	9.1	
5	Russell Westbrook	Point Guard	35350000	OKC	25.4	10.1	10.3	
6	Blake Griffin	Power Forward	32088932	DET	21.4	7.4	5.8	
7	Gordon Hayward	Shooting Guard	31214295	BOS	2	1	0	
8	Kyle Lowry	Point Guard	31000000	TOR	16.2	5.6	6.9	
9	Paul George	Small Forward	30560700	OKC	21.9	5.7	3.3	
10	Mike Conley	Point Guard	30521115	MEM	17.1	2.3	4.1	
11	James Harden	Shooting Guard	30421854	HOU	30.4	5.4	8.8	
12	Kevin Durant	Small Forward	30000000	GSW	26.4	6.8	5.4	
13	Paul Millsap	Power Forward	29230769	DEN	14.6	6.4	2.8	

工作表1

Python 程式：ch14-3-3.py 是使用 Excel 檔案 "NBA 球員薪水 .xlsx" 來繪製 2018 年 NBA 球員薪水與得分的散佈圖。在匯入相關模組，開啟 Excel 檔案和切換至目前工作表後，建立 ScatterChart 物件的散佈圖，如下所示：

```python
from openpyxl import load_workbook
from openpyxl.chart import ScatterChart, Reference, Series

wb = load_workbook("NBA球員薪水.xlsx")
ws = wb.active
ydata = Reference(ws, min_col = 3, min_row = 2, max_row = 98)
xdata = Reference(ws, min_col = 5, min_row = 2, max_row = 98)
chart = ScatterChart()
```

　　上述程式碼建立資料點 X 和 Y 軸座標的 2 個 Reference 物件。在下方建立 Series 物件，values 參數是 Y 軸；xvalues 參數是 X 軸，title 參數是這組資料集的名稱，如下所示：

```
series = Series(values = ydata, xvalues = xdata, title = "2018")
series.marker.symbol = "circle"
series.marker.graphicalProperties.solidFill = "FF0000"
series.marker.graphicalProperties.line.solidFill = "FF0000"
series.graphicalProperties.line.noFill = True
chart.series.append(series)
```

　　上述程式碼使用 mark 屬性來客製化 Series 物件，可以建立小紅圓點的標記，最後呼叫 series.append() 方法新增至圖表。在下方指定圖表的相關屬性，如下所示：

```
chart.title = "NBA球員薪水與得分的散佈圖"
chart.x_axis.title = "得分"
chart.y_axis.title = "薪水"
ws.add_chart(chart, "I2")
wb.save("NBA球員薪水_scatterChart.xlsx")
wb.close()
```

　　上述程式碼呼叫 add_chart() 方法新增圖表後，儲存成 Excel 檔案 "NBA 球員薪水 _scatterChart.xlsx"，其執行結果可以看到繪製的散佈圖，如下圖所示：

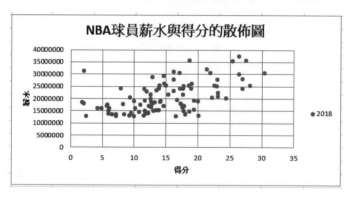

學習評量

1. 請問什麼是資料視覺化？我們常用資料視覺化的基本圖表有哪些？

2. 請說明 Python 程式使用 openpyxl 套件在 Excel 工作表繪製統計圖表的基本步驟？

3. 請問如何客製化統計圖表的色彩、圖例位置和線條樣式？

4. 請問 Python 如何使用 openpyxl 套件的繪製散佈圖？

5. 請將 Python 程式 ch14-3-3.py 改用長條圖和橫條圖來繪製。

6. 請建立 Python 程式使用 ch14-3-2.py 的 Excel 檔案 "台積電 2019 年 9 月股價 .xlsx" 來繪製台積電成交量【Volume】欄的長條圖和散佈圖。

7. 請建立 Python 程式將下方 2 條線的 X 和 Y 軸座標匯入 Excel 工作表，然後繪出這 2 個資料集的折線圖，和顯示圖例【第 1 條線】和【第 2 條線】，如下所示：

```
x1 = [10,20,30]
y1 = [20,40,10]
x2 = [10,20,30]
y2 = [40,10,30]
```

8. 請建立 Python 程式載入公司 5 天股價資料的 CSV 檔案 "stock.csv" 至 Excel 工作表，然後繪出 5 天股價的折線圖。

Note ✍

CHAPTER

15

自動化處理Word文件與PowerPoint簡報

◎ 本章內容

15-1 Python 的 Word 文件自動化

Python 的 Word 文件自動化就是使用程式碼來自動化處理 Word 文件的編輯、讀取、建立、儲存和更改樣式等相關操作。

15-1-1 安裝 python-docx 套件與 Document 物件結構

在實際建立 Python 程式執行 Word 文件自動化前,我們需要安裝 python-docx 套件和了解 Word 文件的 Document 物件結構。

◉ 安裝 python-docx 套件

在 Python 開發環境安裝 0.8.11 版 python-docx 套件的命令列指令,如下所示:

```
pip install python-docx==0.8.11 Enter
```

◉ Word 文件的 Document 物件結構

當成功安裝套件後,Python 程式可以匯入 docx 模組建立 Document 物件,即 Word 文件,其物件結構如下圖所示:

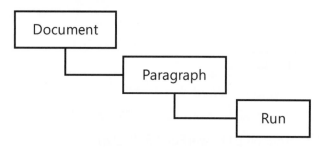

上述 Document 文件物件擁有多個 Paragraph 段落物件,每一個段落是多個 Run 連續文字物件所組成。

15-1-2 讀取與顯示 Word 文件的內容

在了解 python-docx 套件的 Document 物件結構後,我們就可以建立 Python 程式來讀取和顯示 Word 文件內容、標題文字和樣式名稱。

◉ 顯示 Word 文件的所有段落:ch15-1-2.py

Python 程式開啟 Word 檔案 "Python 開發環境 .docx" 後,即可取得 Paragraph 物件,和使用 text 屬性顯示所有段落的文字內容,首先匯入 docx 模組,如下所示:

```
import docx

doc = docx.Document("Python開發環境.docx")
print("段落數: ", len(doc.paragraphs))
```

上述程式碼建立 Document 物件，參數是 Word 文件檔案路徑（只支援 .docx），然後使用 paragraphs 屬性取得所有段落和段落數。在下方的 count 變數是段落編號的計數，如下所示：

```
count = 1
for para in doc.paragraphs:
    print(count, ":", para.text)
    count = count + 1
```

上述 for 迴圈可以走訪文件的所有段落，和使用 text 屬性顯示段落內容，其執行結果顯示 4 個段落的內容，如下所示：

```
>>> %Run ch15-1-2.py
段落數:　 4
1 ： Thonny整合開發環境
2 ： Thonny是愛沙尼亞Tartu大學使用Python語言開發，一套提供簡潔的使用介面，這是完全針對「
初學者」開發的免費Python整合開發環境。
3 ： WinPython的Python開發套件
4 ： WinPython是支援Windows作業系統的一套免費且開放原始碼的科學和教育用途可攜式版本的Pyth
on整合散發套件。
```

◯ 顯示段落的所有連續文字：**ch15-1-2a.py**

Python 程式取得 Word 文件的段落後，使用 2 層巢狀 for 迴圈，在外層走訪第 1 和第 3 個段落，內層走訪連續文字來顯示文字內容，如下所示：

```
doc = docx.Document("Python開發環境.docx")
print("段落數: ", len(doc.paragraphs))
for p in range(0, 3, 2):
    para = doc.paragraphs[p]
    print("連續文字數: ", len(para.runs))
    for run in para.runs:
        print(run.text)
```

上述外層 for 迴圈是從 0~2 間隔 2，所以就是 paragraphs[0] 是第 1 個段落（索引值 0）和 paragraphs[2] 的第 3 個段落，然後使用 runs 屬性顯示連續文字數後，使用內層 for 迴圈顯示每一個連續文字的內容，一樣是使用 text 屬性，其執行結果顯示連續文字的內容，如下所示：

```
>>> %Run ch15-1-2a.py
段落數： 4
連續文字數： 2
Thonny
整合開發環境
連續文字數： 4
WinPython
的
Python
開發套件
```

找出 Word 文件的所有標題文字：ch15-1-2b.py

在 Word 文件可以搜尋段落套用的樣式來找出特定種類的段落，例如：標題文字是套用【Heading】開頭的樣式，Python 程式可以使用此條件找出所有標題文字（請注意！標題文字也是段落），如下所示：

```python
doc = docx.Document("Python開發環境.docx")
print("段落數: ", len(doc.paragraphs))
for para in doc.paragraphs:
    if para.style.name.startswith('Heading'):
        print(para.text)
```

上述 for 迴圈走訪所有段落，使用 if 條件判斷 style.name 樣式名稱是否是以【Heading】開頭，如果是，就顯示標題文字內容，其執行結果顯示 2 個標題文字，如下所示：

```
>>> %Run ch15-1-2b.py
段落數： 4
Thonny整合開發環境
WinPython的Python開發套件
```

顯示 Word 文件的樣式名稱：ch15-1-2c.py

在 Python 程式可以顯示 Word 文件支援的樣式名稱，如下所示：

```python
doc = docx.Document("Python開發環境.docx")
for style in doc.styles:
    print(style.name, end=" ")
```

上述 for 迴圈走訪 doc.styles 屬性來取得所有樣式後，使用 name 屬性顯示樣式名稱，其執行結果如下所示：

```
>>> %Run ch15-1-2c.py
Normal Heading 1 Heading 2 Heading 3 Default Paragraph Font Normal Table No List
標題 1 字元 標題 2 字元 標題 3 字元 Quote 引文 字元 Subtitle 副標題 字元 Title 標題 字
元 Header 頁首 字元 Footer 頁尾 字元
```

15-1-3　建立與編輯 Word 文件

　　Python 程式可以使用 python-docx 套件從無到有建立一份全新的 Word 文件，或編輯 Word 文件來新增標題文字、段落、表格、圖片和分頁符號。

📍 建立與寫入 Word 檔案：ch15-1-3.py

　　當 Python 程式使用 Document() 建立 Document 物件後，此物件就是一份空白的 Word 文件，如下所示：

```
import docx

doc = docx.Document()
doc.save("自動化建立Word文件.docx")
```

　　上述 save() 方法的參數是 Word 檔案名稱字串，可以將 Document 物件內容寫入成為 Word 文件檔案，在 Python 程式的同一目錄可以看到建立的 Word 檔案。

📍 在 Word 文件新增標題文字：ch15-1-3a.py

　　當 Python 程式成功載入 Word 文件建立 Document 物件後，就可以使用 add_heading() 方法來新增標題文字，如下所示：

```
doc = docx.Document("自動化建立Word文件.docx")
doc.add_heading("Python程式設計", level=1)
doc.add_heading("自動化Excel應用", level=2)
doc.save("自動化建立Word文件2.docx")
```

　　上述程式碼開啟 Word 檔案後，呼叫 2 次 add_heading() 方法新增 2 個標題文字，第 2 個參數 level 值 1 是套用【Heading 1】樣式；值 2 是套用【Heading 2】樣式；0 是【Title】樣式，其執行結果的 " 自動化建立 Word 文件 2.docx" 內容，如下圖所示：

Python 程式設計↵

自動化 Excel 應用↵

📍 在 Word 文件新增段落和連續文字：ch15-1-3b.py

Python 程式可以使用 Document 物件的 add_paragraph() 方法在文件新增段落；insert_paragraph_before() 方法是插入段落至指定段落之前，如下所示：

```
doc = docx.Document("自動化建立Word文件2.docx")
para = doc.paragraphs[1]
para.insert_paragraph_before("Python是一種直譯語言。")
para1 = doc.add_paragraph("Python可以使用openpyxl套件來自動化" +
                          "處理Excel的編輯、讀取、建立、儲存" +
                          "、合併儲存格等相關編輯操作。")
```

上述 para 變數是第 2 個段落，即第 2 個標題文字，然後使用此段落物件作為指標，呼叫 para.insert_paragraph_before() 方法，在此段落物件之前插入一個全新段落，接著呼叫 doc.add_paragraph() 方法在文件最後新增一個全新的段落。

在取得段落物件後，可以在此段落呼叫 add_run() 方法在段落最後新增連續文字，如下所示：

```
para1.add_run("Spyder")
para1.add_run(", ")
para1.add_run("Python IDLE")
doc.save("自動化建立Word文件3.docx")
```

上述程式碼在插入的段落的最後再新增 3 個連續文字 "Spyder, Python IDLE"，其執行結果的 " 自動化建立 Word 文件 3.docx" 內容，如下圖所示：

Python 程式設計⏎
Python 是一種直譯語言。⏎

- **自動化 Excel 應用**⏎
Python 可以使用 openpyxl 套件來自動化處理 Excel 的編輯、讀取、建立、儲存、合併儲存格等相關編輯操作。Spyder, Python IDLE⏎

📍 在 Word 文件新增表格：ch15-1-3c.py

在 Document 物件可以使用 add_table() 方法新增表格，Python 程式首先建立表格資料的 records 巢狀元組，共有 3 筆記錄，如下所示：

```
doc = docx.Document("自動化建立Word文件3.docx")
records = (
    ("王小明", 67, 78),
```

```
    ("陳小安", 88, 66),
    ("李四誠", 75, 85) )
table = doc.add_table(rows=1, cols=3)
row = table.rows[0]
row.cells[0].text = "姓名"
row.cells[1].text = "國文"
row.cells[2].text = "英文"
```

上述 add_table() 方法新增表格，參數 rows 是列數；cols 是欄數，以此例是 1 x 3 表格，因為表格已經有一列，在取得此列 table.rows[0] 後，使用 cells 屬性取得儲存格串列，即可使用 text 屬性指定這 3 個儲存格的值，這是標題列。然後在下方使用 for 迴圈新增 3 列資料列，如下所示：

```
for name, score1, score2 in records:
    row_cells = table.add_row().cells
    row_cells[0].text = name
    row_cells[1].text = str(score1)
    row_cells[2].text = str(score2)
doc.save("自動化建立Word文件4.docx")
```

上述 for 迴圈取出每一個元組的 3 個值，即可呼叫 add_row() 方法新增一列表格列，在取得 cells 儲存格串列後，指定 3 個儲存格的值，其執行結果的 " 自動化建立 Word 文件 4.docx" 可以看到新增的表格，如下圖所示：

- **自動化 Excel 應用**↵

Python 可以使用 openpyxl 套件來自動化處理 Excel 的編輯、讀取、建立、儲存、合併儲存格等相關編輯操作。Spyder, Python IDLE↵

姓名↵	國文↵	英文↵
王小明↵	67↵	78↵
陳小安↵	88↵	66↵
李四誠↵	75↵	85↵

🅠 在 Word 文件新增圖片：ch15-1-3d.py

Document 物件可以使用 add_picture() 方法新增圖片，在 Python 程式需要匯入 Cm 模組來指定圖片的尺寸，如下所示：

```
import docx
from docx.shared import Cm
```

```
doc = docx.Document("自動化建立Word文件4.docx")
doc.add_picture("penguins.png", width=Cm(3))
doc.save("自動化建立Word文件5.docx")
```

上述 add_picture() 方法的第 1 個參數是圖檔路徑字串，width 參數指定圖片寬度，Cm(3) 是 3 公分，圖片高度自動依比例計算，其執行結果的 " 自動化建立 Word 文件 5.docx" 可以看到表格下方的圖片，如下圖所示：

| 陳小安↵ | 88↵ | 66↵ |
| 李四誠↵ | 75↵ | 85↵ |

在 Word 文件新增分頁符號：ch15-1-3e.py

Python 程式可以使用 Document 物件的 add_page_break() 方法來新增分頁符號，如下所示：

```
doc = docx.Document("自動化建立Word文件5.docx")
doc.add_page_break()
doc.save("自動化建立Word文件6.docx")
```

15-1-4　調整 Word 文件的樣式

Python 程式可以在 Word 文件的段落套用區塊層級的樣式，和在連續字元套用字元層級的樣式。

套用段落樣式：ch15-1-4.py

Python 程式在開啟 Word 文件後，就可以在新增或插入段落文字時指定套用的段落樣式，如下所示：

```
doc = docx.Document("Python開發環境.docx")
print("段落數: ", len(doc.paragraphs))
para = doc.paragraphs[1]
```

```
para2 = doc.paragraphs[3]
para.insert_paragraph_before("Python是一種直譯語言。",
                             style="Heading 3")
doc.add_paragraph("Python程式是使用直譯器執行程式碼。",
                  style="Subtitle")
```

上述 insert_paragraph_before() 和 add_paragraph() 方法使用第 2 個參數 style 指定套用樣式【Heading 3】和【Subtitle】(只支援英文樣式名稱)。然後取得第 4 個段落的 para2 物件後,指定 style 屬性來更改段落套用的樣式,如下所示:

```
para2.style = "Quote"
doc.save("Python開發環境2.docx")
```

上述程式碼將第 4 個段落改成套用【Quote】樣式,其執行結果的 "Python 開發環境 2.docx" 內容,如下圖所示:

·Thonny 整合開發環境

·Python 是一種直譯語言。

Thonny 是愛沙尼亞 Tartu 大學使用 Python 語言開發,一套提供簡潔的使用介面,這是完全針對「初學者」開發的免費 Python 整合開發環境。

·WinPython 的 Python 開發套件

WinPython 是支援 Windows 作業系統的一套免費且開放原始碼的科學和教育用途可攜式版本的 Python 整合散發套件。

Python 程式是使用直譯器執行程式碼。

套用字元樣式:**ch15-1-4a.py**

Python 程式在 Word 文件段落的連續文字可以使用 bold 屬性套用粗體字,和使用 italic 屬性指定成斜體字,如下所示:

```
doc = docx.Document("Python開發環境2.docx")
print("段落數: ", len(doc.paragraphs))
para2 = doc.paragraphs[1]
para3 = doc.paragraphs[2]
run = para2.add_run("-第一版")
run.bold = True
para3.runs[0].italic = True
doc.save("Python開發環境3.docx")
```

上述程式碼取得第 2 和第 3 個段落 para2 和 para3 物件後，呼叫 add_run() 方法新增連續文字，和將字元樣式改為粗體字，然後指定 para3 段落的第 1 個連續文字的字元樣式是斜體字，其執行結果的 " Python 開發環境 3.docx" 內容，如下圖所示：

・Python 是一種直譯語言。第一版↵

Thonny 是愛沙尼亞 Tartu 大學使用 Python 語言開發，一套提供簡潔的使用介面，這是完全針對「初學者」開發的免費 Python 整合開發環境。↵

15-2 自動化調整 Word 標題文字的樣式與對齊

如果多份 Word 文件的標題文字樣式並不一致時，我們可以建立 Python 程式來自動化統一調整 Word 文件的標題文字樣式和對齊方式。

◎ 調整所有標題文字的樣式：ch15-2.py

Python 程式是修改 ch15-1-2b.py，在找出所有標題文字後，更改標題文字的字型和色彩。首先匯入相關模組，RGBColor 模組是 RGB 色彩；Pt 是尺寸，如下所示：

```python
import docx
from docx.shared import RGBColor
from docx.shared import Pt

doc = docx.Document("Python自動化套件.docx")
for para in doc.paragraphs:
    if para.style.name.startswith("Heading"):
        for run in para.runs:
            run.font.color.rgb = RGBColor(255, 0, 255)
            run.font.name = "細明體"
            run.font.size = Pt(28)
            print(run.text)
doc.save("Python自動化套件2.docx")
```

上述 2 層巢狀 for 迴圈的外層是走訪文件的所有段落，if 條件判斷是否是標題文字，如果是，在內層 for 迴圈找出此段落的所有連續文字後，更改字型的 RGB 色彩、字體和尺寸。其執行結果可以找出 2 個標題文字的 4 個連續文字。

開啟 "Python 自動化套件 2.docx" 內容，可以看到標題文字的色彩和字型已經變更成相同色彩、字體和尺寸，如下圖所示：

·openpyxl 套件↵

Python 可以使用 openpyxl 套件來自動化處理 Excel 工作表的編輯、讀取、建立、儲存、合併儲存格和建立表格等相關編輯操作。↵
在實際建立 Python 程式執行 Excel 自動化前，我們需要先安裝 openpyxl 套件和了解 Excel 活頁簿的 Workbook 物件結構。↵

·python-docx 套件↵

Python 的 Word 文件自動化就是使用程式碼來自動化處理 Word 文件的編輯、讀取、建立、儲存和更改樣式等相關操作。↵
在實際建立 Python 程式執行 Word 文件自動化前，我們需要先安裝 python-docx 套件和了解 Word 文件的 Document 物件結構。↵

⬤ 調整所有標題文字的對齊方式：**ch15-2a.py**

Python 程式也是修改 ch15-1-2b.py，在找出所有標題文字後，調整標題文字的對齊方式。首先匯入相關模組，WD_ALIGN_PARAGRAPH 是文字對齊方式，如下所示：

```
import docx
from docx.shared import RGBColor
from docx.shared import Pt
from docx.enum.text import WD_ALIGN_PARAGRAPH

doc = docx.Document("Python自動化套件.docx")
for para in doc.paragraphs:
    if para.style.name.startswith("Heading"):
        para.paragraph_format.alignment = \
                WD_ALIGN_PARAGRAPH.CENTER
        for run in para.runs:
            run.font.color.rgb = RGBColor(255, 0, 255)
            run.font.name = "細明體"
            run.font.size = Pt(28)
            print(run.text)
doc.save("Python自動化套件3.docx")
```

上述 para.paragraph_format.alignment 指定段落的對齊方式，CENTER 是置中；LEFT 是靠左；RIGHT 是靠右對齊。其執行結果可以找出 2 個標題文字的 4 個連續文字。

當開啟 "Python 自動化套件 3.docx" 內容，可以看到標題文字都改為置中對齊，如下圖所示：

openpyxl 套件

Python 可以使用 openpyxl 套件來自動化處理 Excel 工作表的編輯、讀取、建立、儲存、合併儲存格和建立表格等相關編輯操作。

在實際建立 Python 程式執行 Excel 自動化前,我們需要先安裝 openpyxl 套件和了解 Excel 活頁簿的 Workbook 物件結構。

python-docx 套件

Python 的 Word 文件自動化就是使用程式碼來自動化處理 Word 文件的編輯、讀取、建立、儲存和更改樣式等相關操作。

在實際建立 Python 程式執行 Word 文件自動化前,我們需要先安裝 python-docx 套件和了解 Word 文件的 Document 物件結構。

15-3 Python 的 PowerPoint 簡報自動化

Python 的 PowerPoint 簡報自動化就是使用程式碼來自動化處理 PowerPoint 投影片的編輯、讀取、新增和儲存等相關簡報建立操作。

15-3-1 安裝 python-pptx 套件與 Presentation 物件結構

在實際建立 Python 程式執行 PowerPoint 簡報自動化前,我們需要安裝 python-pptx 套件和了解 PowerPoint 簡報的 Presentation 物件結構。

♀ 安裝 python-pptx 套件

在 Python 開發環境安裝 0.6.21 版 python-pptx 套件的命令列指令,如下所示:

```
pip install python-pptx==0.6.21 Enter
```

♀ PowerPoint 簡報的 Presentation 物件結構

當成功安裝套件後,Python 程式可以匯入 Presentation 類別來建立 Presentation 物件,即 PowerPoint 簡報,其物件結構如下圖所示:

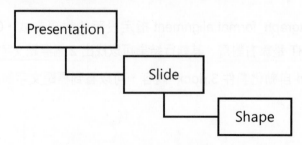

　　上述 Presentation 物件的 PowerPoint 簡報擁有多頁 Slide 投影片物件,每一頁投影片物件是由多個矩形區域的 Shape 物件所組成,我們就是在這些 Shape 物件建立文字段落、新增文字方塊、清單、圖表和表格等投影片內容。

15-3-2　建立、新增與編輯 PowerPoint 簡報

　　在了解 python-pptx 套件的 Presentation 物件結構後,Python 程式可以使用 python-pptx 套件從無到有建立一份全新 PowerPoint 簡報,自動化新增和編輯 PowerPoint 投影片報來建立標題文字、段落文字、清單、圖片和表格等投影片內容。

◉ 建立與寫入 PowerPoint 簡報檔案:**ch15-3-2.py**

　　當 Python 程式使用 Presentation() 建立 Presentation 物件後,此物件就是一份空白的 PowerPoint 簡報,首先匯入 Presentation 類別,如下所示:

```python
from pptx import Presentation

prs = Presentation()
# 新增標題頁投影片
title_slide_layout = prs.slide_layouts[0]
```

　　上述程式碼新增一頁標題頁投影片的版面配置,python-pptx 套件的 Presentation 物件預設建立 9 種版面配置 prs.slide_layouts[0]~ prs.slide_layouts[8],即「檢視 ➜ 投影片母片」的簡報母片清單,如下圖所示:

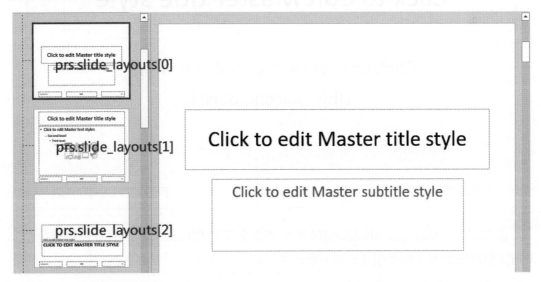

　　上述 9 種版面配置依序是 Title、Title and Content、Section Header、Two Content、Comparison、Title Only、Blank、Content with Caption 和 Picture with Caption。

在選取 prs.slide_layouts[0] 標題頁的版面配置後，呼叫 add_slide() 方法新增此種版面配置至簡報，如下所示：

```
slide = prs.slides.add_slide(title_slide_layout)
```

上述 prs.slides 就是簡報所有投影片的集合物件。然後指定投影片的標題文字，如下所示：

```
title = slide.shapes.title
# title = slide.placeholders[0]
title.text = "自動化建立PPT簡報"
```

上述 shapes 是投影片編排的矩形區域集合，title 屬性就是投影片標題，因為有套用版面配置，除了使用 title 屬性，每一個配置的矩形區域就是一個 Placeholder 佔位區，以此例有 2 個，依序是索引 0~1，如下圖所示：

換句話說，slide.placeholders[0] 就是標題文字的 Shape。在下方就是使用佔位區來指定副標題文字，即索引 1，如下所示：

```
subtitle = slide.placeholders[1]
subtitle.text = "作者：陳會安"
prs.save("自動化建立PPT簡報.pptx")
```

上述 save() 方法的參數是 PowerPoint 簡報的檔案名稱字串，可以將 Presentation 物件內容寫入成為 PowerPoint 簡報，在 Python 程式的同一目錄可以看到 PowerPoint 簡報檔案 " 自動化建立 PPT 簡報 .pptx"，如下圖所示：

開啟簡報在投影片新增段落文字和清單：ch15-3-2a.py

當 Python 程式使用 Presentation() 建立 Presentation 物件時，如果有指定參數的 PowerPoint 簡報檔案路徑，就是開啟簡報檔，然後新增一頁 prs.slide_layouts[1] 版面配置的簡報，即標題和內容頁投影片，如下所示：

```python
from pptx import Presentation

prs = Presentation("自動化建立PPT簡報.pptx")
# 新增標題和內容頁投影片
title_content_slide_layout = prs.slide_layouts[1]
slide = prs.slides.add_slide(title_content_slide_layout)
title = slide.shapes.title
title.text = "自動化建立文字內容和清單"
```

上述程式碼新增投影片後，指定標題文字內容，然後在下方取得第 2 個 Placeholder 佔位區，因為我們準備在 Shape 新增多個段落文字來建立清單，首先需要使用 text_frame 屬性取得 Text Frame 文字框物件後，指定 text 屬性的文字內容，如下所示：

```python
body_shape = slide.placeholders[1]
tf = body_shape.text_frame
tf.text = "Python辦公室自動化套件"
p = tf.add_paragraph()
p.text = "Word自動化"
p.level = 1
```

```
p = tf.add_paragraph()
p.text = "python-docx套件"
p.level = 2
```

上述程式碼在 Text Frame 物件呼叫 add_paragraph() 方法來新增段落文字，text 屬性值是文字內容；level 是階層，1 是第 1 層清單；2 是第 2 層。在下方建立第 2 個清單項目，如下所示：

```
p = tf.add_paragraph()
p.text = "Excel自動化"
p.level = 1
p = tf.add_paragraph()
p.text = "openpyxl套件"
p.level = 2
prs.save("自動化建立PPT簡報2.pptx")
```

上述 save() 方法儲存簡報檔，其執行結果的 " 自動化建立 PPT 簡報 2.pptx" 共有 2 頁投影片，我們新增的是第 2 頁，其內容如下圖所示：

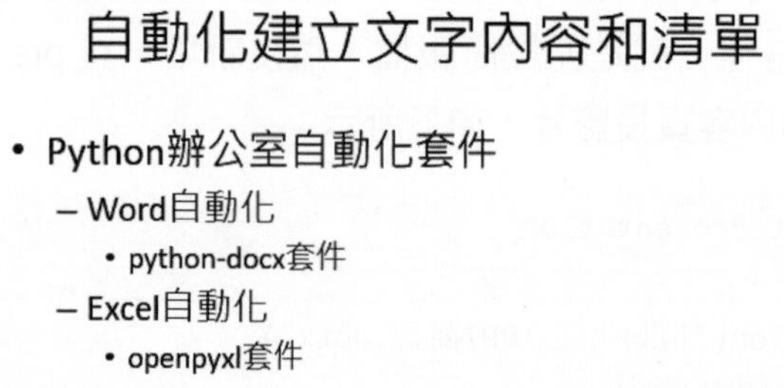

自動化建立文字內容和清單

- Python辦公室自動化套件
  - Word自動化
    - python-docx套件
  - Excel自動化
    - openpyxl套件

◉ 在投影片新增文字方塊：ch15-3-2b.py

Python 程式 ch15-3-2a.py 是在版面配置的預設 Placeholder 佔位區新增段落文字，另一種方式是使用 TextBox 文字方塊，因為文字方塊並不屬於版面配置，在新增文字方塊時需要指定其位置和尺寸。

Python 程式是編輯簡報的第 2 頁投影片，在此投影片新增一個 TextBox 文字方塊，首先匯入尺寸相關的模組，如下所示：

```
from pptx import Presentation
from pptx.util import Inches, Pt
from pptx.dml.color import RGBColor

prs = Presentation("自動化建立PPT簡報2.pptx")
# 編輯第2頁投影片
slide = prs.slides[1]
```

```
left = top = width = height = Inches(12/2.54)
txBox = slide.shapes.add_textbox(left, top, width, height)
```

上述 prs.slides[1] 就是第 2 頁投影片，然後指定 left、top，這是距離投影片左上角左邊（Left）和上方（Top）的尺寸，Inches(12/2.54) 單位是英吋，12 公分除以 2.54 轉成英吋，width 和 height 就是文字方塊的寬和高。

我們是呼叫 add_textbox() 方法新增文字方塊，參數就是左、上、寬和高的位置和尺寸。在下方取得文字方塊的 Text Frame 物件，tf.paragraphs[0] 就是第 1 個段落文字，指定 font.size 的字型尺寸是 Pt(30) 的 30 像素，如下所示：

```
tf = txBox.text_frame
tf.text = "PowerPoint自動化"
tf.paragraphs[0].font.size = Pt(30)
p = tf.add_paragraph()
p.text = "python-pptx套件"
p.font.bold = True
```

上述程式碼呼叫 add_paragraph() 方法新增文字段落，text 屬性是文字內容；font.bold 是粗體字。在下方新增第 2 個段落文字，font.italic 是斜體字，font.color 是文字色彩，如下所示：

```
p = tf.add_paragraph()
p.text = "python-pptx套件"
p.font.italic = True
p.font.color.rgb = RGBColor(247, 150, 70)
prs.save("自動化建立PPT簡報3.pptx")
```

上述 save() 方法儲存簡報檔，其執行結果的 " 自動化建立 PPT 簡報 3.pptx" 共有 2 頁投影片，我們編輯的是第 2 頁，其內容如下圖所示：

自動化建立文字內容和清單

- Python辦公室自動化套件
  - Word自動化
    - python-docx套件
  - Excel自動化
    - openpyxl套件

PowerPoint自動化
python-pptx套件
python-pptx套件

📍 在投影片新增圖片：**ch15-3-2c.py**

Python 程式開啟 PowerPoint 簡報檔，新增一頁只有標題的投影片後，在投影片顯示圖檔 "penguins.png" 的圖片內容，如下所示：

```python
img_path = "penguins.png"
prs = Presentation("自動化建立PPT簡報3.pptx")
# 新增只有標題的投影片
title_only_slide_layout = prs.slide_layouts[5]
slide = prs.slides.add_slide(title_only_slide_layout)
title = slide.shapes.title
title.text = "自動化建立PPT圖片"
```

上述程式碼新增投影片和指定標題文字後，在下方指定位置尺寸，然後呼叫 add_picture() 方法來新增圖片，第 1 個參數是圖檔路徑，然後依序是位置 left、top 和圖片尺寸的高，如下所示：

```python
left = top = Inches(2)
height = Inches(4)
pic = slide.shapes.add_picture(img_path, left, top, height=height)
left = Inches(5)
height = Inches(4)
pic = slide.shapes.add_picture(img_path, left, top, height=height)
prs.save("自動化建立PPT簡報4.pptx")
```

上述程式碼新增第 2 張相同的圖片後，呼叫 save() 方法儲存簡報檔，其執行結果的 " 自動化建立 PPT 簡報 4.pptx" 共有 3 頁投影片，我們新增的是第 3 頁，其內容如下圖所示：

自動化建立PPT圖片

○ 在投影片新增表格：**ch15-3-2d.py**

Python 程式新增 prs.slide_layouts[6] 版面配置的空白投影片後，新增 TextBox 的標題文字，即可指定表格的列數、欄數、位置和尺寸的變數來建立表格，如下所示：

```
...
rows = cols = 2
left = top = Inches(2.0)
width = Inches(6.0)
height = Inches(0.8)
table = slide.shapes.add_table(rows, cols, left, top, width, height).table
```

上述程式碼呼叫 add_table() 方法新增表格，.table 可以取得此表格物件的 table 變數，即可在下方指定 2 個欄位的寬度，如下所示：

```
table.columns[0].width = Inches(2.0)
table.columns[1].width = Inches(4.0)
table.cell(0, 0).text = "Word文件"
table.cell(0, 1).text = "PowerPoint簡報"
table.cell(1, 0).text = 'python-docx'
table.cell(1, 1).text = 'python-pptx'
prs.save("自動化建立PPT簡報5.pptx")
```

上述程式碼使用 cell() 方法定位儲存格後，使用 text 屬性指定儲存格內容，分別是標題列和資料列，最後呼叫 save() 方法儲存簡報檔，其執行結果的 " 自動化建立 PPT 簡報 5.pptx" 共有 4 頁投影片，我們新增的是第 4 頁，其內容如下圖所示：

自動化建立PPT表格

Word文件	PowerPoint簡報
python-docx	python-pptx

15-3-3　讀取與顯示 PowerPoint 簡報和投影片內容

Python 程式可以使用 python-pptx 套件來讀取和顯示 PowerPoint 簡報資訊和投影片的內容。

○ 顯示 **PowerPoint** 簡報檔的資訊：**ch15-3-3.py**

Python 程式開啟 PowerPoint 簡報檔案後，即可取得投影片數，和每一頁的投影片物件，首先匯入 Presentation 類別，如下所示：

```
from pptx import Presentation

prs = Presentation("自動化建立PPT簡報5.pptx")
print("投影片數:", len(prs.slides))
for idx, slide in enumerate(prs.slides):
    print("投影片:", idx, "-", slide)
```

上述 for 迴圈走訪 prs.slides 的所有投影片物件，其執行結果顯示共有 4 頁投影片，如下所示：

```
>>> %Run ch15-3-3.py

投影片數: 4
投影片: 0 - <pptx.slide.Slide object at 0x000001C9FFDC13C0>
投影片: 1 - <pptx.slide.Slide object at 0x000001C9FEEDB4F0>
投影片: 2 - <pptx.slide.Slide object at 0x000001C9FFE6B1C0>
投影片: 3 - <pptx.slide.Slide object at 0x000001C9FFE69630>
```

顯示指定投影片所有文字框的文字內容：**ch15-3-3a.py**

Python 程式在取出 PowerPoint 簡報的第 2 頁投影片（索引值是 1）後，走訪所有 Shape 矩形區域，在判斷有 Text Frame 文字框後，顯示文字框的內容，如下所示：

```
prs = Presentation("自動化建立PPT簡報5.pptx")
slide = prs.slides[1]
for idx, shape in enumerate(slide.shapes):
    if shape.has_text_frame:
        print("文字框:", idx, "-", shape.text_frame)
        print(shape.text_frame.text)
```

上述 for 迴圈走訪 slide.shapes 的所有 Shape 物件，if 條件使用 has_text_frame 屬性判斷是否有文字框，如果有，就顯示文字內容，其執行結果顯示第 2 頁投影片的 3 個文字框內容，如下所示：

```
>>> %Run ch15-3-3a.py

文字框: 0 - <pptx.text.text.TextFrame object at 0x000002A91C5553C0>
自動化建立文字內容和清單
文字框: 1 - <pptx.text.text.TextFrame object at 0x000002A91C555810>
Python辦公室自動化套件
Word自動化
python-docx套件
Excel自動化
openpyxl套件
文字框: 2 - <pptx.text.text.TextFrame object at 0x000002A91C5553C0>
PowerPoint自動化
python-pptx套件
python-pptx套件
```

◎ 取出簡報檔所有投影片的文字內容：**ch15-3-3b.py**

因為同一個 Text Frame 文字框可以新增多個段落文字，Python 程式準備顯示第 2 頁投影片中，第 2 個 Shape 的文字框的所有段落文字，如下所示：

```python
prs = Presentation("自動化建立PPT簡報5.pptx")
slide = prs.slides[1]
tf = slide.shapes[1].text_frame
for idx, paragraph in enumerate(tf.paragraphs):
    print("文字段落:", idx, "-", paragraph.text)
```

上述 for 迴圈走訪 tf.paragraphs 的所有段落文字，其執行結果顯示第 2 頁投影片的第 2 個 Shape 文字框的所有段落文字，如下所示：

```
>>> %Run ch15-3-3b.py

文字段落: 0 - Python辦公室自動化套件
文字段落: 1 - Word自動化
文字段落: 2 - python-docx套件
文字段落: 3 - Excel自動化
文字段落: 4 - openpyxl套件
```

◎ 取出簡報檔指定段落文字的文字內容：**ch15-3-3c.py**

Python 程式可以顯示第 2 頁投影片中，第 2 個 Shape 的文字框的第 2 和第 3 個段落文字內容，如下所示：

```python
prs = Presentation("自動化建立PPT簡報5.pptx")
slide = prs.slides[1]
tf = slide.shapes[1].text_frame
paragraph = tf.paragraphs[1]
print(paragraph.text)
print(tf.paragraphs[2].text)
```

上述程式碼使用 tf.paragraphs 取得第 2 個和第 3 個段落文字內容，其執行結果如下所示：

```
>>> %Run ch15-3-3c.py

Word自動化
python-docx套件
```

◎ 取出簡報檔所有投影片的所有文字內容：**ch15-3-3d.py**

在了解如何取出簡報的段落文字內容後，我們可以建立 Python 程式取出簡報檔案所有投影片的所有段落文字內容，如下所示：

```
prs = Presentation("自動化建立PPT簡報5.pptx")
text_paras = []

for slide in prs.slides:
    for shape in slide.shapes:
        if shape.has_text_frame:
            for paragraph in shape.text_frame.paragraphs:
                text_paras.append(paragraph.text)

print(text_paras)
```

上述 3 層巢狀 for 迴圈可以走訪每一頁投影片，每一個 Text Frame 文字框和每一個段落來新增至 text_paras 串列，其執行結果可以顯示所有文字內容的串列，如下所示：

```
>>> %Run ch15-3-3d.py

['自動化建立PPT簡報', '作者：陳會安', '自動化建立文字內容和清單', 'P
ython辦公室自動化套件', 'Word自動化', 'python-docx套件', 'Excel自
動化', 'openpyxl套件', 'PowerPoint自動化', 'python-pptx套件', 'py
thon-pptx套件', '自動化建立PPT圖片', '自動化建立PPT表格']
```

15-3-4 PowerPoint 簡報的投影片管理

對於建立或開啟的 PowerPoint 簡報，我們可以使用 python-pptx 套件來管理投影片，即刪除指定投影片和調整投影片的排列順序，最後使用 pywin32 套件來複製 PowerPoint 投影片。

◐ 刪除投影片：ch15-3-4.py

Python 程式可以使用 python-pptx 套件來管理投影片，在建立投影片串列後，使用串列的 remove() 方法來刪除項目，即刪除投影片，如下所示：

```
from pptx import Presentation

prs = Presentation("自動化建立PPT簡報5.pptx")
slides = list(prs.slides._sldIdLst)
idx = 3    # 刪除的投影片索引, 從0開始
prs.slides._sldIdLst.remove(slides[idx])
prs.save("自動化PPT簡報的投影片管理_刪除.pptx")
```

上述程式碼使用 prs.slides._sldIdLst 建立投影片串列，索引 3 是第 4 頁，remove() 方法可以刪除第 4 頁投影片，執行結果的簡報檔只剩下 3 頁投影片。

♀ 調整投影片順序：**ch15-3-4a.py**

如同刪除投影片，Python 程式使用 python-pptx 套件建立投影片串列後，可以使用串列的 remove() 和 insert() 方法來調整投影片順序，如下所示：

```
prs = Presentation("自動化建立PPT簡報5.pptx")
slides = list(prs.slides._sldIdLst)
old_idx = 3    # 原投影片索引, 從0開始
new_idx = 2    # 新投影片索引, 從0開始
prs.slides._sldIdLst.remove(slides[old_idx])
prs.slides._sldIdLst.insert(new_idx, slides[old_idx])
prs.save("自動化PPT簡報的投影片管理_調整順序.pptx")
```

上述程式碼使用 prs.slides._sldIdLst 建立投影片串列，原索引 3 是第 4 頁，新索引 2 是第 3 頁，首先使用 remove() 方法刪除第 4 頁投影片後，在索引 2 插入刪除的投影片，即可交換 PowerPoint 簡報的第 3 頁和第 4 頁投影片。

♀ 複製投影片：**ch15-3-4b.py**

因為 python-pptx 套件並沒有很穩定的方法來複製投影片，所以 Python 程式是使用 pywin32 套件來複製 PowerPoint 投影片，這是直接使用剪貼簿操作來複製投影片，如下所示：

```
from win32com.client import Dispatch
import os

app = Dispatch("PowerPoint.Application")
app.Visible = 1
app.DisplayAlerts = 0
pptx = app.Presentations.Open(os.getcwd()+"\\自動化建立PPT簡報5.pptx")
copy_idx = 4    # 第4頁, 從1開始
ins_idx = copy_idx + 1
pptx.Slides(copy_idx).Copy()
pptx.Slides.Paste(Index=ins_idx)
pptx.SaveAs(os.getcwd()+"\\自動化PPT簡報的投影片管理_複製.pptx")
pptx.Close()
os.system('taskkill /F /IM POWERPNT.EXE')  #app.Quit() not work
```

上述 copy_idx 是欲複製的投影片索引，因為是從 1 開始，所以是複製第 4 頁，然後使用 Copy() 方法複製投影片；Paste() 方法貼上投影片，其執行結果可以看到重複 2 頁相同的第 4 頁投影片內容。

15-4 自動化在 PowerPoint 投影片繪製圖表

在 Python 的 python-pptx 套件支援圖表功能,我們可以直接在投影片新增資料集來繪製所需的統計圖表,例如:長條圖。

繪製單一資料集的長條圖:**ch15-4.py**

Python 程式在 PowerPoint 簡報新增一頁只有標題的投影片後,繪出學生成績資料的長條圖,首先匯入相關模組和類別,如下所示:

```
from pptx import Presentation
from pptx.chart.data import CategoryChartData
from pptx.enum.chart import XL_CHART_TYPE
from pptx.util import Inches

prs = Presentation()
# 新增只有標題的投影片
slide = prs.slides.add_slide(prs.slide_layouts[5])
title = slide.shapes.title
title.text = "自動化在PPT投影片繪製圖表"
```

上述程式碼新增只有標題的投影片後,指定標題文字內容。在下方建立圖表的資料,這是 CategoryChartData 物件的資料,如下所示:

```
chart_data = CategoryChartData()
chart_data.categories = ['國文', '英文', '數學']
chart_data.add_series('陳會安', (89, 76, 82))
```

上述 categories 屬性的串列是資料分類,即資料集每一個項目的標籤文字,然後呼叫 add_series() 方法新增資料集。在下方指定圖表方框的左上角和右下角座標尺寸,如下所示:

```
x, y, cx, cy = Inches(2), Inches(2), Inches(6), Inches(4.5)
slide.shapes.add_chart(
    XL_CHART_TYPE.COLUMN_CLUSTERED, x, y, cx, cy, chart_data
)

prs.save("自動化在PPT投影片繪製圖表.pptx")
```

上述程式碼呼叫 add_chart() 方法新增圖表，第 1 個參數是圖表類型，之後是左上角和右下角座標，最後 1 個參數是圖表資料，其執行結果可以在投影片繪出長條圖，如下圖所示：

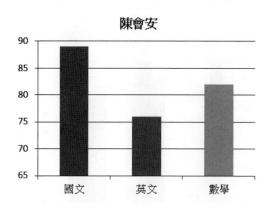

繪製多資料集的長條圖：**ch15-4a.py**

Python 程式只需重複呼叫 add_series() 方法，即可新增多個資料集來繪製多資料集的長條圖，如下所示：

```
...
chart_data = CategoryChartData()
chart_data.categories = ['陳會安', '江小魚', '王陽明']
chart_data.add_series('國文', (89, 78, 75))
chart_data.add_series('英文', (76, 90, 66))
chart_data.add_series('數學', (82, 76, 66))
```

上述程式碼呼叫 3 次 add_series() 方法新增 3 位學生的三科成績。在下方指定圖表方框的左上角和右下角座標尺寸，如下所示：

```
x, y, cx, cy = Inches(2), Inches(2), Inches(6), Inches(4.5)
chart = slide.shapes.add_chart(
    XL_CHART_TYPE.COLUMN_CLUSTERED, x, y, cx, cy, chart_data
).chart
chart.has_legend = True
chart.legend.position = XL_LEGEND_POSITION.RIGHT
chart.legend.include_in_layout = False

prs.save("自動化在PPT投影片繪製圖表2.pptx")
```

上述程式碼呼叫 add_chart() 方法新增圖表，和使用 .chart 取得圖表物件 chart 變數後，即可指定 has_legend 屬性值 True 來顯示圖例，legend.position 屬性是位置，和 legend.include_in_layout 屬性是否包含在版面配置，其執行結果可以在投影片繪出多個資料集的長條圖，如下圖所示：

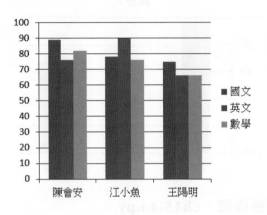

1. 請問本書 Python 的 Word 文件自動化是使用哪一個套件？Word 文件的物件結構為何？

2. 請問 Python 程式可以在 Word 文件套用的樣式有哪幾種層級？

3. 請問本書 Python 的 PowerPoint 簡報自動化是使用哪一個套件？PowerPoint 簡報的物件結構為何？

4. 請問 Python 程式如何複製 PowerPoint 簡報的投影片？

5. 請問 Python 程式如何在 PowerPoint 投影片繪製圖表？

6. 請建立 Python 程式使用 python-docx 套件建立一份個人履歷的 Word 文件。

7. 請參考第 15-2 節的 Python 程式，將 Word 檔案 "Python 開發環境 .docx" 的標題文字都改為綠色、尺寸 32 和置中對齊。

8. 請建立 Python 程式使用 python-pptx 套件建立一份個人履歷的 PowerPoint 簡報，擁有多頁不同版面配置的投影片。

Note

整合應用：
Excel+Word模版自動
產生PDF報表

🎯 本章內容

16-1 自動化 PDF 檔案處理

Python 程式可以使用 PyPDF2 套件來自動化處理 PDF 檔案,可以幫助我們取出 PDF 文件的文字內容、旋轉 PDF 文件、分割 PDF 檔案的每一頁、合併多個 PDF 檔案和替 PDF 文件加上浮水印等處理。

在 Python 開發環境安裝 2.11.1 版 PyPDF2 套件的命令列指令,如下所示:

```
pip install PyPDF2==2.11.1 Enter
```

♀ 取得 PDF 檔案的資訊:ch16-1.py

Python 程式可以使用 PyPDF2 套件取得 PDF 檔案的相關資訊,包含頁數、作者、標題和製作者等。首先請匯入 PdfFileReader 類別和指定 PDF 檔案的路徑,如下所示:

```
from PyPDF2 import PdfFileReader
import os

pdf_path = os.getcwd()+"/PDF/Python海龜繪圖.pdf"
pdfReader = PdfFileReader(pdf_path)
```

上述程式碼建立 PdfFileReader 物件,參數是 PDF 檔案路徑。然後使用 numPages 屬性或 getNumPages() 方法取得 PDF 文件的頁數,如下所示:

```
numberOfPages = pdfReader.numPages
print("頁數1:", numberOfPages)
numberOfPages = pdfReader.getNumPages()
print("頁數2:", numberOfPages)
info = pdfReader.getDocumentInfo()
print("作者:", info.author)
print("標題:", info.title)
print("製作者:", info.producer)
```

上述程式碼呼叫 getDocumentInfo() 方法取得 DocumentInfo 物件後,可以依序顯示 author、title 和 producer 屬性的 PDF 文件資訊,其執行結果顯示 PDF 頁數和文件資訊(無法顯示中文),如下所示:

```
>>> %Run ch16-1.py
```

```
頁數1: 4
頁數2: 4
作者: hueya
標題: b'Microsoft PowerPoint - Pythonw\x9cj\x16.ppt [\xf8\xb9!\x0f]'
製作者: Microsoft: Print To PDF
```

📍 擷取 PDF 文件每一頁的文字內容：ch16-1a.py

Python 程式可以使用 PyPDF2 套件擷取 PDF 文件每一頁的文字內容。首先匯入 PdfFileReader 類別和指定 PDF 檔案的路徑，如下所示：

```python
from PyPDF2 import PdfFileReader
import os

pdf_path = os.getcwd()+"/PDF/Python海龜繪圖.pdf"
pdfReader = PdfFileReader(pdf_path)
for pageNo in range(0, pdfReader.numPages):
    page = pdfReader.getPage(pageNo)
    print(page.extractText())
```

上述程式碼建立 PdfFileReader 物件，參數是 PDF 檔案路徑，然後使用 for 迴圈走訪 PDF 文件每一頁的編號（從 0 開始），可以使用 getPage() 方法取得參數編號的 PDF 頁，即可呼叫 extractText() 方法取出此頁的文字內容，其執行結果可以顯示 PDF 文件的每一頁內容（只顯示第 1 頁的文字內容為例），如下所示：

```
>>> %Run ch16-1a.py
```

```
認識海龜繪圖 –說明
•海龜繪圖（ Turtle Graphics ）是一種入門級的電腦繪圖方
法，你可以想像在沙灘上有一隻海龜在爬行，其爬行留下
的足跡繪出了一幅精彩的圖形，這就是海龜繪圖。
•海龜繪圖是使用電腦程式來模擬這隻在沙灘上爬行的海龜，
海龜使用相對位置的前進和旋轉命令來移動位置和更改方
向，我們只需重複執行這些操作，就可以使用海龜經過的
足跡來繪出幾何圖形，這也是著名的入門程式語言 LOGO
的核心特點。

Superfluous whitespace found in object header b'32' b'0'
```

請注意！對於部分 PDF 檔案，因為製作者產生的格式或版本問題，其執行結果可能出現上述最後一行的紅色警告訊息，不過，並不會影響 Python 程式的執行結果。

📍 旋轉 PDF 文件的內容：ch16-1b.py

Python 程式可以使用 PyPDF2 套件旋轉 PDF 文件內容。首先匯入 PdfFileReader、PdfFileWriter 類別和指定 PDF 檔案的來源和輸出路徑，如下所示：

```
from PyPDF2 import PdfFileReader, PdfFileWriter
import os

pdf_path = os.getcwd()+"/PDF/Python海龜繪圖.pdf"
pdf_output = os.getcwd()+"/PDF/Python海龜繪圖2.pdf"
pdfReader = PdfFileReader(pdf_path)
pdfWriter = PdfFileWriter()
page1 = pdfReader.getPage(0).rotateClockwise(90)
pdfWriter.addPage(page1)
with open(pdf_output, "wb") as fp:
    pdfWriter.write(fp)
```

上述 PdfFileReader 物件是用來讀取 PDF 檔案，PdfFileWriter 物件是寫入 PDF 檔案，在建立 PdfFileReader 物件後，呼叫 getPage() 方法取得參數 0 的第 1 頁後，呼叫 rotateClockwise() 方法旋轉第 1 頁的內容，參數是角度，即可使用 PdfFileWriter 物件的 addPage() 方法新增旋轉後的 PDF 頁，最後呼叫 open() 函數開啟輸出 PDF 檔案，和 write() 方法將 PDF 頁寫入 PDF 檔案，其執行結果可以在「PDF」子目錄看到 PDF 檔案 "Python 海龜繪圖 2.pdf"，其內容旋轉 90 度，如下圖所示：

分割 PDF 檔案的每一頁：ch16-1c.py

Python 程式可以使用 PyPDF2 套件將 PDF 文件的每一頁都一一分割儲存成獨立的 PDF 檔案，如下所示：

```
from PyPDF2 import PdfFileReader, PdfFileWriter
import os

pdf_path = os.getcwd()+"/PDF/Python海龜繪圖.pdf"
pdfReader = PdfFileReader(pdf_path)
fname = os.path.splitext(os.path.basename(pdf_path))[0]
for pageNo in range(pdfReader.getNumPages()):
```

```
        pdfWriter = PdfFileWriter()
        page = pdfReader.getPage(pageNo)
        pdfWriter.addPage(page)
        outputfname = "PDF/"+fname+"_p"+str(pageNo+1)+".pdf"
        with open(outputfname, "wb") as fp:
            pdfWriter.write(fp)
            print("分割建立PDF檔:", outputfname)
```

上述 for 迴圈走訪 PDF 檔案的每一頁編號（從 0 開始），在建立 PdfFileWriter 物件後，呼叫 getPage() 方法取得參數編號的 PDF 頁，然後呼叫 addPage() 方法新增 PDF 頁，在建立輸出的 PDF 檔名後，使用 with/as 程式區塊呼叫 open() 函數開啟輸出的 PDF 檔案，和 write() 方法寫入檔案，其執行結果在「PDF」子目錄可以看到分割出每一頁的 4 個 PDF 檔案，如下所示：

- Python海龜繪圖_p1.pdf
- Python海龜繪圖_p2.pdf
- Python海龜繪圖_p3.pdf
- Python海龜繪圖_p4.pdf

合併多個 PDF 檔案：ch16-1d.py

如果有多個 PDF 檔案，Python 程式可以使用 PyPDF2 套件將多個 PDF 檔案合併成一個 PDF 檔案。首先匯入 PdfFileReader、PdfFileWriter 類別、指定 PDF 檔案的輸出路徑，如下所示：

```
from PyPDF2 import PdfFileReader, PdfFileWriter
import os

pdf_output = os.getcwd()+"/PDF/Python海龜繪圖3.pdf"
pdfReader1 = PdfFileReader(os.getcwd()+"/PDF/Python海龜繪圖_p1.pdf")
pdfReader2 = PdfFileReader(os.getcwd()+"/PDF/Python海龜繪圖_p2.pdf")
pdfReader3 = PdfFileReader(os.getcwd()+"/PDF/Python海龜繪圖_p3.pdf")
```

上述程式碼建立 3 個欲合併 PDF 檔案的 PdfFileReader 物件後。在下方建立 PdfFileWriter 物件，如下所示：

```
pdfWriter = PdfFileWriter()
page1 = pdfReader1.getPage(0)
pdfWriter.addPage(page1)
page2 = pdfReader2.getPage(0)
pdfWriter.addPage(page2)
page3 = pdfReader3.getPage(0)
```

```
pdfWriter.addPage(page3)
with open(pdf_output, "wb") as fp:
    pdfWriter.write(fp)
```

上述程式碼呼叫 3 次 getPage() 方法取得每一個 PDF 檔的第 1 頁後,呼叫 addPage() 方法新增此 PDF 頁,最後在 with/as 程式區塊呼叫 open() 函數開啟輸出 PDF 檔案,和 write() 方法寫入檔案,其執行結果可以在「PDF」子目錄看到合併的 PDF 檔案 "Python 海龜繪圖 3.pdf"。

替 PDF 文件加上浮水印:ch16-1e.py

Python 程式可以使用 PyPDF2 套件合併 PDF 頁面內容,換句話說,我們可以建立浮水印的 PDF 頁,只需合併至 PDF 檔案的每一頁,就可以替 PDF 文件加上浮水印,如下所示:

```
from PyPDF2 import PdfFileReader, PdfFileWriter
import os

pdf_path = os.getcwd()+"/PDF/Python海龜繪圖.pdf"
watermark_path = os.getcwd()+"/PDF/Python海龜繪圖_浮水印.pdf"
pdf_output = os.getcwd()+"/PDF/Python海龜繪圖4.pdf"
watermarkReader = PdfFileReader(watermark_path)
watermarkpage = watermarkReader.getPage(0)
pdfReader = PdfFileReader(pdf_path)
pdfWriter = PdfFileWriter()
```

上述程式碼依序建立來源、浮水印和輸出 PDF 檔案路徑後,取得浮水印 PDF 檔案的第 1 頁,然後建立 PdfFielReader 和 PdfFileWriter 物件。在下方 for 迴圈走訪來源 PDF 檔案的每一頁,如下所示:

```
for pageNo in range(pdfReader.getNumPages()):
    page = pdfReader.getPage(pageNo)
    page.mergePage(watermarkpage)
    pdfWriter.addPage(page)
with open(pdf_output, "wb") as fp:
    pdfWriter.write(fp)
```

上述 for 迴圈讀取每一頁 PDF 頁後,呼叫 mergePage() 方法合併浮水印的 PDF 頁,即可呼叫 addPage() 方法新增 PDF 頁,最後的 with/as 程式區塊呼叫 open() 函數開啟輸出 PDF 檔案,和 write() 方法寫入檔案,其執行結果可以在「PDF」子目錄看到 PDF 檔案 "Python 海龜繪圖 4.pdf",在每一頁右上角的文字就是合併的浮水印,如下圖所示:

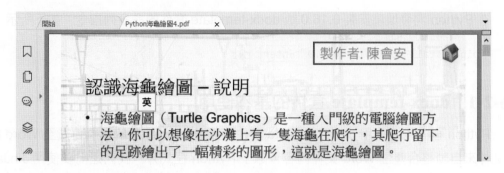

pywin32 套件將 Word 文件輸出成 PDF 檔：ch16-1f.py

PyPDF2 套件不支援 Word 文件轉換成 PDF 檔，在 Python 程式需要使用第 9-5 節的 pywin32 套件將 Word 文件輸出成 PDF 檔，呼叫的是 Document 物件的 SaveAs() 方法。首先匯入相關模組和指定 PDF 檔案格式的常數值 17，如下所示：

```python
from win32com.client import Dispatch
import os

wdFormatPDF = 17

app = Dispatch("Word.Application")
app.Visible = 1
app.DisplayAlerts = 0
docx = app.Documents.Open(os.getcwd()+"/自動化建立Word文件.docx")
docx.SaveAs(os.getcwd()+"/自動化建立Word文件.pdf",
           FileFormat=wdFormatPDF)
docx.Close()
app.Quit()
```

上述程式碼開啟 Word 檔案 " 自動化建立 Word 文件 .docx" 後，呼叫 SaveAs() 方法另存文件檔案，第 1 個參數是輸出的檔案路徑，FileFormat 參數指定檔案格式是 PDF，即常數值 17。其執行結果可以在相同目錄看到輸出的 PDF 檔 " 自動化建立 Word 文件 .pdf"。

16-2　自動化 Word 模版文件處理

Python 的 docx-template 套件擴充 python-docx 套件，整合 JinJa2 模版語言，可以在 Word 文件插入標記的容器來建立 Word 模版文件，幫助我們替換內容來自動化產生所需的 Word 文件內容。

在 Python 開發環境安裝 0.16.0 版 docx-template 套件的命令列指令，如下所示：

```
pip install docxtpl==0.16.0 Enter
```

16-2-1　docx-template 套件的基本使用

Python 程式可以使用 docx-template 套件，將 Python 字典的資料傳遞至 Word 模版文件來自動整合產生 Word 文件內容，除了 Python 程式外，我們還需要使用 JinJa2 模版語言來建立 Word 模版文件。

📍 Word 模版文件：Word 模版文件 .docx

在 Word 模版文件是使用 {{ book }} 和 {{ name }} 在文件中標記準備替換 Python 字典位置的佔位區，其內容是運算式，以此例是字典的鍵，可以替換成字典的值。例如：Word 文件 "Word 模版範例 .docx" 的 {{ book }} 和 {{ name }} 是準備替換的書名和姓名，如下圖所示：

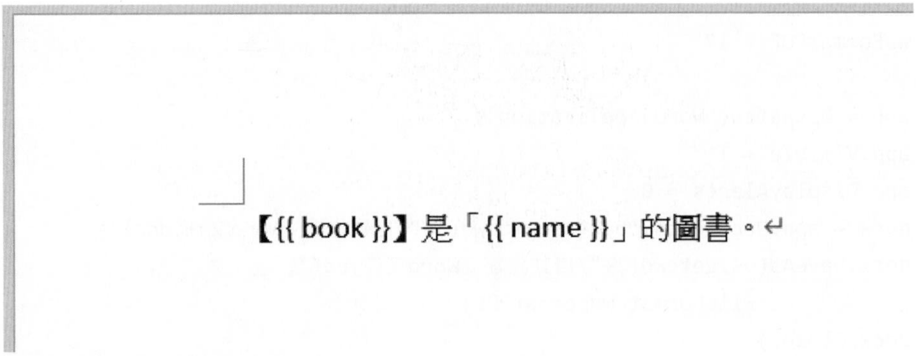

【{{ book }}】是「{{ name }}」的圖書。↵

📍 Python 程式：ch16-2-1.py

Python 程式可以使用 Python 字典 +Word 模版文件來整合產生 Word 文件內容。首先匯入 DocxTemplate 類別，如下所示：

```python
from docxtpl import DocxTemplate

tpl = DocxTemplate("Word模版文件.docx")

context = {
        "name" : "陳會安",
        "book" : "看圖學Python+Excel辦公室自動化"
        }
```

上述程式碼建立 DocxTemplate 物件，參數是 Word 檔案路徑，然後建立 context 字典，2 個鍵 "name" 和 "book" 是對應 {{ book }} 和 {{ name }}，可以在這 2 個位置的

佔位區填入字典的值。在下方呼叫 render() 方法產生 Word 文件內容，參數是準備傳遞至模版文件的 Python 字典 context，如下所示：

```
tpl.render(context)
tpl.save("產生Wrod文件.docx")
```

上述 save() 方法輸出替換內容的 Word 文件 " 產生 Wrod 文件 .docx"，可以看到已經成功替換成 Python 字典值的文件內容，如下圖所示：

【看圖學 Python+Excel 辦公室自動化】是「陳會安」的圖書。↵

16-2-2　認識 JinJa2 模版語言

Jinja2 是 Python 支援的模版引擎，這是源於 Django 的模板引擎，模版語言本來是使用在建立 HTML 模版來產生 HTML 網頁內容，docx-template 套件改用 Word 文件當成 HTML 模版來使用。

◉ 變數取值

Jinja2 模版語言的變數取值，可以將 Python 變數值傳遞至模版，顯示在 "{{" 和 "}}" 包圍位置的佔位區，如下所示：

```
【{{ book }}】是「{{ name }}」的圖書。
```

上述字串可以將變數 book 和 name 的值填入 "{{" 和 "}}" 包圍的位置 (在 docx-template 套件是字典的鍵)。

◉ 條件控制結構

Jinja2 模版語言支援條件控制結構的 if 條件，這是使用 {% if %} 開始和 {% endif %} 結束，可以建立單選和二選一條件。首先是單選條件，可以判斷變數 user 是否有定義，如果有定義是 True，否則為 False，如下所示：

```
{% if user %}
    歡迎使用者: {{user}}
{% endif %}
```

二選一條件再加上 {% else %} 的排它條件，如下所示：

```
{% if username %}
    歡迎同學: {{username}}
{% else %}
    歡迎匿名使用者
{% endif %}
```

迴圈控制結構

Jinja2 模版語言支援 for 迴圈控制結構，這是使用 {% for in %} 開始和 {% endfor %} 結束，可以走訪 Python 串列和字典。首先使用 for 迴圈顯示 Python 串列 list 的每一個項目，如下所示：

```
{% for var in list %}
    {{ var }}
{% endfor %}
```

接著使用 for 迴圈顯示 Python 字典的鍵和值，這是使用 items() 方法取出字典的鍵和值，如下所示：

```
{% for key, value in dict.items() %}
    {{ key }} : {{ value }} /
{% endfor %}
```

16-2-3 使用 JinJa2 模版語言的控制結構

Python 程式可以在 Word 模版文件 "Word 模版文件 2.docx" 和 "Word 模版文件 3.docx" 分別使用條件和迴圈來產生 Word 文件內容。

在 Word 模版使用 if 條件顯示不同的內容：ch16-2-3.py

Word 模版文件 "Word 模版文件 2.docx" 是 if 條件，如下所示：

{% if user %} 歡迎同學: {{user}} {% endif %}↵
{% if username %} 歡迎使用者: {{username}} ↵
{% else %} 歡迎使用 docx-template {% endif %}↵

上述 {% %} 包圍的是指令，使用 if 開始；endif 結束，第 1 個是單選條件，當字典的 user 鍵存在，執行 endif 前的文字內容，第 2 個是二選一，當字典的 username 鍵存在，就顯示 else 之前的文字內容；不成立，顯示 else 之後的文字內容。

Python 程式首先匯入類別和建立 DocxTemplate 物件後，建立 context 字典，如下所示：

```
from docxtpl import DocxTemplate

tpl = DocxTemplate("Word模版文件2.docx")

context = {
        "user" : "hueyan",
        }

tpl.render(context)
tpl.save("產生Wrod文件2.docx")
```

上述程式碼建立替換資料的字典，只有 user 鍵，沒有 username 鍵，然後呼叫 render() 方法產生文件，和儲存成 Word 文件 " 產生 Wrod 文件 2.docx"，其內容可以看到第 1 個條件成立；第 2 個不成立所替換產生的文字內容，如下圖所示：

歡迎同學: **hueyan** ←

歡迎使用　**docx-template** ←

在 Word 模版使用 for 迴圈顯示串列和字典：ch16-2-3a.py

對於多項目的 Python 串列和字典，在模版文件可以使用 for 迴圈來顯示每一個清單項目；字典的鍵和值，Word 模版文件 "Word 模版文件 3.docx" 是 for 迴圈，如下所示：

{% for var in list %} {{ var }} {% endfor %}←

{% for key, value in dict.items() %} {{ key }} : {{ value }} / {% endfor %}←

上述迴圈使用 for 開始；endfor 結束，第 1 個 for 迴圈顯示 list 鍵的串列；第 2 個 for 迴圈顯示 dict 鍵的字典。Python 程式首先匯入類別和建立 DocxTemplate 物件後，建立 context 字典，如下所示：

```
tpl = DocxTemplate("Word模版文件3.docx")

context = {
        "list" : ["Python", "Excel", "docx-template"],
        "dict" : {
                "name" : "陳會安",
                "book" : "看圖學Python+Excel辦公室自動化"
                }
```

```
        }

tpl.render(context)
tpl.save("產生Wrod文件3.docx")
```

上述程式碼建立替換資料的字典後，呼叫 render() 方法產生文件，在 Word 文件 "輸出產生 Wrod 文件 3.docx" 可以看到替換內容的串列和字典清單，如下圖所示：

Python   Excel   docx-template ←

name：陳會安 /   book：看圖學 Python+Excel 辦公室自動化 / ←

16-2-4 在 Word 文件產生表格

Python 程式可以使用 docx-template 套件在 Word 文件產生表格，和豐富文字內容的表格。

📍 在 Word 文件產生表格：ch16-2-4.py

在 Word 文件 "Word 模版文件 4.docx" 產生表格是使用 {{%tr %}} 指令，tr 是表格列，docx-template 套件支援多種新增指令，例如：%tc 是表格欄；%p 是 python-docx 的段落；%r 是連續文字。因為一個表格有很多列，需要配合 for 迴圈來產生表格內容，如下圖所示：

上述 table 鍵的值是 Python 字典的串列，每一個串列項目的字典是一個表格列，for 迴圈可以取出每一列 row 後，使用字典項目的鍵 date、author、version 和 book 來產生欄位值。Python 程式首先匯入類別和建立 DocxTemplate 物件，如下所示：

```
tpl = DocxTemplate("Word模版文件4.docx")

context = {
    "table":[
            { "author" : "陳會安",
              "date" : "2022-09-30",
              "version" : "1.0",
```

```
                    "book" : "Python" },
              { "author" : "江小魚",
                "date" : "2022-10-30",
                "version" : "1.2",
                "book" : "Excel"  }
            ]
      }

tpl.render(context)
tpl.save("產生Wrod文件4.docx")
```

上述程式碼建立替換資料的字典，table 鍵的值是字典串列後，呼叫 render() 方法產生文件。在 Word 文件 " 產生 Wrod 文件 4.docx" 可以看到建立的表格，如下圖所示：

日期	作者	版本	書名
2022-09-30	陳會安	1.0	Python
2022-10-30	江小魚	1.2	Excel

📍 在 Word 文件產生豐富文字的表格：ch16-2-4a.py

在 Word 模版使用 Python 字典替換的內容除了單純的文字，docx-template 還支援 RichText 物件的豐富文字，可以在文字加上樣式和更改尺寸。Word 文件 "Word 模版文件 5.docx" 可以產生豐富文字表格的模版，如下圖所示：

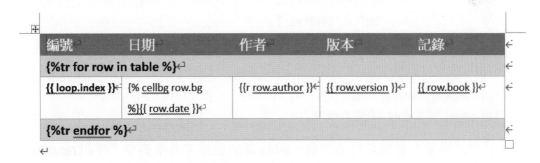

上述 table 鍵的值是 Python 字典的串列，第一欄的 loop.index 可以自動產生從 1 開始的編號，在第二欄指定儲存格的背景色彩，如下所示：

```
{% cellbg row.bg %}{{ row.date }}
```

上述 {% cellbg %} 指令是背景色彩，色彩值是 row.bg。第三欄的作者是豐富文字，所以使用 {{r }} 作為標記，如下所示：

```
{{r row.author }}
```

Python 程式首先匯入 DocxTemplate 和 RichText 豐富文字類別，然後建立 DocxTemplate 物件，如下所示：

```
from docxtpl import DocxTemplate, RichText

tpl = DocxTemplate("Word模版文件5.docx")

context = {
        "table":[
                { "author" : RichText("陳會安", color='FF0000',
                                        bold=True, size=32),
                    "date" : "2022-09-30",
                    "version" : "1.0",
                    "book" : "Python",
                    "bg" : "FFDD00" },
```

上述 "bg" 鍵是儲存格色彩，RichText 物件的第 1 個參數是替換內容，color 參數是色彩，bold 參數是粗體字，size 參數是尺寸。在下方 RichText 物件的 italic 參數是斜體字，如下所示：

```
                { "author" : RichText("江小魚", color='00FF00',
                                        italic=True, size=32),
                    "date" : "2022-10-30",
                    "version" : "1.2",
                    "book":"Excel",
                    "bg" : "8888FF" }
                ]
        }

tpl.render(context)
tpl.save("產生Wrod文件5.docx")
```

上述程式碼建立替換資料的字典，table 鍵的值是字典串列後，呼叫 render() 方法產生文件。在 Word 文件 " 產生 Wrod 文件 5.docx" 可以看到產生的豐富文字內容表格，如下圖所示：

編號	日期	作者	版本	記錄
1	2022-09-30	陳會安	1.0	Python
2	2022-10-30	江小魚	1.2	Excel

16-2-5　在 Word 文件插入圖片

在 Word 文件 "Word 模版文件 6.docx" 可以插入 JPG 或 PNG 格式的圖檔，這是使用 InlineImage 物件建立的圖片，如下圖所示：

姓名:【 {{ name }} 】

{{ image }}

上述 {{ name }} 是替換文字，{{ image }} 是替換圖檔。Python 程式首先匯入 DocxTemplate 和 InlineImage 類別，Cm 是指定圖片寬度，然後建立 DocxTemplate 物件，如下所示：

```python
from docxtpl import DocxTemplate, InlineImage
from docx.shared import Cm

doc = DocxTemplate("Word模版文件6.docx")

img = InlineImage(doc, "penguins.png", Cm(5))
context = { "name": "陳會安",
            "image": img }

doc.render(context)
doc.save("產生Wrod文件6.docx")
```

上述程式碼建立 InlineImage 物件，第 1 個參數是 DocxTemplate 物件，第 2 個參數是圖檔路徑，第 3 個是圖片寬度，在 context 字典的 "image" 鍵，其值就是 InlineImage 物件 img。

Python 程式的執行結果可以建立 Word 文件 " 產生 Wrod 文件 6.docx"，其內容可以看到在文件中插入的圖檔，如下圖所示：

姓名:【 陳會安 】↵

↵

16-3　Excel+Word 模版自動產生 PDF 報表

在這一節我們準備建立 Python 程式從 Excel 工作表抽出儲存格資料和圖表，然後使用第 16-2 節的 Word 模版文件來自動化輸出成班上隨堂測驗成績的 Word 報告文件，最後輸出成 PDF 檔案。

Word 報告文件的資料來源是第 14-3-1 節繪製 3D 長條圖的 Excel 檔案：" 成績管理 4_barChart3D.xlsx "，如下圖所示：

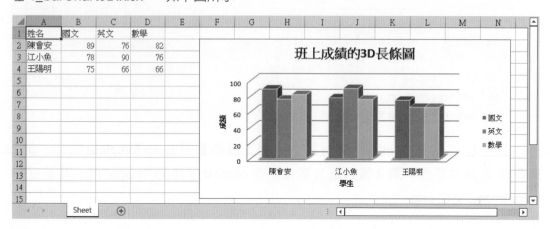

Word 模版文件檔：**"Word 成績報告模版 .docx"**（請注意！因為變數名稱不允許空白，所以使用「_」底線來連接），如下圖所示：

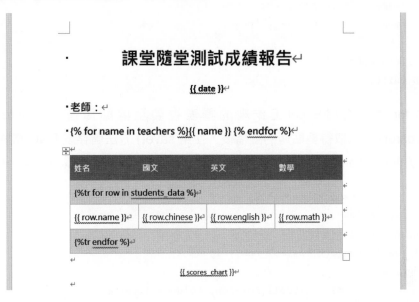

Python 程式：ch16-3.py 首先使用 pywin32 從 Excel 工作表抽出圖表的圖檔後，使用 openpyxl 取得儲存格成績資料的 Python 字典，即可使用 docx-template 產生 Word 報告文件來輸出成 PDF 檔案。在 Python 程式碼首先匯入相關模組，如下所示：

```python
from win32com.client import Dispatch
import os
from PIL import ImageGrab
from openpyxl import load_workbook
from docxtpl import DocxTemplate, InlineImage
from docx.shared import Cm

template_file = "Word成績報告模版.docx"
output_file   = "Word成績報告.docx"
output_pdf    = "Word成績報告.pdf"
output_img    = "成績圖表.png"
excel_file    = "成績管理4_barChart3D.xlsx"
```

上述 5 個變數是輸入和輸出的 Word、PDF 和 Excel 檔案名稱。在下方使用 pywin32 抽出 Excel 工作表中的圖表，如下所示：

```python
app = Dispatch("Excel.Application")
app.Visible = 1
app.DisplayAlerts = 0
xlsx = app.Workbooks.Open(os.getcwd()+"/"+excel_file)
sheet = xlsx.Worksheets(1)
```

```
for x, chart in enumerate(sheet.Shapes):
    chart.Copy()
    image = ImageGrab.grabclipboard()
    image.save(output_img, "png")

xlsx.Close(False)
app.Quit()
```

上述 for 迴圈取出 Excel 工作表的圖表複製至剪貼簿後，呼叫 ImageGrab.grabclipboard() 方法取得剪貼簿的圖檔後，使用 save() 方法儲存成 PNG 格式的圖檔。然後在下方使用 openpyxl 套件讀取 Excel 檔來取出儲存格的學生成績資料，如下所示：

```
wb = load_workbook(excel_file)
ws = wb.active
students = []
for row in range(2, ws.max_row + 1):
    data = {
            "name": ws.cell(row=row, column=1).value,
            "chinese": ws.cell(row=row, column=2).value,
            "english": ws.cell(row=row, column=3).value,
            "math": ws.cell(row=row, column=4).value
            }
    students.append(data)
wb.close()
```

上述 students 變數是 Python 串列，使用 for 迴圈走訪第 2~4 列的 3 筆資料列，然後建立 data 字典分別是 "A"、"B"、"C" 和 "D" 欄的姓名、國文、英文和數學成績，這是使用 cell() 方法取得每一個欄位值，最後呼叫 append() 方法將字典新增至串列，students 變數值就是一個 Python 字典的串列。

在下方使用 docx-template 產生 Word 報告文件，在載入 Word 模版文件檔案後，建立之前取出圖表圖檔的 InlineImage 物件，如下所示：

```
doc = DocxTemplate(template_file)

img = InlineImage(doc, output_img, Cm(14))
context = { "date": "2022/11/30",
            "teachers": ["陳老師", "江老師", "張老師"],
            "students_data": students,
            "scores_chart": img }

doc.render(context)
doc.save(output_file)
```

上述 context 字典的 "date" 鍵是日期、"teachers" 鍵是字串串列、"students_data" 鍵就是之前從 Excel 工作表取出建立的 Python 字典串列，"scores_chart" 鍵是 InlineImage 物件。

最後加上修改自 ch16-1f.py 的程式碼，將 Word 報告文件輸出成 PDF 檔案，如下所示：

```python
wdFormatPDF = 17
app = Dispatch("Word.Application")
app.Visible = 1
app.DisplayAlerts = 0
docx = app.Documents.Open(os.getcwd()+"/"+output_file)
docx.SaveAs(os.getcwd()+"/"+output_pdf,
            FileFormat=wdFormatPDF)
docx.Close()
app.Quit()
```

Python 程式的執行結果會先自動產生 Word 檔案 "Word 成績報告 .docx"，其內容是一份 Word 檔案的成績報告，如下圖所示：

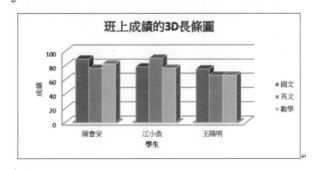

接著自動將產生的 Word 檔案 "Word 成績報告 .docx" 轉換成 PDF 檔案 "Word 成績報告 .pdf"，其內容如下圖所示：

學習評量

1. 請問本書 Python 的 PDF 檔案處理自動化是使用哪一個套件？

2. 請問哪一個 Python 套件可以將 Word 文件輸出成 PDF 格式的檔案？

3. 請簡單說明 docx-template 套件？JinJa2 模版語言是使用什麼符號在文件中插入變數 name？在 Word 文件產生表格的模版結構為何？

4. 請建立 Python 程式將本章範例目錄下 " 產生 Wrod 文件 .docx"~" 產生 Wrod 文件 6.docx" 的 6 個檔案都轉換成 PDF 檔案。

5. 請繼續學習評量 4.，建立 Python 程式合併轉換成的 6 個 PDF 檔案。

6. 請建立個人履歷表的 Word 模版文件，然後建立 Python 程式產生個人履歷表的 Word 文件。

7. 請建立 Python 程式讀取 Excel 檔案 " 成績管理 4.xlsx" 的成績資料，可以在 Word 模版顯示學生成績的表格資料。

8. 請在第 14 章找一個擁有圖表的 Excel 檔案，然後參考第 16-3 節自動化建立一份 Word 報告文件，最後輸出成 PDF 檔。

Note

歡迎加入 全華會員

● 會員獨享

會員享購書折扣、紅利積點、生日禮金、不定期優惠活動…等。

● 如何加入會員

掃 QRcode 或填妥讀者回函卡回函傳真 (02) 2262-0900 或寄回，將由專人協助登入會員資料，待收到 E-MAIL 通知後即可成為會員。

如何購書 全華書籍

1. 網路購書

全華網路書店「http://www.opentech.com.tw」，加入會員購書更便利，並享有紅利積點回饋等各式優惠。

2. 實體門市

歡迎至全華門市（新北市土城區忠義路 21 號）或各大書局選購。

3. 來電訂購

(1) 訂購專線：(02) 2262-5666 轉 321-324
(2) 傳真專線：(02) 6637-3696
(3) 郵局劃撥（帳號：0100836-1　戶名：全華圖書股份有限公司）
※ 購書未滿 990 元者，酌收運費 80 元。

OpenTech.com.tw 全華網路書店

全華網路書店 www.opentech.com.tw
E-mail: service@chwa.com.tw

※ 本會員制如有變更則以最新修訂制度為準，造成不便請見諒。

讀者回函卡

掃 QRcode 線上填寫 ▶▶

姓名： 生日：西元 年 月 日 性別：□男 □女

電話：（ ） 手機：

e-mail：（必填）

註：數字零，請用 Φ 表示，數字 1 與英文 L 請另加註明並書寫端正，謝謝。

通訊處：□□□□□

學歷：□高中‧職 □專科 □大學 □碩士 □博士

職業：□工程師 □教師 □學生 □軍‧公 □其他

學校／公司： 科系／部門：

‧需求書類：

□ A. 電子 □ B. 電機 □ C. 資訊 □ D. 機械 □ E. 汽車 □ F. 工管 □ G. 土木 □ H. 化工 □ I. 設計

□ J. 商管 □ K. 日文 □ L. 美容 □ M. 休閒 □ N. 餐飲 □ O. 其他

‧本次購買圖書為： 書號：

‧您對本書的評價：

封面設計：□非常滿意 □滿意 □尚可 □需改善，請說明

內容表達：□非常滿意 □滿意 □尚可 □需改善，請說明

版面編排：□非常滿意 □滿意 □尚可 □需改善，請說明

印刷品質：□非常滿意 □滿意 □尚可 □需改善，請說明

書籍定價：□非常滿意 □滿意 □尚可 □需改善，請說明

整體評價：請說明

‧您在何處購買本書？

□書局 □網路書店 □書展 □團購 □其他

‧您購買本書的原因？（可複選）

□個人需要 □公司採購 □親友推薦 □老師指定用書 □其他

‧您希望全華以何種方式提供出版訊息及特惠活動？

□電子報 □ DM □廣告 （媒體名稱 ）

‧您是否上過全華網路書店？ (www.opentech.com.tw)

□是 □否 您的建議

‧您希望全華出版哪方面書籍？

‧您希望全華加強哪些服務？

感謝您提供寶貴意見，全華將秉持服務的熱忱，出版更多好書，以饗讀者。

填寫日期： ／ ／

親愛的讀者：

感謝您對全華圖書的支持與愛護，雖然我們很慎重的處理每一本書，但恐仍有疏漏之
處，若您發現本書有任何錯誤，請填寫於勘誤表內寄回，我們將於再版時修正，您的批評
與指教是我們進步的原動力，謝謝！

全華圖書 敬上

勘誤表

書 號		書 名	作 者
頁 數	行 數	錯誤或不當之詞句	建議修改之詞句

我有話要說： （其它之批評與建議，如封面、編排、內容、印刷品質等‧‧‧）